# 이공계를 위한
# 특허의 이해(1)

특허청·한국발명진흥회 편저

창출·보호

# 발간사 Preview

현대는 지식사회 또는 지식기반경제라고 합니다. 즉 이제는 지식의 양과 질이 기업의 경쟁력을 좌우하는 시대가 된 것입니다. 그중에서도 독점적 지식인 지식재산권을 통한 고부가가치 창출이야말로 기업의 지속적 성장을 좌우하는 중요한 요소가 되고 있습니다. 세계적 기업들은 선점한 시장을 빼앗기지 않기 위해 특허 공세를 강화하고 있고, 국내 일부 대기업들은 이에 맞서 특허 전담인력을 확충하고 사내 특허교육을 강화하는 등 특허분쟁은 이미 기업 경영 환경의 일부분이 되었습니다.

특허의 중요성을 잘 알고 있는 선진국의 기업과 대학들은 R&D 기획단계에서부터 고품질 특허의 획득을 전략적으로 추진하고 있습니다. 이들은 R&D 과정에서 특허정보를 분석하여 후속 연구과제를 선정하는 것은 물론이고, 더 나아가 기술예측이나 기술기획, 경쟁기업의 전략분석에까지 특허를 활용하기도 합니다.

하지만 국내에서는 여전히 많은 R&D 인력과 이공계 학생들이 특허를 연구개발이 종료되면 부가적으로 챙겨야 하는 실적 정도로만 인식하고 있습니다. 대부분의 경우 이미 발표된 논문을 변리사에게 건네고 나면 특허명세서가 자신의 연구결과를 제대로 대변하도록 작성되었는지 검토할 충분한 지식을 갖추지 못하고 있고, 그럴 관심도 없는 상황입니다. 이렇게 출원된 특허가 강한 특허권을 형성하여 기업 경쟁력을 향상시키리라고 기대하기는 어렵습니다.

이 책은 이공계 대학 및 대학원생을 위한 특허 입문용 교재로서, 연구결과 또는 아이디어를 강한 특허권으로 보호하고 활용하기 위해 과학자와 공학자가 꼭 알아야 할 내용을 다양한 사례와 함께 쉽게 설명하였습니다. 각 장에서 독자들은 특허 받을 수 있는 연구결과물에는 어떤 것이 있는지, 연구결과를 강한 특허권으로 보호하기 위한 청구범위는 어떠해야 하는지, 연구결과를 제대로 보호하기 위해 어떻게 출원하고 침해에 대응해야 하는지를 배울 수 있을 것입니다. 이러한 지식은 특허 전담인력으로서 직접 특허 관련 업무를 담당하는데 도움이 될 뿐만 아니라, R&D 인력으로서 연구개발을 기획하거나 특허 전담인력 또는 변리사와 협력하여 연구결과를 최상의 특허로 연결하는데도 도움이 될 것입니다.

이 책을 통해 이공계를 전공하고 사회 각 분야로 진출할 인재들이 특허의 중요성을 인식하고 적절한 특허전략을 구사함으로써 우리 특허기술이 세계의 과학기술을 선도하게 되길 바랍니다.

2011. 5.
산업재산정책국장

# 머리말 Preview

21세기는 지식재산이 경쟁력의 핵심이 되는 시대입니다. 연구개발 결과물이나 기술이 특허 등을 포함한 지식재산으로 보호되지 않으면 시장에서 살아남기 어렵다는 것은 이제 누구나 알고 있는 사실이 되었습니다. 국가 차원에서도 연구개발 시 선행특허조사를 통해 연구개발의 타당성을 검증하고 유효한 권리를 획득할 가능성이 있는 과제에 대해서만 지원하도록 제도화하였습니다.

연구기관이나 교육기관에서도 이와 같은 점을 인식하여 그동안 다양한 형태의 지식재산 교육이 이루어져 왔습니다. 그럼에도 불구하고 아직까지 지식재산의 중요성을 충분히 인식하지 못하거나, 그 중요성을 인식하고 있음에도 어떠한 방법과 내용으로 지식재산을 획득할 것인지에 대한 충분한 전략을 수립하지 못한 경우들이 있습니다.

본서는 지식재산 중에서도 특히 특허를 대상으로 하여 이공계에서 갖추어야 할 실전적인 내용을 담는 것을 목표로 집필되었습니다. 지식재산과 연구개발과의 관계, 특허요건 등의 이해, 강한 특허를 위한 특허청구범위의 작성, 실제출원을 위한 전자출원 방법, 연구결과를 특허로서 보호받기 위한 절차나 침해에 대한 조치 등을 주요 내용으로 하고 있습니다.

모든 학문이 그러하듯 특허를 포함한 지식재산에 대한 이해에 있어서도 단순히 알고 있는 것만으로는 부족하다고 생각합니다. 정확한 지식을 바탕으로 실제 상황에 부합하도록 적용하는 것이 매우 중요합니다.

저희 저자들은 본서가 많은 내용을 수록하고 있지는 않지만 실제 상황에서 가장 중요하고 적용될 수 있는 사항이 포함될 수 있도록 노력하였습니다. 이러한 노력이 본서를 참고하여 특허 등 지식재산을 공부하는 이공계생들에게 실질적인 도움이 될 수 있기를 희망합니다.

본서의 완성을 위해 많은 관심과 노력을 아끼지 않으신 특허청과 발명진흥회 관계자분들에게 감사의 말씀을 드립니다. 더불어 본서가 우리나라의 기술발전과 산업발전에 조금이나마 기여할 수 있기를 희망합니다.

저자 일동

# 차례 Contents

# 차례 Contents

PART 3

강한 특허를 위한
청구범위 작성

## 제1절 명세서의 개요

## 제2절 특허청구범위의 작성

## 제3절 발명의 설명, 도면 및 요약서의 작성

# 차례 Contents

## PART 5
### 연구결과의 보호

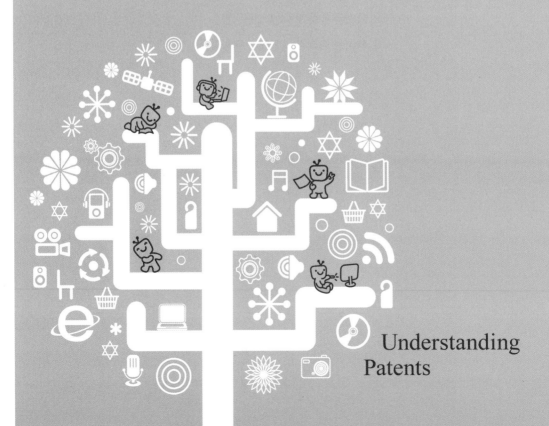

Understanding
Patents

# Part 01

# 지식재산과
# 연구개발(IP-R&D)

# 제01절 지식재산 경영

Understanding Patents

## 1 지식재산의 중요성

### 1. 서설

즉석사진기로 유명한 폴라로이드는 폴라로이드에 필름을 공급하던 코닥이 1976년 즉석사진기 사업에 진출하자 코닥이 자신들의 특허를 침해했다고 주장하며 일주일 만에 소송을 제기했다. 이에 코닥도 폴라로이드 관련 특허는 무효이고 설사 유효하더라도 자신들은 폴라로이드의 특허를 침해하지 않는다고 항변하였다. 결과적으로 1990년 법정에서 코닥은 폴라로이드에게 약 9억 달러를 배상하라는 판결로 소송은 종료되었다.

IBM은 90년대 초까지만 해도 마이크로소프트나 인텔과의 경쟁에서 PC 사업 주도권을 상실하고 총체적 위기에 몰려 있었다. 당시까지 IBM은 지식재산권을 전략적으로 활용하는데 무관심했고, 자신들이 개발한 특허기술을 다른 기업에 제공함으로써 수익을 창출한다는 전략적 개념 자체가 없었다. 그러나 1993년 Louis Gerstner가 CEO로 취임한 이후 특허 중시의 경영전략을 실천해 나가기 시작하면서 IBM은 변화하기 시작했다.

IBM은 자신들이 보유하고 있는 핵심기술과 1등급 기술을 독자적으로 사업화하여 직접 수익을 창출하고, 주변기술과 2~3등급 기술은 타사에 이전함으로써 불필요한 비용을 줄이는 동시에 로열티 수입을 확보하는 전략을 구사하였다. 이에 따라 확보하게 된 라이센스 계약에 의한 수입만 해도 연간 약 10억 달러, 지난 10년간 100억 달러에 이르고 있다. IBM이 미국의 USPTO에 출원하여 받는 특허의 숫자만도 연간 수천 건이 넘는다.

그동안 특허 등 지식재산에 대한 관심이 많이 고조되었음에도 지식재산의 전략적 경영 여하에 따라 기업의 성과가 얼마나 달라질 수 있는지에 대해 명확하게 이해하지 못하는 경영자들이 많다. 그러나 이에 대해 일찍 눈을 뜨고 지식재산을 수익창출의 최고 무기로 활용하는 잘 알려진 기업들이 있으며 IBM이 그 대표적인 기업이다.

## 2. 지식재산의 중요성

산업 기반이 정보와 지식으로 이동해 가면서 특허권·실용신안권·디자인권·상표권·저작권 등 지식
재산권(Intellectual Property Right)[1]에 대한 관심과 이를 획득하기 위한 노력이 증대되고 있다.
현대 산업에 있어서 지식재산권은 사업 성공의 바탕임과 동시에 지식재산권 자체가 기업의 자산 및
수익의 근거가 된다. 과거에는 토지, 생산설비, 자연자원과 같은 유형자산이 기업의 주요한 생산동
력이었으나 현재는 아이디어와 혁신과 같은 무형자산이 기업 성장의 기본이 된다. 신문지상을 살펴
보면 거의 매일 특허와 관련된 기사가 포함되어 있다. 새로운 기술에 대한 특허획득과 특허를 바탕
으로 한 기업 간의 분쟁은 이제 일상화되었다고 할 수 있다.

국내외 유수의 기업들은 지식재산을 관리하기 위한 특허관리 조직과 특허전략을 갖고 있다. 성공적
인 특허전략을 통하여 기업은 시장에서 독점적인 위치를 확보하고 경쟁력을 강화하며 기업 가치를
상승시킬 뿐만 아니라 지식재산의 라이센싱을 통한 새로운 수입원을 확보한다. 이에 따라 지식재산
에 근거한 수입의 극대화, 특허 포트폴리오를 이용한 이윤 창출 사업으로의 변환 및 사업 목적의
달성 등이 기업 경영에 있어서 주요 현안으로 부상하고 있다.

21세기 기업의 생존전략은 지식재산권의 확보라고 감히 단언할 수 있다. 기업 간, 국제 간 경쟁이
치열해짐에 따라 가격 경쟁력만으로는 경쟁에서 낙오될 수밖에 없으며 기술개발의 성과를 지식재
산권으로 보호하여 독점적 지위를 구축하는 것이 경쟁우위 확보의 가장 확실한 수단이 되고 있다.
물론 최근에는 지식재산권에 대한 독점적인 보호에 대해 비판적인 견해가 있는 것이 사실이다. 그
러나 그러한 비판적인 견해에도 불구하고 지식재산권에 대한 보호는 전 세계적으로 확산·강화되고
있는 실정이다.

## 3. 국가 간의 지식재산 보호

지식재산의 중요성에 따른 관심은 단순히 기업 간의 문제를 넘어 국가 간의 문제로 인식되고 있다.
국가 경쟁력의 비교 기준이 군사력에서 기술력, 정보력으로 전환되고 기술개발과 이에 따른 지식
재산의 확보를 위한 국가 간의 경쟁은 더욱 치열하게 전개된다. 선진국들은 지식재산권을 국가 경
쟁력의 핵심요소로 인식하여 국가 차원에서의 지식재산권 확보를 위한 정책개발을 적극 추진 중이
다. 특히 특허를 비롯한 지식재산권을 바탕으로 한 통상 분쟁이 지속적으로 일어나고 있고 최
근 한미 간 FTA 협상에서의 주요 현안 중 하나가 지식재산권에 관한 것이었음을 고려하면 국가 차
원에서의 지식재산권 정책이 매우 필요함을 알 수 있다. 일례로 미국은 2004년 STOP(Strategy

---

[1] 지적재산권이라는 용어가 종래 많이 사용되었다. 지식재산권은 Intellectual Property Right라는 용어를 번역한 것인
데, 특허청에서는 1998년 4월 특허정책 자문위원회의 심의를 거쳐 지적재산권이라는 용어 대신 지식재산권이라는 용어
를 사용하기로 한 바 있다.

Targeting Organized Piracy) 프로젝트를 추진한 바 있고, 일본은 2002년 관세정률법을 개정하여 자국 지식재산 침해물품의 자국 내 수입 및 통관금지 조치를 제도화하였다.

우리나라의 경우, 2014년도 산업재산권 총 출원건수는 434,047건이었고, 이 중에서 특허출원은 210,292건으로서 지속적인 증가 추세에 있다. 한편, 산업재산권 관련 주요 4개국(미국, 일본, 중국, 유럽)의 2009년부터 2013년까지의 특허출원 건수를 살펴보면, 미국은 2009년 456,106건에서 2013년 571,612건으로 소폭 증가하고 있는 양상이며 일본은 연 평균 34만 건, 유럽은 평균 14만 건 정도의 수준을 보이고 있다. 이에 반해 중국의 특허출원 건수는 2009년 314,604건에서 2013년 825,136건으로 급격한 증가 양상을 보이고 있다[2].

한편, PCT 국제출원에 있어서는, 2014년 PCT 전체출원 건수인 213,568건 중에서 미국이 28.6%(61,065건), 일본이 19.8%(42,380건), 중국이 11.9%(25,519건)를 차지하고 있고, 우리나라는 6.1%(13,119건)를 차지하여 전체 5위를 기록하였다[3].

우리나라의 특허출원 건수가 상당한 수준에 이른 것은 사실이나, 기술무역수지에 있어서는 OECD가 기술무역수지를 집계하기 시작한 2003년 이래 매년 기술수지 적자를 기록해 왔다. 2003년부터 2007년까지는 평균 28억 달러의 적자를 기록하였고, 2008년에는 31억 4천만 달러, 2012년에는 57억 4천만 달러의 기술무역수지 적자를 보이고 있다.

지식경제사회에서 기술무역수지를 개선하고 지식을 기반으로 한 수익 창출을 위해서는 양적인 특허 건수의 증가 외에 질적인 향상이 필요하고 단순한 특허지원책을 넘어선 국가 차원의 특허전략의 수립이 요구된다. 우리나라의 2013년 국내총생산(GDP) 대비 연구개발비 비중은 4.15%로서 OECD 회원국 중 1위에 올라 있으나, 기술무역수지 적자를 고려한다면 연구개발비를 효율적으로 사용하고 연구개발의 결과물이 산업에 활용되는 비중을 높이며 특허 등 지식재산으로서 효과적으로 보호되도록 노력할 필요가 있다. 특히, 각 기업과 연구자들의 특허 마인드를 고취시켜 우수한 특허를 확보할 수 있는 토대를 마련하여야 한다.

---

[2] 2014년 지식재산백서, 특허청, 574-579p
[3] 2014년 지식재산백서, 특허청, 590-591p

## 2 지식재산 경영

### 1. 지식재산 경영의 의의

일반적으로 경영의 3대 자원으로 물적·인적·금전적 자원을 들 수 있다. 그러나 최근에는 위와 같은 물적자원 외에 기업이 가진 고유의 기술과 경영능력 및 신용, 그리고 기업이 갖는 품격 등 무형의 자원도 중요한 경영자원이다. 특히 무형자원 중에서 특허, 상표 등을 포함한 기업의 지식재산의 가치 및 활용 능력은 지식재산이 경쟁의 성패를 좌우하고 새로운 수익원으로서 기능하는 오늘날의 시장 환경에서 중요한 경영자원이 되고 있다.

지식재산 경영은 지식재산을 중요한 경영자원의 하나로 인식하고 이를 적극적으로 육성하고 사용하는 것을 의미한다. 다시 말하면, 지식재산 경영이라 함은 기술과 법에 경영의 요소가 추가된 것이므로 결국 이 3요소의 삼위일체가 지식재산 경영의 요체라고 할 수 있다.

[그림 1-1] **지식재산 경영의 3요소**

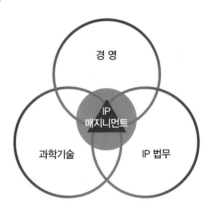

좋은 상품은 품질이 우수하면서도 가격 경쟁력을 가지는 제품이라고 할 수 있다. 이러한 관점에서 기업은 품질 제고 및 원가 절감을 위한 지속적인 기술개발이 요구되며, 그러한 기술들을 지식재산권으로 보호하여 상품의 경쟁력을 유지해야 한다. 그러나 좋은 상품을 위한 기술개발이 경쟁 기업에 비해 뒤처지는 경우 선발 기업에 특허료(로열티)를 지불하면서 관련 기술을 도입하게 되고 이는 제품 원가 상승 요인으로 작용하여 상품의 경쟁력 상실을 가져온다. 심지어는 시장에서 요구되는 상품을 경쟁 기업의 특허장벽으로 인해 출시하지 못하게 되어 시장에서 철수할 수밖에 없는 상황에 놓이게 되기도 한다. 반대로 기술개발과 지식재산권을 전략적으로 활용하면 시장에서의 경쟁력 강화에 큰 도움이 된다.

## 2. 지식재산 경영의 중요성

세계 최대의 면도기 회사인 질레트사는 기술개발과 전략적인 특허망을 잘 구축하는 회사로 알려져 있다. 이 회사는 자사 제품의 경쟁력을 향상시키기 위하여 1997년 종래의 면도기보다 향상된 품질의 제품개발에 착수하였으며, 이에 따라 두 개의 독립적으로 움직이는 칼날에 의해 안면에 좀 더 밀착되고 편안한 면도기를 고안하게 되었고, 이 회사의 개발팀은 면도기의 카트리지 내부에 작은 스프링을 장착하는 기술 아이디어를 구체화하였다. 그러한 방법에 있어서도 여러 가지 경우를 상정하여 카트리지, 스프링, 칼날의 각도에 이르기까지 7개의 핵심적인 기술 아이디어를 창출하여 특허화하였고, 이러한 특허들의 강점과 약점을 다시 분석하여 회피 가능한 수단들을 설계하여 총 22건의 특허를 출원하게 되었다. 질레트사는 후발업체들이 유사한 상품을 개발하면 자사가 보유한 22건의 특허 포트폴리오를 가지고 소송을 제기하여 시장을 방어하고 있다. 결과적으로 질레트사는 자사가 개발한 경쟁력 있는 제품의 시장을 보호하여 사업의 경쟁력을 확보하고, 유사한 기술의 제품 출현 및 시장 진입을 저지함으로써 습식 면도기 제품에서 블루 오션(Blue Ocean)의 사업을 전개한 것이다.

기업이 새로운 시장에 진입하는 데에는 여러 가지의 장벽이 존재하는 것이 사실이다. 각종 법률적 규제, 허가, 승인제도 및 보이지 않는 담합 또는 배제, 연계 사슬 등도 있으며 무역 거래에 있어서도 관세 및 비관세 장벽들이 존재한다. 그러나 특수한 경우를 제외하고는 일반적으로 일방이 독점하는 것을 허용하지는 않으며 상호 경쟁 구도를 존중한다. 그러나 여기에 독점을 허용하는 법리가 지식재산권이다. 따라서 합법적으로 경쟁자를 배제시키는 수단으로 지식재산권의 장벽이 존재하게 된다.

이에 지식재산을 경영에 있어서 중요한 요소로 인식하고 이를 적극적으로 활용하는 한편, 경쟁기업의 지식재산에 대한 방어전략을 수립하는 지식재산 경영에 눈 뜬 기업만이 앞으로서의 시장에서 살아남을 수 있다는 것을 유념할 필요가 있다.

## 3 지식재산 경영전략

### 1. 지식재산 경영전략의 핵심

지식재산 경영전략의 핵심은 사업전략과 연구개발전략 및 특허 등 지식재산에 대한 전략을 삼위일체로 하여 통합하는 것이다. 사업전략이 기존 사업의 확장이라면, 기존 기술에 대한 연구개발에 집중하면서 기존 사업을 보호할 수 있는 특허의 창출 및 보호에 집중한다. 사업전략이 신사업 진출이라면 신사업 진출을 위한 신기술 연구개발이 요구되며, 이 과정에서 시장에 존재하는 기존 특허를 조사·분석하여 특허침해 가능성을 회피하는 한편, 새로이 획득되는 연구개발 결과물에 대한 권리화가 수행되어야 한다. 그러나 기존 사업을 중단하는 것이 바람직하다고 판단된다면, 기존 사업을 위해 보유했던 기술 및 특허를 매각하는 것을 고려할 수 있다.

[그림 1-2] **사업전략, R&D전략, IP전략의 상관관계**

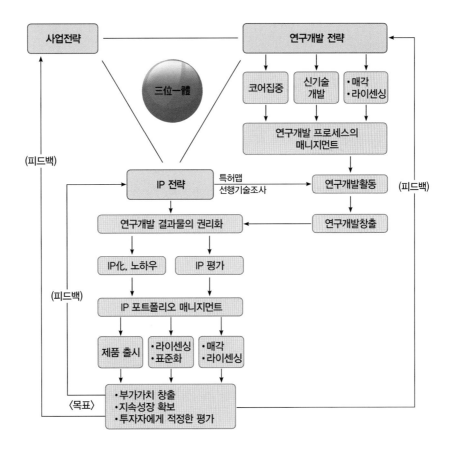

## 2. 지식재산의 통합적 경영전략

지식재산에 대한 통합적 경영전략의 예로는 다우 케미컬(Dow Chemical)의 지식재산 관리 6단계 프로세스를 들 수 있으며 이는 다음과 같이 정리된다.

### (1) 포트폴리오(PORTFOLIO)

회사가 가지고 있는 확실한 무형자산으로 특허권, 상표권, 노하우, 작업프로세스, 기타 회사에서 보유하는 모든 무형자산을 포함한다. 기업이 진출하고자 하는 시장 혹은 현재 시장에서 기업이 구축하고 있는 이러한 지식재산 포트폴리오는 전략적 필요에 따라 분할될 수도 있고 결합될 수도 있다.

### (2) 분류(CLASSIFICATION)

사업 부문별로 활용할 지식재산의 포트폴리오를 선정하여 분류해야 한다. 전략적인 가치가 큰 지식재산은 강화·보호하고, 그렇지 않은 지식재산은 포기하거나 만료되기 전에 미리 다른 기업에게 라이센싱 기부 혹은 매각한다. 각 포트폴리오별 성과측정을 위해 투입량 대비 산출량을 모니터링하고 측정한다.

### (3) 전략(STRATEGY)

비즈니스 전략에 적합한지 알아보기 위해 위에서 구성된 포트폴리오를 시험해 보아야 한다. 포트폴리오가 실용적이고 적합한지를 확실히 알기 위해서는 장·단기 전략을 통합해야 한다. 핵심적인 내용은 회사가 현재 보유하고 있는 지식재산을 전략적인 목표를 달성하기 위해 효율적으로 활용하는 것과 전략적 목표를 달성하기 위해 추가로 필요한 지식재산이 무엇인지를 파악하는 것이다.

### (4) 경쟁기업 평가(COMPETITIVE ASSESSMENT)

경쟁기업의 공격과 방어성향을 파악하기 위해서는 경쟁상황을 면밀히 분석해야 한다. 이 과정에서 회사는 자신이 보유한 지식재산 포트폴리오의 경쟁 우위 정도를 파악할 수 있고, 전략적 목표를 달성하기 위한 지식재산 옵션이 무엇인지 알아낼 수 있다.

### (5) 가치평가(VALUATION)

지식재산을 평가할 경우 합의를 통해 동일한 가치평가 방법을 사용해야 한다. 지식재산의 포트폴리오를 사업부문별로 합의된 지식재산의 가치에 맞추려고 노력해야 한다. 이 작업이 상당히 까다로운 이유는 동일한 지식재산의 가치에 대해 연구개발 부문에서는 과대평가하는 경향이 있고, 영업부문에서는 과소평가하는 경향이 있기 때문이다. 해당 지식재산 포트폴리오의 가치가 크게 나타날 가능성과 작게 나타날 가능성을 모두 고려한 접근방법을 쓰고, 가능성과 위험도의 함수로 설명을 하기도 하면서, 다수가 동의할 수 있는 방식을 채택해야 한다. 이러한 과정을 거치면서 포트폴리오별로 우선순위와 옵션을 정하는 것이 가능해진다.

## (6) 획득(PROCUREMENT)

이렇게 여러 사업부문 간에 상호 이해되고 측정된 지식재산 포트폴리오의 실용성과 경쟁력을 근거로 회사는 장·단기 경영전략을 달성하기 위해 필요한 가치 있는 지식재산을 낮은 가격으로 획득하는 시스템을 구축할 수 있게 된다.

---

**Tip** IP-3 Process(Rivette & Kline)

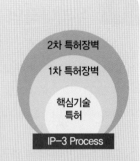

**1. 핵심기술의 특허출원**
먼저 해당 기업에 가장 기본이 되는 특허의 형성을 위해 기업의 핵심기술을 찾아내서 그에 대해 특허출원을 한다. 나아가 이러한 기본특허로부터 지지될 수 있는 제품을 개발하는 것을 장래의 R&D 기본방향으로 설정한다.

**2. 1차 특허장벽의 형성**
일단 핵심기술에 대한 기본특허가 설정되고 나면, 그 제품의 특성과 기능상 우위를 근거로 주변기술들을 확정하고 이를 특허화하여 1차 특허장벽을 형성한다. 이렇게 핵심기술 주위에 특허장벽을 쌓음으로써 경쟁업체가 제품의 주변기술에 대한 특허를 가지면서 발생될 수 있는 문제점, 예를 들어 크로스 라이센싱 요구 등을 해결할 수 있게 된다.

**3. 2차 특허장벽의 형성**
핵심기술에 대한 특허와 주변기술에 대한 특허장벽이 형성된 것으로 모든 리스크 요인을 해결한 것은 아니다. 생산, 마케팅 및 유통의 필수적인 핵심 공정과 방법들에 대한 기술에 대해서도 경쟁업체들이 진입할 수 있는 가능성이 얼마든지 열려 있기 때문에 이러한 기술들을 확인하고 특허화하여 2차 특허장벽을 형성하는 것이 필요하다. 많은 기업들이 2차 특허장벽을 형성하지 않음으로써 손실을 입는 사례들이 있다. 월마트(Wall Mart)는 자사의 경영기법을 특허화하지 않았는데, 직원들의 전직에 따라 그러한 기술들이 경쟁업체들에게 자연스럽게 이전됨으로써 영업상 손실을 입었다. 이와 달리 델(Dell) 컴퓨터는 주문 생산-직접 판매 시스템에 사용되는 제조, 분배, 마케팅 방법을 포함한 모든 기술을 특허화함으로써 경쟁업체들의 진입을 차단할 수 있었다.

---

# 1 우리나라의 R&D 투자규모

교육과학기술부와 한국과학기술기획평가원이 전국의 공공연구기관, 대학, 기업 등 25,692개 기관을 대상으로 2009년도 연구개발비, 연구원 현황 등을 조사하여 발표한 '2010 연구개발활동조사' 결과에 따르면, 우리나라의 GDP 대비 연구개발투자는 OECD 국가 중 3위로 나타났다.

[그림 1-3] **우리나라의 연구개발비 현황**

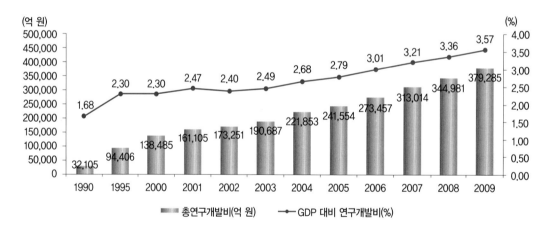

우리나라의 2009년 총 연구개발비는 37조 9,285억 원으로 전년 대비 9.9% 증가하였다. 국내총생산(GDP) 대비 연구개발비 비중은 3.57%로 전년도 3.36%에서 0.21%p 증가하였는데, 이는 OECD 국가 중 세 번째로 높은 수준이다. 하지만 연구개발비의 절대규모 면에서는 미국이 우리나라의 13.4배, 일본이 5.7배로 상당한 격차를 보였다.

상당한 규모로 투자되는 연구개발비의 효율적인 집행과 관리를 위하여 국가연구개발과제의 선정 및 평가에서는 특허정보조사를 의무화하고 있다[4]. 이는 이미 특허로서 권리화되거나 공개된 내용이 연구개발과제가 되지 않도록 함으로써 예산 절감을 꾀하는 데 그 취지가 있다.

## 2  R&D에서 지식재산의 중요성

### 1. R&D에서 지식재산의 중요성

많은 연구개발비와 연구인력을 동원하여 수행한 연구개발의 결과물이 이미 다른 기업이나 연구기관에서 특허출원을 통해 권리를 확보한 상태라고 하면 어떻게 할 것인가? 실제로 영국 DERWENT사의 과거 조사 결과에 따르면 유럽기업의 71%가 R&D 투자 후 해당기술이 특허로 보호되고 있는 사실을 뒤늦게 발견한 것으로 나타난 바 있다. 또한 유럽특허청(EPO) 홈페이지에서는 특허정보의 불충분한 사용으로 유럽에서만 200억 달러가 낭비됐다는 사실을 지적한 바 있다.

최근 들어 특허의 중요성이 강조되며 기업에서는 신규 사업을 검토하는 단계에서 특허 등 지식재산에 대한 검토를 선행하는 경우가 증가하고 있음에도 불구하고, 일각에서는 여전히 R&D의 기획 및 수행 등 R&D 전 과정에서 지식재산과 특허정보의 가치가 무시되는 경우가 존재한다.

> "연구개발을 수행할 때 특허정보를 조사하지 않는 것은 새 집을 구입한 후 등기부등본을 확인하지 않는 것과 같다."
> – IPR Bulletin 2002. 10.
>
> "사업을 하기 전에 특허를 생각하고, R&D 투자를 하기 전에 또 특허를 생각해야 합니다."
> – 대빗 링구아 유럽특허청 지식재산권 담당과장
>
> "나는 연구자들에게 아카데믹한 논문보다 특허명세서를 많이 읽고, 특허를 더 많이 생산하도록 격려한다. 이를 통해 특허에 강한 몇몇 기업만이 살아남을 수 있는 지식재산권 시대에 대비하고 있다."
> – 후지오 미타라이 캐논 CEO

---

[4] 국가연구개발사업의 관리 등에 관한 규정 제4조(사전조사 및 기획) ② 중앙행정기관의 장은 제1항에 따른 사전조사 또는 기획연구를 하는 경우 국내외 특허 동향, 기술 동향, 표준화 동향 및 표준특허 동향(표준화 동향 및 표준특허 동향은 연구개발성과와 표준화 및 표준특허를 연계할 필요가 있는 경우만 해당한다)을 조사하여야 한다.

## 2. R&D와 특허제도의 상관모형

**[그림 1-4] R&D와 특허제도의 상관모형[5]**

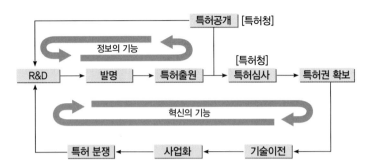

위 모형에서 특허분쟁과 기술이전은 선택사항이며, 2개의 순환고리는 혁신의 기능과 정보의 기능을 나타낸다. 혁신의 기능은 R&D로부터 이윤을 확보하고 새로운 투자를 촉진하는 기능을 의미하고, 정보의 기능은 기존에 공개된 특허기술보다 더 진보된 기술을 개발하도록 하는 기능을 의미한다. R&D 과정에서 특허가 가지고 있는 정보의 기능을 효과적으로 활용하지 못하면 중복연구와 중복투자로 연결되고 최종적으로는 특허침해에 따른 특허분쟁을 발생시킨다. 따라서 R&D를 기획하고 수행함에 있어서 특허정보를 효율적이고 적극적으로 활용하는 것이 요구된다.

> **Tip** 특허정보 조사의 중요성
>
> 다음은 연구개발 실시 이전에 선행특허의 존재 여부를 조사하지 않고 연구개발을 진행하다가 선행특허를 발견하고 도중에 연구개발을 중단한 사례들이다.
>
> | 회사 | 연구 과제 | 기존 특허(공개일자) | 연구개발 | |
> |---|---|---|---|---|
> | | | | 기간 | 투자비(백만) |
> | A사 | •반도체 패키지 재료 | 89.8.18 | 89.9~90.9 | 400 |
> | B사 | •21˝ FST1.7R 0.6P CRT | 56.5.8/69.9.10 | 85.1~88.11 | 195 |
> | | 고휘도 CPT용 형광체 | 71.12.18/77.9.21 | 90.4~91.2 | 48 |
> | C사 | •FLY BACK TRANSFORMER | 89.11.6 | 90.1~90.11 | 510 |
> | D사 | •Storage Capacitor | 87.4.20 | 90.1~91.12 | 500 |
> | E사 | •EMI 대책 영상표시기의 개발 | 87.11.20 | 88.9~90.9 | 500 |
> | F사 | •60~70 밀리미터 겸용걸쇠뭉치 | 86.1.14 | 87.2~87.12 | 135 |
> | G사 | •새도우 마스크 제조방법 | 84.7.3 | 92.7~93.9 | 228 |
>
> 연구개발에 있어 특허정보 조사는 필수적이다. 연구개발 내용이 이미 개발된 선행특허와 같아 사실상 불필요한 연구개발의 노력을 기울인 결과가 되고, 더욱 선행특허 침해 문제로 연구개발의 결과를 실시하지 못하게 되는 무용지물이 되는 것이다. 만일 라이센스를 허여 받는다고 해도, 불필요한 연구개발을 하고 특허료까지 지불하게 되는 우를 범하게 된다. 특허정보 조사의 필요성은 이러한 측면에서의 불필요한 중복개발 및 특허침해 문제를 예방하고, 자사의 연구개발 방향을 명확히 설정하여 연구개발을 효율화하고 그 성과를 극대화하는데 목적이 있다.

---

[5] 정성창, 지식재산 전쟁(한국의 특허경쟁력과 대응전략), 삼성경제연구소(2005), 126p

## 3  R&D에서의 지식재산 활용

### 1. R&D에서의 지식재산 역할

R&D 활동에 있어서 지식재산은 기본적으로 연구과제 도출, 사업화 방향 설정, 효율적 기술개발 지원 및 생산성 향상 등 R&D 방향을 제시하는 역할을 한다. R&D 과정에서 도출된 신규 발명은 특허출원을 통하여 지식재산으로 창출된다. 한편 R&D 결과물의 사업화를 위해서는 관련 지식재산을 보유하고 있는 주체와의 공동 연구, 전략적 제휴 및 기술이전이나 라이센싱이 고려되어야 하고, 사업화에 장애가 되는 특허에 대해서는 무효화, 비침해 논리, 회피 설계 등의 대응전략 수립이 요구된다.

### 2. R&D 수행단계별 검토 및 활용

지식재산은 R&D 기획단계부터 완료 및 사업화단계에 이르는 전 과정에 걸쳐 충분히 검토되어야 하며, 그렇지 못한 경우 R&D를 수행한 결과물을 사업화하는 과정에서 선진 경쟁사의 특허공세로 인해 사업화를 중도에 접어야 하거나 과도한 로열티 지급으로 원가를 상승시키는 문제가 발생할 수 있다. R&D 수행단계별로 검토 및 활용되어야 하는 지식재산의 문제를 간략히 정리하면 다음과 같다.

#### (1) R&D 기획단계

R&D 기획은 공공부문의 연구개발사업기획과 민간부문의 상품개발을 위한 연구기획으로 구분될 수 있다[6]. 연구개발사업기획은 국가연구개발사업의 성공적 완수를 위해 연구사업 착수 이전에 연구사업에 대한 목표를 설정하고 연구수행방법을 검토하며 연구사업의 추진체계 및 연구결과의 활용에 대한 계획을 수립하는 행위로서 기획대상 조사, 연구기획 수립, 연구기획 실시, 연구기획 확정 등 4단계로 이루어진다. 민간부문의 연구기획은 기술기획, 상품기획, 프로젝트 기획 등을 포함하며, 실행력있는 기술전략을 수립하고 그에 따른 상품개발과 관련 기술의 향상이 요구된다.

R&D 기획을 함에 있어서 통상적으로는 기술로드맵이나 기술계통도 등이 활용된다. 이에 대해 최근에는 특허정보 조사 결과를 체계화한 특허맵을 R&D 기획에 활용하고 있다. 특허맵은 특허정보를 분석하여 특허정보의 각종 서지사항의 분석항목을 정리하고, 특허정보의 기술적 사항의 분석항목을 가공하여 특허정보만이 가지고 있는 권리정보로서의 특징을 효율적으로 이용·분석함으로써 그들의 조합을 통해 해석된 결과를 도표화한 것이다.

R&D 기획단계에서의 특허맵은 해당 기술분야에서의 원천 또는 핵심 특허를 도출하여 특허장벽의 존재 여부를 파악하고, 기술분야에서의 선도 기업 또는 연구기관의 기술개발 흐름과 방향을 분석하여 미래 기술개발 방향을 예측하는 용도로 사용된다. 또한 특허분석 결과를 바탕으로 특허확보가 가능한 공백기술분야의 선정과 핵심특허를 창출할 수 있는 특허출원 전략 등을 수립한다.

---

[6] 김명관 외 2인, 연구기획평가실무자를 위한 R&D 기획, 한국산업기술진흥협회(2007), 137p

## (2) R&D 수행단계

R&D 수행단계에서는 R&D와 관련된 문제특허를 추출하여 R&D의 중복 여부를 검증하고, R&D 방향의 수정 여부를 검토한다. 침해가 예상되는 특허가 존재하는 경우 회피방안을 설계하는 한편, 기존 특허를 대체하거나 기존 특허의 공백을 메울 수 있는 특허획득 전략을 수립한다. 특히 R&D 수행 과정중에서 도출되는 신규 발명에 대해서는 특허법상의 다양한 제도를 이용하여 국내와 해외에서의 권리확보가 효과적으로 이루어지도록 관리하는 것이 요구된다.

## (3) R&D 완료단계

R&D의 완료시점에서는 R&D 결과물을 이용하여 사업화하는 경우 발생될 수 있는 문제점을 해소하는 한편, 사업방향에 부합하는 특허 포트폴리오 구축을 위한 특허보강 전략을 수립하는 것이 중요하다. 또한 R&D 결과물의 권리화 여부도 재확인하는 것이 요구된다.

특허정보를 조사한 결과, 특허침해가 문제되는 특허에 대해서는 특허 무효가 가능한지 여부를 검토하여 무효 증거를 확보하거나 특허무효심판 등을 통한 조치를 취한다. 특허무효가 불가능할 것으로 판단되는 경우 해당 권리의 매입이나 라이센싱을 고려한다. 한편, 기존 보유 특허와 R&D 결과물의 권리화 현황을 검토하여 R&D 결과물을 효과적으로 보호할 수 있는 보강 특허의 확보도 고려한다.

> **Tip** 특허맵(Patent Map)
>
> **1. 개요**
> 특허정보를 분석하여 특허정보의 각종 서지사항의 분석항목을 정리하고, 특허정보의 기술적 사항의 분석항목을 가공하여 특허정보만이 가지고 있는 권리정보로서의 특징을 효율적으로 이용·분석함으로써 그들의 조합을 통해 해석된 결과를 도표화한 것이 특허맵이다. 특허맵은 연구개발전략 수립, 경영전략 수립 및 특허전략 수립에 유용하다.
>
>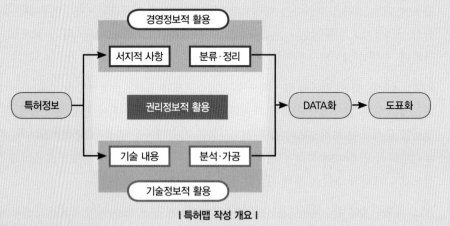
>
> | 특허맵 작성 개요 |
>
> **2. 특허정보의 분석기**
> ① 정량분석(Quantitative Analysis) : 특허정보의 서지적 데이터와 기술적 데이터를 근거로 하여 출원건수, 출원인, 발명자, 기술분류 등의 다양한 요소들의 조합을 통한 통계적 분석을 의미한다.
> ② 정성분석(Qualitative Analysis) : 특허정보 자료에 수록된 내용을 바탕으로 해당 특허가 포함하고 있는 기술 사상에 대한 실체적 분석을 수행하는 것을 의미한다. 특허문헌에 서술된 기술사상은 물론 특허청구범위, 출원인 정보, 발명자 정보 등을 조합하여 분석한다.

## 4 R&D 결과물 및 지식재산의 사업화

R&D 수행 결과물이 완성되고 관련 지식재산을 확보하였다는 것만으로 시장에서의 성공이 담보되지 않는다는 점에 유의할 필요가 있다. 지식재산 경영이 사업전략과 연구개발전략 및 지식재산전략을 유기적으로 통합한 것이라는 점을 고려하면 당연하다.

사업화에서 더욱 어려운 시점은 R&D가 완료되고 생산과 마케팅이 본격화되는 시점이다. 기초 연구 및 발명이 완성된 상태에서 사업 성장을 위해서는 추가적인 금융지원이 요구되는데 보통 성장성이 불투명한 상태에서 자금지원을 꺼리는 투자 펀드의 속성상 기업은 추가 자금 수요를 확보하기가 용이하지 않다. 추가적인 자금 조달과 더불어 혁신과 신사업 영역 확보를 한 이후에도 시장에서 살아남기 위해서는 경쟁 기업들과 치열한 경쟁을 벌여야 한다.

위와 같은 상황에 대해 하버드대 경영학자인 루이스 M. 브랜스컴 교수는 창조적 아이디어와 비즈니스 기회에서 발생하는 적자생존 경쟁원리를 '죽음의 계곡(Vally of Death)'과 '다윈의 바다(Darwinian Sea)'라는 이론으로 제시하였다. 죽음의 계곡은 신산업 창업 초기 사업 성장과 확장 등을 위해 금융지원이 반드시 필요한 시기를 의미하며, 기업이나 업종마다 상이하나 통상적으로는 창업 후 3~7년 사이 이 시기에 도달한다. 다윈의 바다는 시장에서 다양한 제품과 경쟁하며 자신이 가장 적합한 상품 또는 기술임을 인정받아야 하는 적자생존의 시장을 의미한다.

따라서 R&D 결과물 및 지식재산의 사업화를 위해서는 필요 자금의 수요 예측 및 확보가 요구되며, 시장의 요구를 고려한 최적의 상품개발 및 마케팅을 통해 시장에서 살아남도록 하여야 한다.

[그림 1-5] **죽음의 계곡과 다윈의 바다 (출처 : Charles W. Wessener(2005))**

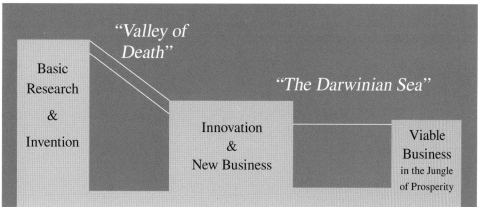

지식재산 포트폴리오 구축

최근 기술 발전의 특성은 기술의 고도화, 다양화 및 복합화로 대변할 수 있다. 기술의 고도화는 끊임없이 이루어져 어디까지 발전하게 될지 모르는 무한한 가능성을 가지고 발전을 거듭하고 있다. 또한 다양한 분야에서 기술 발전이 이루어지고 있으며, 기술 간의 융합화 내지 복합화가 시도되고 있다.

기업이 자사의 제품분야에서 이러한 끊임없는 기술 변화의 추세에 대응하여 R&D를 진행하기란 불가능하다. 기업은 한정된 자원을 가지고 선택적으로 R&D를 진행할 수밖에 없고, 이에 따라 기술의 공백이 발생하는 것은 불가피하다. 그러나 이를 방치한다면 그러한 기술은 대부분이 특허로 보호되고 있으므로 때에 따라서는 자사 제품에 적용이 불가능하게 되거나 특허료를 지불하게 되어 제품의 경쟁력을 잃게 될 우려가 있다. 그러므로 이러한 기술특허들을 외부에서 확보하는 것이 필요하다.

기업이 자사의 제품분야에서 원활히 사업을 전개하기 위해서는 그 사업에 관한 특허를 자유롭게 이용할 수 있어야 한다. 따라서 기업은 자사의 사업분야에 관한 특허를 스스로 개발하여 보유하거나 타인의 유력 특허를 매입하여 보유하거나, 그렇지 않으면 타사 특허의 실시 허락을 받아야 할 것이다. 이런 수단을 통해 이용 가능한 특허를 그 기업의 특허 포트폴리오라고 한다.

특허 포트폴리오를 완벽하게 구축하지 못한 기업은 타사로부터 특허를 양도받거나 실시 허락을 받아 그 틈을 메울 필요가 있으며, 또 양사의 특허를 서로 사용가능하도록 허락하는 크로스 라이센스의 방법을 동원할 수 있다. 그러므로 자사 제품의 경쟁의 자유도를 확보하기 위해서는 자사의 특허 포트폴리오를 구축하는 것이 필요하며, 특히 자사의 경쟁력 강화를 위해서는 자사 보유 특허의 포트폴리오를 강화하는 것이 무엇보다도 중요하다. 이는 제품 경쟁력을 강화할 뿐 아니라, 이러한 포트폴리오의 라이센스를 통하여 특허료 수익을 창출할 수도 있기 때문이다.

기술 독점을 하고 있는 회사들(Intel, Microsoft, Qualcomm, GemStar 등)도 자사 기술 독점을 강화하기 위해 경쟁 기술특허가 나오면 적극 매입하거나 그 기업을 인수함으로써 자사가 독점하고 있는 기술분야의 특허 포트폴리오를 강화하여 특허 기술 독점력을 바탕으로 시장의 지배력을 강화하고 있다.

**관련 사례**

### 특허권 포트폴리오 구축

**1. 실패 사례**

청색 LED를 최초로 양산하여 세계 시장에서 최고의 자리를 차지한 일본 니치아 화학공업은 청색 LED 양산에 관련한 특허에 대하여 '상품은 판매하지만 기술은 팔지 않는다.'는 전략을 고수하였다. 그러나 경쟁사와의 특허 분쟁에 휘말리면서 자사의 특허가 청색 LED의 다양한 분야를 두루 갖추지 못하였다는 것을 알게 되었고, 결국 '훌륭한 특허를 지닌 기업에게는 상호 교환 사용 조건으로 청색 LED 특허의 실시사용 허가를 해 주겠다.'로 전략을 바꾸게 되었다. 전체적으로 빈틈없는 특허 포트폴리오를 구축하지 못해 시장을 내어준 결과가 되었다.

**2. 성공 사례**

국내 MP3 전문 업체인 엠피맨닷컴은 MP3 플레이어 원천기술에 관한 한국 특허를 1997년도에 출원해, 2001년 등록을 받았다. 뒤늦게 비슷한 제품개발에 뛰어든 벤처 기업들의 문제 제기로 인해 4년이나 등록이 지연되었다. 중국·미국 특허는 이보다 늦은 2003년에 획득했지만, 한 번도 제대로 된 로열티를 받지 못했다. 미국의 통신 회사인 퀄컴의 경우, 원천 기술을 토대로 관련 업계에서 막대한 수익을 올리고 있다. 엠피맨닷컴도 원천기술에 대한 특허 관리를 제대로 했다면 퀄컴에 버금가는 회사가 됐을 수도 있을 것이다.

그러나 이 회사가 부도의 위기에 처하자 (주)레인콤이 엠피맨닷컴을 인수하면서 특허권도 함께 인수하였다. 2005년 미국의 애플사가 '아이팟 나노'를 내놓으면서 (주)레인콤도 경영 위기에 빠지자, 레인콤은 2006년 결국 MP3 특허권을 10여 개의 국내 중소기업은 로열티를 지불하지 않아도 된다는 조건으로 미국의 MP3 칩셋 제조업체인 시그마텔에 매각하고 만다. 이로 인해 우리나라는 원천기술 창출국에서 잠재적 특허침해국으로 전락하였고, 삼성전자, LG전자 등 대형 업체들은 언제고 특허권 침해 사건에 휘말릴 수 있게 되어버렸다.

초기에 엠피맨닷컴을 인수한 국내 업체인 레인콤은 MP3P 관련 특허권을 방어적인 목적으로 사용하기 위해 가지고 있었던 것에 반해, 시그마텔사는 이 특허를 매입하여 자사의 비즈니스 강화와 동시에 소송을 통한 공격적인 목적을 위해 해당 특허권을 매입 것으로 알려졌다. 시그마텔은 레인콤 뿐만 아니라 또 다른 업체인 소닉블루사에서도 MP3P 관련 특허를 매입했다. 당초 레인콤이 가지고 있던 엠피맨닷컴 특허는 디지털캐스트와의 공동특허로 디지털캐스트 부문은 '리오' 브랜드로 MP3P 영업을 하던 소닉블루사에게로 넘어간 것을 시그마텔이 다시 사들였다. 그렇기 때문에 시그마텔사는 MP3P 관련 특허 포트폴리오를 구축하고 특허 행사를 위해 만반의 준비를 갖추었던 것이다.

# 심화학습

1. C대학의 K교수 연구팀은 스마트폰에서의 지리정보 제공 서비스를 구현하기 위한 연구를 기획하고 있다. 연구를 기획함에 있어서 기술의 발전과 향후 사업화를 위하여 고려할 점을 검토하라.

2. C대학의 K교수 연구팀이 상기 연구에 대한 의미있는 결과물을 도출한 것을 전해들은 D사는 연구결과를 기술이전받아 사업을 준비하고자 한다. D사가 사업준비를 함에 있어서 고려할 점을 특허의 관점에서 검토하라.

1. 연구를 기획함에 있어서는 해당 기술에 대한 연구가 기술발전 및 기술수요 측면에서 미래 발전 가능성이 있는 분야인지를 고려하여야 한다. 이를 위한 방법으로 기술수요조사, 기술예측, 기술 계통도, 기술로드맵과 같은 기법을 활용할 필요가 있다. 기술의 발전방향을 파악하고 기술발전 방향을 예측하는 기법으로는 다음과 같은 것이 있다.

| 구분 | 주요 내용 |
| --- | --- |
| 기술수요조사 | 기술혁신 주체들이 개발을 원하는 기술분야 도출 |
| 기술예측 | 기술개발 필요성보다는 단지 미래에 기술개발이 가능한 기술분야 조사 |
| 기술계통도 | 기존 기술의 상호관계를 보여주는 작업 |
| 기술로드맵 | 미래의 목표기술을 정한 뒤 이를 달성하기 위한 단계별 기술개발 이정표를 제시 |

**❙ 기술계통도와 주요 R&D 기획기법 ❙** (출처 : 전략기술경영연구원(2004b), TRM 실무매뉴얼)

한편, 기술계통도의 작성 및 향후 사업화 가능성을 고려함에 있어서는 특허조사 분석을 통하여 해당 기술에 대한 특허현황 및 기술발전흐름을 검토하여 중복연구를 배제함과 동시에 경쟁력 확 보를 위한 특허 포트폴리오 구축 가능성을 고려할 필요가 있다. 이러한 과정에서 특허맵 작성은 효율적인 연구를 위해 필수적이다.


2. 연구결과물의 사업화를 위해서는 먼저, 연구결과물이 특허 등 지식재산으로 충분히 보호받을 수 있도록 조치가 취해져 있는지를 고려하여야 한다. 연구결과물에 대한 특허출원 현황을 파악 하고 추가적인 특허출원의 필요성 및 해외출원의 필요성을 검토한다. 한편, 연구결과물의 사업 화 시 발생할 수 있는 특허침해 문제를 회피하기 위하여 선행특허의 조사분석을 통해 특허침해 가 문제될 수 있는 특허를 선별한다. 특허침해 가능성이 있는 특허에 대해서는 무효가능성 분석 을 수행하거나 회피설계를 통하여 특허침해 가능성을 배제하는 것이 요구된다. 만약, 특허침해 가 예상되며 회피가 불가능한 기술에 대해서는 향후 해당 특허의 권리양수 또는 라이센싱을 적 극 검토할 필요가 있다.

# 🔒 실력점검문제

▶ 다음의 지문 내용이 맞으면 ○, 틀리면 ×를 선택하시오. (1~3)

01  지식재산 경영이란 사업과 연구개발 및 지식재산을 통합하는 기업의 경영활동을 의미하는데 통상적으로 지식재산은 연구개발이 완료된 단계에서 검토된다. (  )

02  연구개발을 수행함에 있어서 특허정보를 조사하지 않는 경우 중복연구 등으로 인한 손실이 발생할 수 있다. (  )

03  연구결과를 활용하여 실제 제품을 개발하는 경우 연구결과의 부족으로 인한 제품개발 실패를 소위 '죽음의 계곡'이라고 한다. (  )

▶ 다음의 문제를 읽고 바른 답을 고르시오. (4~5)

04  연구개발 과정에서 특허정보 조사의 필요성 중 틀린 것은?

① 기술개발의 기초 자료를 입수할 수 있다.
② 기술개발의 동향을 파악할 수 있다.
③ 특허는 실제 제품을 대상으로 하는 것이므로 시장 출시 제품을 확인할 수 있다.
④ 특허분쟁에 적절하게 대처할 수 있다.
⑤ 특허획득 가능성을 사전에 파악함으로 중복 투자를 방지할 수 있다.

**05** 지식재산의 통합적 경영전략에 대한 설명으로 옳지 않은 것은?

① 지식재산 포트폴리오를 구축하여 경쟁업체들의 침해행위를 효과적으로 차단한다.

② 핵심적인 원천기술과 주변 기술들을 특허맵에 표시한다.

③ 경쟁업체에 의해 개발되기 어려운 것이고, 20년이 넘는 장기간의 보호가 필요한 상황이라면 영업비밀 형태를 유지할지 고려한다.

④ 기업은 지식재산의 유형에 대해 스스로 결정할 수 없다.

⑤ 기존 업체의 특허맵, 지식재산 포트폴리오를 분석하여 그 취약부분이 어디인지를 찾아낸다.

**오답피하기**

**05.** 기업은 지식재산을 특허로 보호할 것인지 영업방법으로 보호할 것인지, 또는 디자인으로 보호할 것인지 등 지식재산의 성격 및 목적에 따라 보호방법을 정할 수 있다.

Part 01

**Answer** 01. ×  02. ○  03. ×  04. ③  05. ④

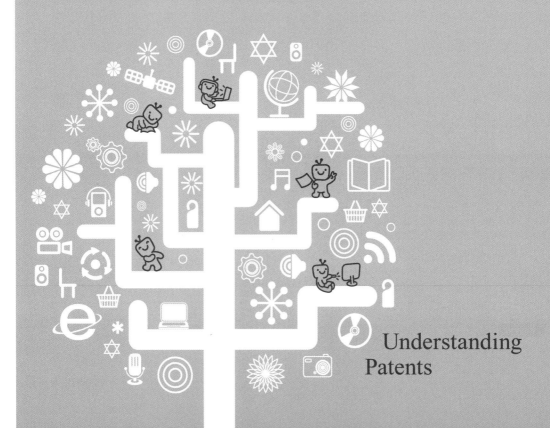

Understanding
Patents

Part 02

# 지식재산의
# 이해

# 특허제도와 실용신안제도

Understanding Patents

재산권(Property Right)이란 경제적 이익을 목적으로 하는 권리로서 민법상의 물권, 채권 등을 일컫는다. 그러나 민법이 보호대상으로 하는 이들 재산권 이외에 또 다른 재산적 가치가 있는 '인간의 재능적 창작'이라는 재화를 보호할 필요가 있는데, 그러한 창작가치에 대한 지배권을 '무체재산권' 또는 '지식재산권'이라 한다. 지식재산권(Intellectual Property Rights)은 다시 문화생활의 향상에 기여하는 창작물을 보호하는 저작권(Copyright), 산업발전에 기여하는 창작물을 보호하는 산업재산권으로 나뉘고, 산업재산권[7]은 그 보호대상에 따라 특허권(Patent Right), 실용신안권(Utility Model Right), 상표권(Trademark Right) 및 디자인권(Design Right)을 포함한다. 우리나라는 이 중에서 인간의 지능적 창작활동의 산물인 '발명(Invention)'을 보호하는 제도로서 특허제도와 실용신안제도를 운용하고 있다.

## 1 특허제도의 개요

### 1. 개요

오랜 기간 동안 시행착오를 통해 개발한 자신의 발명이 세상에 알려지고 그것이 다른 사람에 의해 부당하게 이용된다면 어떨까? 모방을 두려워한 발명자는 자신의 발명을 공개하기보다는 오히려 비밀의 상태에서 자기만이 그것을 이용하려 할 것이다. 이렇게 된다면 산업발전에 유용하게 이용가능한 발명이 적절히 활용될 수 없을 뿐만 아니라 같은 내용의 기술을 개발하기 위해 동시에 여러 사람의 노력이 중복되게 되어 산업적으로 큰 손실을 가져오게 된다.

이러한 상황을 방지하기 위해 특허제도가 생겨나게 되었다.

---

[7] 예전에는 특허권, 실용신안권, 디자인권, 상표권을 총칭하는 용어로 'Industral Property'를 공업소유권이라 번역했으나, 위 네가지 권리의 속성을 고려할 때 'Industral'은 공업보다는 '산업', 'Property'는 소유권보다는 '재산권'으로 변경하여 사용하고 있다.

## 2. 특허제도의 역사

근대적인 의미의 특허제도는 15세기 베니스 공화국에서 처음 시작되었다. 르네상스(Renaissance) 이후 이탈리아 북부지역의 해상 도시 국가들 사이에서는 모직물공업을 중심으로 한 기술경쟁이 격심하여 자국의 모직물공업을 발전시키고자 숙련된 기술자의 영입이 필요하게 되었다. 이에 따라 인구 20만 정도에 불과한 베니스 공화국은 1474년에 특허법을 제정하였다. 베니스 공화국의 특허법은 발명의 실용성과 신규성을 특허권 허여의 전제로 하여 10년간 특허권을 인정하였으나, 베니스 공화국의 몰락과 함께 소멸되어 현재까지 전래되지는 않고 있다.

[그림 2-1] **1769년 1월 5일자로 제임스와트가 취득한 증기기관 특허장**

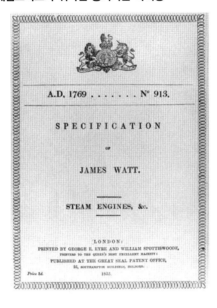

현재 특허제도의 기초가 된 최초의 성문화된 특허법은 영국의 전매조례(The Statute of Monopolies)[8]이다. 당시 영국은 길드(Guild) 규정에 의하여 외국인은 영국 내에서 영업을 할 수가 없었는데, 국왕은 대권을 행사하여 대륙기술자가 안전하고 자유스럽게 영업활동을 할 수 있게 하기 위하여 특허장[9]에 의한 특권을 부여하였다. 이 전매조례는 최초의 진실한 발명자에게 특허를 부여해 14년간 발명을 독점할 수 있도록 하였다. 그 후 1790년 미국에서 특허법이 제정되면서 특허를 재산권의 개념으로 인식하기 시작했고, 현대적인 의미에서의 특허제도가 오늘까지 발전해 왔다.

---

[8] 1624년
[9] 국왕의 득권은 2가지 종류의 득허장으로 주어졌다. 그 하나는 개봉특허장(Open Letters 또는 Letters Patent)으로서 특정의 개인 앞으로 주어지는 것이 아닌 모든 자가 읽을 수 있도록 하기 위해 Open(Patent)되었다. 여기에서 유래되어 오늘날 특허를 Patent라고 하고 있다. 다른 하나는 밀봉특허장(Letters Close)으로서 직접 개인 앞으로 주어진 것으로 그 봉인을 뜯지 않으면 읽을 수 없었다.

우리나라는 1882년 지석영 선생이 상소문에서 특허제도의 필요성을 제기했지만 제도화되지 못했고, 열강의 압력 하에서 특허제도가 시작되었다. 일본의 영향력 하에서 1908년 한국특허령이 공포되었고, 1946년에 최초로 특허법이 제정되었다.

## 3. 우리나라 특허제도의 기본원리

### (1) 권리주의

과거 특허제도의 발전사와 관련하여 볼 때 특허권을 주는 방식은 은혜주의와 권리주의가 있다. 중세에는 발명에 대한 특권이 국왕 등 통치권자에 의해 자의적으로 부여되었기 때문에 특허권의 부여가 통치자의 은혜에 의해 주어진다는 뜻에서 은혜주의라 하였다. 그러나 현대의 특허제도 하에서는 은혜주의적 사상은 찾아볼 수 없고 법에 의하여 특허권이 부여된다. 이를 은혜주의에 대비하여 권리주의라 하고, 발명자는 특허를 받을 수 있는 권리를 가지며 국가는 특허요건을 구비한 발명의 특허를 재량으로 거부하지 못한다는 내용을 담고 있다.[10]

### (2) 심사주의

우리나라 특허법은 특허권 허여의 방식으로 특허출원에 대하여 심사주의를 채택하고 있다. 따라서 아래에서 살펴볼 산업성, 신규성, 진보성 등의 실질적 특허요건에 대하여 심사가 행해지고 특허허여 여부가 결정된다. 국가에 따라서는 형식적 특허요건만 심사하고 특허를 허용하는 무심사주의[11]를 채택하고 있는 나라도 있다.

### (3) 선출원주의

동일한 발명에 대하여 특허출원이 경합하는 경우 특허권을 허여하는 방법에는 먼저 발명한 자에게 권리를 주는 선발명주의와 먼저 출원한 자에게 권리를 주는 선출원주의가 있다. 진정한 발명자를 보호한다는 의미에서는 선발명주의가 이상적이지만 권리의 안정성 측면에서는 선출원주의가 바람직하다. 따라서 우리나라를 비롯한 대부분의 국가는 법적 안정성을 중시하여 선출원주의를 채택하고 있다.[12]

---

[10] 대한민국 헌법 제22조제2항 '저작자·발명가·과학기술자와 예술가의 권리는 법률로써 보호한다.'
[11] 우리나라의 경우 2006년 10월 이전에는 출원된 실용신안에 대하여 실체적 심사를 하지 않고 형식적 요건에 대하여 방식심사만을 거쳐 등록해주는 무심사제도를 운영하기도 하였으나, 그 이후 법규를 개정하여 심사주의로 전환하였다.
[12] 미국은 1790년 특허제도를 도입한 이후 선발명주의를 취하였으나 2011년 9월 16일 미국 특허법 개정을 통해 2013년 3월 16일 출원부터 선출원주의를 적용하도록 하였다.

## (4) 등록주의

특허출원이 특허결정을 받았다 하더라도 등록절차를 이행하지 않으면 특허권이 발생되지 않는다. 특허권은 설정등록에 의하여 발생하고, 등록된 특허는 특허원부라는 공적 장부에 권리변동사항을 기록한다. 우리나라 특허법은 권리관계를 명확하게 하기 위해 등록주의를 채택하고 있다.

[표 2-1] **우리 특허법의 기본원칙**

| 기본원칙 | 대립개념 | 내용 |
|---|---|---|
| 권리주의 | 은혜주의 | 발명자는 특허를 받을 수 있는 권리를 가지며, 국가는 특허요건을 구비한 발명의 특허를 재량으로 거부하지 못한다. |
| 심사주의 | 무심사주의 | 특허청이 형식적·실체적 특허요건을 심사한 후에 등록 여부를 결정한다. |
| 선출원주의 | 선발명주의 | 2이상의 출원이 경합하는 경우에는 최선 발명자가 아니라 최선 출원인에게 특허를 인정한다. |
| 등록주의 | 발명주의 | 특허권의 발생은 설정등록에 의하고, 발명의 완성과 동시에 자동적으로 발생하는 것은 아니다. |

## 2 특허요건

특허출원된 발명은 특허법이 규정하고 있는 일정한 요건을 갖추어야 등록받을 수 있다. 아무리 뛰어난 발명이라 하여도 특허요건을 만족하지 못하여 등록되지 못하는 경우가 있을 수 있기 때문에 특허요건과 절차를 정확하게 이해할 필요가 있다.

특허요건은 출원인 및 발명자의 자격에 관한 주체적 요건, 발명의 내용에 관한 객체적 요건, 그리고 특허출원절차에서 갖추어야 하는 절차적 요건으로 구분된다.

### 1. 주체적 요건

특허를 받기 위해서는 특허출원에 기재된 발명자가 실질적으로 발명을 완성한 자이어야 하고, 특허출원에 기재된 출원인은 특허를 받을 수 있는 권리를 가진 자이어야 한다. 원칙적으로 발명자는 특허를 받을 수 있는 권리를 가지지만, 특허를 받을 수 있는 권리는 양도할 수 있다. 즉, 출원인은 발명자 또는 발명자로부터 특허를 받을 수 있는 권리를 받은 자가 될 수 있다. 2인 이상이 공동으로 발명을 한 때에는 그 발명에 대하여 특허를 받을 수 있는 권리는 공동발명자가 함께 갖게 된다.

### 2. 객체적 요건

특허를 받기 위해서는 특허출원된 발명의 내용이 특허를 받을 수 있는 것이어야 한다. 해당 발명은 발명의 성립성, 산업상 이용가능성, 신규성, 진보성 등을 만족하여야 등록받을 수 있다.

### 3. 절차적 요건

특허를 받기 위해서는 특허출원의 형식이 법률에 의하여 엄격하게 정해진 방식에 따라 행해져야 하고, 법률에서 요구하는 서류를 제출하여야 한다.

# 3 특허출원 및 심사

## 1. 특허출원 및 심사절차 개요

특허출원은 법률에서 정하는 사항을 기재한 특허출원서에 명세서, 도면 및 요약서를 첨부하여 특허청에 제출하는 행위를 말한다. 출원된 특허는 아래 〈그림 2-2〉에서와 같은 절차 및 심사과정을 거쳐 등록 여부가 결정된다.

[그림 2-2] **특허출원 후 심사 흐름도**

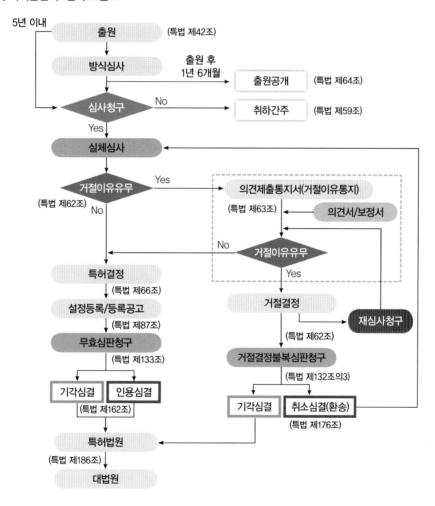

## (1) 방식심사

서식의 필수사항 기재 여부, 기간의 준수 여부, 증명서 첨부 여부, 수수료 납부 여부 등 절차상의 흠결을 점검한다.

## (2) 심사청구

심사업무를 경감하기 위하여 모든 출원을 심사하는 대신 심사를 청구한 출원에 대해서만 심사하는 제도이다. 특허출원과 동시에 심사청구를 하거나, 특허출원 후 언제라도 심사청구를 할 수 있으며, 심사청구는 누구든지 할 수 있다. 단, 특허출원에 대하여 출원 후 5년간 심사청구를 하지 않으면 출원이 없었던 것으로 간주된다.[13]

## (3) 출원공개

출원된 모든 특허는 바로 공개되지 않고 출원 후 1년 6개월[14]이 경과하였을 때 그 기술내용이 공보의 형태로 일반인에게 공개된다.[15] 심사가 지연될 경우 출원기술의 공개가 늦어지는 것을 방지하기 위하여 도입되었다.

## (4) 실체심사

특허요건, 즉 산업상 이용가능성, 신규성 및 진보성을 판단하는 심사단계이다. 또한 특허명세서는 일반인이 그 발명을 쉽게 실시할 수 있도록 기재되어 있어야 하고, 특허청구범위에 청구하는 특허권의 내용이 명확하게 파악될 수 있도록 기재되어 있어야 한다.

심사관은 특허출원을 심사한 결과 특허요건을 만족하지 못하는 거절이유를 발견하면 거절이유를 통지한다. 출원인은 심사관의 거절이유 통지에 대하여 특허출원의 내용을 보정하거나 의견서를 제출하는 방식으로 대응할 수 있으며, 심사관은 해당 출원이 특허요건을 만족하는 경우에 등록결정을 내려야 한다.

**Tip** 세계 주요국의 심사처리기간 비교

| 구분 | 한국(2014) | 미국(2014) | 유럽(2014) | 일본(2014) |
| --- | --- | --- | --- | --- |
| 심사처리기간 | 11.0개월 | 18.1개월 | 26.0개월 | 9.6개월 |

---

[13] 실용신안 등록출원의 심사청구기간은 3년이다.

[14] 우선권 주장을 수반하는 외국출원과 국내출원의 균형을 유지(우선기간 12월, 우선권증명서 제출기간 4월, 공개준비 2월)하기 위한 기간이다.

[15] 출원공개가 없다면, 출원기술은 설정등록 후 특허공보로서 공개된다. 출원공개 후 제3자가 공개된 기술내용을 실시하는 경우 출원인은 그 발명이 출원된 발명임을 서면으로 경고할 수 있으며, 경고일로부터 특허권 설정등록일까지의 실시에 대한 보상금을 권리획득 후 청구할 수 있다. (가보호권리)

### (5) 설정등록과 등록공고

특허결정이 되면 출원인은 등록료를 납부하여 특허권을 설정등록한다. 이때부터 권리가 발생되고, 특허청은 설정등록된 특허출원 내용을 등록공보로 발행하여 일반인에게 공표한다.

### (6) 거절결정

심사관은 출원인이 제출한 의견서 및 보정서에 의하여도 거절이유가 해소되지 않은 경우 특허를 거절결정할 수 있다.

### (7) 거절결정불복심판

거절결정을 받은 출원인은 특허심판원에 거절결정이 잘못되었음을 주장하면서 그 거절결정의 취소를 요구하는 심판절차를 진행할 수 있다.

> **Tip** L사의 X관련 개략적인 특허비용(단위 : 만 원)[16]
> • 국내출원 : 150(출원 시) + 150(등록 시)
> • PCT 출원 : 500
> • 각국출원 : 1,200(US) + 1,000(JP) + 1,500(EP3국 : 영·독·불) + 700(CN) + 800(RU)
> • 합      계 : 6,000만 원(출원에서 등록까지의 비용이며, 특허유지료는 제외)

## 2. 특허출원서의 작성 및 제출

특허를 받고자 하는 자는 특허출원서를 특허청장에게 제출하여야 하고, 특허출원서에는 명세서와 필요한 도면 및 요약서를 첨부하여야 한다.

### (1) 특허명세서의 개요

특허명세서는 특허를 받고자 하는 발명의 기술적 내용을 명확하고 상세하게 문자와 도면으로 기재한 서면을 말한다. 명세서는 심사·심판의 대상을 특정하며, 권리서와 기술문헌으로서의 역할을 수행한다.

### (2) 특허명세서의 기재사항

특허명세서는 발명의 설명 및 청구범위를 기재한다. 필요한 경우 청구범위는 출원 시 기재하지 않을 수 있으나 우선일로부터 1년 2개월이 되는 날까지 보정을 통해 명세서에 기재하여야 한다. 이들 명세서의 구성부분 중 '발명의 설명'은 기술문헌으로서, '청구범위'는 권리서로서의 역할을 수행한다.

---

[16] 2005, 특허청, 과학기술자를 위한 특허정보핸드북, 242p

### (3) 발명의 설명

발명의 설명은 그 발명이 속하는 기술분야에서 통상의 지식을 가진 자(소위 '당업자'라고도 하며, 그 출원이 속하는 기술분야에서 보통 정도의 기술적 이해력을 가진 평균적 기술자를 의미함)가 그 발명을 쉽게 실시할 수 있도록 명확하고 상세하게 기재되어야 한다. 여기에서 실시의 대상이 되는 발명은 청구항에 기재된 발명이다.

### (4) 청구범위

특허권의 보호범위는 청구범위에 적혀 있는 사항에 의하여 정하여진다. 청구범위는 특허발명의 보호범위를 정하는 기준이 되기 때문에 그 작성방법 및 원칙은 법률에 의해 규정되고 있다.

> **Tip** 청구범위의 기재요건 : 특허법 제42조제4항
> 청구범위에는 보호받으려는 사항을 적은 항(이하 '청구항'이라 한다)이 하나 이상 있어야 하며, 그 청구항은 다음 각 호의 요건을 모두 충족하여야 한다.
> 1. 발명의 설명에 의하여 뒷받침될 것
> 2. 발명이 명확하고 간결하게 적혀 있을 것

[표 2-2] **특허명세서의 구조**

| 구성 | 주요 기능 |
|---|---|
| 【발명의 설명】<br>【발명의 명칭】<br>【기술분야】<br>【발명의 배경이 되는 기술】<br>【발명의 내용】<br>　【해결하려는 과제】<br>　【과제의 해결 수단】<br>　【발명의 효과】<br>【도면의 간단한 설명】<br>【발명을 실시하기 위한 구체적인 내용】<br>【부호의 설명】 | • 기술문서<br>• 당해 발명의 특허성(신규성, 진보성)을 주장하고 입증하는 해설서 |
| 【청구범위】<br>【청구항1】 | • 권리문서<br>• 보호범위적 기능<br>• 구성요건적 기능 |
| 【요약서】 | • 서지 기능<br>• 출원의 분류, 정리, 검색 등에 이용 |
| 【도면】 | 필요한 경우에 한함 |

### (5) 출원일의 인정

특허출원서가 정상적으로 특허청에 접수되는 경우 특허출원일이 인정된다. 출원일은 심사, 우선

권의 인정, 권리존속기간 등에 있어서 기준이 되는 날로서 매우 중요하다. 특허출원일은 명세서 및 필요한 도면을 첨부한 특허출원서가 특허청장에게 도달한 날로 인정된다. 이 경우 명세서에는 적어도 발명의 설명은 기재되어 있어야 하며, 청구범위가 기재되어 있지 않더라도 특허출원일은 인정된다. 다만, 청구범위를 기재하지 않은 경우에는 소정 기간(우선일로부터 1년 2개월) 내에 명세서에 청구범위가 기재되도록 보정하여야 하며, 기간 내 보정되지 않으면 해당 특허출원은 취하 간주된다.

## (6) 사용 언어

특허출원서는 국어로 작성되어야 한다. 다만, 명세서는 국어가 아닌 산업통상자원부령이 정하는 언어(현재는 영어만이 인정됨)로 작성할 수 있다. 국어 외의 언어로 명세서를 작성한 경우에는 소정 기간 내에 국어번역문을 제출하여야 한다. 일례로, 영어로 작성된 논문의 경우 영어 논문을 발명의 설명으로 하여 특허출원하여 특허출원일을 확보한 이후에 그에 대한 번역문을 제출하거나, 국내우선권주장출원을 통해 권리화를 도모하는 것도 좋은 방법이다.

## 3. 특허심사 주요 제도

## (1) 우선심사제도

특허출원은 심사청구 순서에 따라 심사하는 것이 원칙이지만, 모든 출원에 대해서 예외없이 이러한 원칙을 적용하다 보면 공익에 반하거나 출원인의 권리를 적절하게 보호할 수 없는 면이 있다. 일정한 요건을 만족하는 출원에 대해서는 심사청구 순위에 관계없이 다른 출원보다 먼저 심사할 수 있도록 우선심사를 신청할 수 있다.

---

**Tip** **특허 우선심사 대상**

1. 출원공개 후 제3자가 업으로서 출원된 발명을 실시하고 있는 것으로 인정되는 출원
2. 방위산업분야의 출원
3. 녹색기술(온실가스 및 오염물질 배출 최소화 기술)과 직접 관련된 출원
4. 수출 촉진에 직접 관련된 출원
5. 국가 또는 지방자치단체의 직무에 관한 출원
6. 벤처기업의 확인을 받은 기업의 출원, 기술혁신형 중소기업으로 선정된 기업의 출원, 또는 직무발명 우수기업으로 선정된 기업의 출원
7. 국가의 신기술개발지원사업 또는 품질인증사업의 결과물에 관한 출원
8. 조약에 의한 우선권 주장의 기초가 되는 출원
9. 출원인이 출원된 발명을 업으로서 실시 중이거나 실시 준비 중인 출원
10. 전자거래와 직접 관련된 출원
11. 특허청장이 외국 특허청장과 우선심사하기로 합의한 출원
12. 전문기관에 선행기술조사를 의뢰한 출원
13. 출원과 동시에 심사청구를 하고 출원 후 2월 이내에 우선심사의 신청이 있는 실용신안등록출원
14. 65세 이상인 사람, 또는 건강에 중대한 이상이 있어 우선심사를 받지 아니하면 특허결정 또는 특허거절결정까지 특허에 관한 절차를 밟을 수 없을 것으로 예상되는 사람의 출원

## (2) 심사유예신청제도

늦은 심사를 바라는 고객의 요구를 충족시키기 위해 특허출원인이 원하는 유예시점에 특허출원에 대한 심사를 받을 수 있도록 한 제도이다. 늦게 심사받는 대신 희망시점에 맞춰 심사서비스를 제공받을 수 있다.

## (3) 분할출원

특허출원인은 둘 이상의 발명을 하나의 특허출원으로 한 경우에는 그 특허출원의 출원서에 최초로 첨부된 명세서 또는 도면에 기재된 사항의 범위에서 그 일부를 하나 이상의 특허출원으로 분할할 수 있다. 종래 분할출원은 명세서 등을 보정할 수 있는 기간과 특허거절결정등본 송달일부터 30일 이내에만 가능하였으나, 2015년 법 개정에 따라 특허결정등본을 송달받은 날부터 3개월 이내(설정등록 이전)에도 분할출원이 가능하게 되었다.

## (4) 변경출원

출원인은 출원후 설정등록 또는 거절결정 확정 전까지 특허에서 실용신안 또는 실용신안에서 특허로 변경하여 자신에게 유리한 출원을 선택할 수 있다.

## (5) 조약우선권 주장

파리협약이나 WTO 회원국간 상호 인정되는 제도로 제1국출원 후 1년 내에 다른 가입국에 출원하는 경우 제1국출원에 기재된 발명에 대하여 신규성, 진보성 등 특허요건 판단일을 소급하여 주는 제도이다.

## (6) 국내우선권 주장

선출원후 1년 이내에 선출원 발명을 개량한 발명을 한 경우 하나의 출원에 선출원 발명을 포함하여 출원할 수 있도록 하는 제도이다.

## (7) 직권보정제도

출원에 대해 심사한 결과 특허결정이 가능하나 명백한 오탈자, 참조부호의 불일치 등과 같은 사소한 기재불비만 존재하는 경우, 심사관이 의견제출통지를 하지 않고 직접 명세서의 단순한 기재불비 사항을 수정할 수 있도록 함으로써 심사 지연을 방지하고 등록명세서에 완벽을 기하고자 마련된 제도이다.

## (8) 재심사청구제도

심사 결과 거절결정된 경우 출원인은 거절결정불복심판을 청구하거나 재심사청구를 통해 대응할 수 있다. 재심사청구를 하는 경우에는 명세서 또는 도면을 보정하여야 하며, 재심사청구의 결과 다시 거절결정된 경우에는 재심사청구를 재차 할 수는 없고 거절결정불복심판을 통해 불복하여야 한다.

## 4 특허권의 내용 및 활용

### 1. 특허권의 효력

특허권은 설정등록을 하여야 발생하며, 그 존속기간은 설정등록이 있는 날로부터 특허출원일 후 20년이 되는 날까지이다. 특허권은 속지주의 원칙상 등록한 국가에서만 효력이 인정되고, 양도 또는 처분이 가능한 개인의 무체재산권으로서 물권에 준하는 성질을 가진다. 특허권은 무형의 권리이므로 점유가 불가능하여 침해가 용이하고, 침해의 발견이 어렵다는 특징을 가진다.

특허권은 아래와 같은 적극적 효력과 소극적 효력을 가진다.

[표 2-3] **특허권의 효력**

| 효력 | 내용 |
|---|---|
| 적극적 효력 | 특허권자는 업으로서 특허발명을 실시할 권리를 독점한다. 직접실시 뿐 아니라 자유롭게 수익·처분할 수 있는 권리를 갖는다. |
| 소극적 효력 | • 특허권은 배타적 금지권으로서, 제3자가 정당한 권원없이 특허발명을 실시하면 특허권의 침해가 된다.<br>• 특허권의 침해에는 특허발명과 동일한 발명을 실시하는 경우(직접침해)와 특허발명의 실시는 아니지만 직접침해의 개연성이 높아 침해로 간주하는 경우(간접침해)가 있다. |

실시와 관련하여 아래의 요건에 해당하는 경우 특허권의 효력이 미친다. 따라서 특허권의 행사에 앞서서 타인의 실시행위가 이들 요건에 해당하는지 파악하는 것이 중요하다.

[표 2-4] **특허법상의 실시**

| 요건 | | 내용 |
|---|---|---|
| 업으로서의 실시 | | 업으로서의 의미에 대하여 여러 가지 설이 분분한데, 널리 '사업적 의미'로서의 실시로 이해하는 것이 좋을 것이다. |
| 실시의 범위 | | 발명을 그 내용에 따라 사용하는 것이며, 특허법상의 실시는 물건의 발명, 방법의 발명 및 물건을 생산하는 방법의 발명으로 분류하여 규정된다. |
| 실시의 태양 | 물건발명 | 그 물건을 생산·사용·양도·대여 또는 수입하거나 그 물건을 양도 또는 대여의 청약을 하는 행위 |
| | 방법발명 | 그 방법을 사용하는 행위 |
| | 물건을 생산하는 발명 | 그 방법을 사용하는 행위 이외에 그 방법에 의해 생산한 물건을 사용·양도·대여 또는 수입하거나 그 물건의 양도 또는 대여의 청약을 하는 행위 |

## 2. 특허권 효력의 제한

특허권의 효력을 제한하는 것이 오히려 산업발전상 또는 공익증진에 더 유익한 다음의 경우에 대하여는 제3자의 업으로서의 실시에 대하여도 특허권의 효력이 미치지 않는다.

- 연구 또는 시험을 하기 위한 특허발명의 실시
- 국내를 통과하는 데 불과한 선박, 항공기, 차량 또는 이에 사용되는 기계, 기구, 장치 기타의 물건
- 특허출원 시부터 국내에 있는 물건
- 약사법에 의한 조제행위와 그 약제에 의한 의약

## 3. 특허발명의 보호범위

원칙적으로 특허발명의 보호범위는 청구범위에 기재된 사항에 의하여 정해진다. 특히, 특허발명은 추상적인 기술적 사상이므로 보호범위의 해석에는 법률적 가치판단이 필요한데 그 판단기준은 크게 아래와 같은 원칙에 의한다.

### (1) 특허청구범위 기준의 원칙

발명의 구성 중에서 필수불가결한 구성요소를 추출하여 집약한 것이 특허청구범위이며, 이 부분은 특허권자가 권리로서 주장하는 범위를 제3자에게 나타내는 부분이기도 하므로 특허발명의 보호범위가 어디까지 미치는지를 판단함에 있어서는 특허청구범위가 중요한 역할을 하게 된다. 따라서, 명세서 중 '발명의 설명'에만 기재되어 있는 발명은 보호범위 판단의 기준이 되지 않는다.

### (2) 발명의 설명 참작의 원칙

위와 같이 특허발명의 보호범위는 청구범위를 기준으로 하여 판단하지만 그 해설적 부분인 발명의 설명을 참작할 필요가 있다. 명세서 중 '발명의 설명'에는 그 발명이 해결하고자 하는 기술적 과제에 대한 목적과 그 목적을 달성하기 위한 구성, 그리고 그 구성에 의하여 달성되는 효과가 구체적으로 기재되어 있어, 청구범위에 기재된 추상적 기술사상을 정확히 이해하기 위해서는 발명의 설명을 참작하는 것이 타당하다.

### (3) 출원경과 참작의 원칙

대부분의 발명은 출원 후 특허에 이르기까지 출원인과 심사관 사이에 거절이유의 통지 및 그에 대한 의견이나 보정 등이 교환되고 이것을 통하여 발명의 내용이나 특징이 명확히 된다. 따라서, 심사과정 중의 출원경과는 특허발명의 보호범위를 보다 정확히 파악하는데 참작의 자료가 된다.

### (4) 출원 시의 기술수준 참작의 원칙

특허발명은 출원 시의 기술적 과제를 해결하려는 수단이므로 보호범위는 그 특허발명에 대한 출원 시의 기술수준에 서서 판단할 필요가 있다. 이런 원칙은 특허발명의 요지가 명세서 또는 도면만으로는 충분히 이해할 수 없는 경우 출원 당시의 기술수준이 보충적으로 활용되어야 할 때 효과적으로 이용될 수 있다.

### (5) 구성요건 완비의 원칙

특허청구범위의 발명이 다수의 구성요건으로 되어 있는 경우 그 중 하나의 구성요건이라도 결여하여 실시하고 있다면, 이는 그 특허발명의 기술적 보호범위에 속하지 않는 것으로 볼 수 있다.

> **관련 사례**
>
> **구성요건 완비의 원칙에 의해 권리범위를 해석한 사례**
> 청구범위를 해석하는 가장 기본적인 원칙은 구성요소 완비의 원칙(All Element Rule)에 의해서 판단된다. 서오텔레콤의 기술은 비상호출 기술을 기반으로 하고 있으며 위기상황에서 긴급버튼을 누르면 미리 지정한 수신자들이 도청모드로 전화된 휴대폰을 통해서 소리를 들을 수 있는 것임에 반해, 엘지텔레콤은 도청모드에 기반한 것이 아니라 별도의 발신 시스템을 통해 긴급호출을 보낸다. 즉, 특허발명의 모든 구성요소를 구비하고 있지 않다는 점에서 서로 다르다고 보아서 권리범위에 속하지 않으므로 원고의 청구는 이유가 없다.

## 4. 특허권의 활용

특허권은 재산권의 일종이므로 특허권자는 특허권을 양도하거나 타인에게 실시를 허락하여 경제적인 이익을 얻을 수 있다. 특허권자는 특허권의 활용을 통해 얻은 경제적 이익을 다시 R&D에 투입함으로써 발명을 창출하고 특허를 보호하며, 사업화 또는 라이센싱을 통해 특허를 활용이라는 선순환 구조를 만들게 된다.

[그림 2-3] **특허의 선순환 구조**

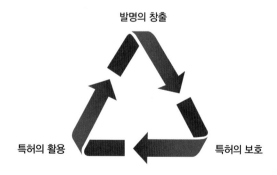

발명의 창출

특허의 활용          특허의 보호

## 5. 실시권의 설정

특허발명을 업으로 실시할 권리를 독점하는 자는 특허권자이지만, 특허법은 특허권자 이외의 자에게도 특허발명을 업으로 실시할 수 있는 권리를 인정하고 있다. 실시권(라이센스)이란 이와 같이 특허권자 이외의 자가 특허발명을 업으로서 실시할 수 있는 권리를 말한다. 특허법은 스스로의 발명 실시가 곤란한 특허권자에게는 특허권의 재산적 이용기회를 부여하고, 특허권자 이외의 자에게도 발명 이용 기회를 확장하여 산업발전에 이바지하고자 실시권제도를 두고 있다.

특허권자는 자기의 특허발명을 타인에게 실시권을 설정해 줌으로서 실시료(로열티)를 얻을 수 있고, 그 타인은 허락받은 범위 내에서 특허발명을 실시하여 이윤을 창출할 수 있다.

[표 2-5] **실시권의 종류**

| 분류 | | | 내용 |
|---|---|---|---|
| 전용실시권 | 내용 | | 타인의 특허권을 일정범위 내에서 업으로서 독점적으로 실시할 수 있는 권리이다. 특허권과 마찬가지로 직접 타인의 무단실시를 금지시킬 수 있다. |
| | 발생 | | 특허권자와의 계약에 의해서만 발생하고, 반드시 특허청에 등록을 하여야 한다. |
| 통상실시권 | 내용 | | 타인의 특허발명을 업으로서 실시할 수 있는 권리이다. 전용실시권과 달리 독점적인 실시권능은 없다. |
| | 발생 | 약정실시권 | 당사자간의 계약에 의해 성립·발생되고, 등록은 대항요건에 불과하다. |
| | | 법정사용권 | 법률에서 정한 요건이 만족되면 발생한다.<br>• 직무발명에 의한 통상실시권<br>• 선사용에 의한 통상실시권<br>• 디자인권 존속기간 만료 후의 통상실시권 |
| | | 강제실시권 | 특허청장의 재정 또는 심판 등에 의해 인정된다.<br>• 정부 등에 의한 비상업적 실시를 위한 실시권<br>• 재정에 의한 실시권<br>• 심판에 의한 실시권 |

## 6. 특허권의 이전

특허권은 재산권의 일종이므로 특허권자는 자신의 특허권을 타인에게 양도할 수 있다. 기업의 합병이나 특허권자의 사망에 의해서 특허권이 합병 후의 회사 또는 상속인에게 이전되고, 양도에 의한 특허권의 이전(상속 기타 일반승계에 의한 경우를 제외함)은 등록하여야 그 효력이 발생한다.

## 5  실용신안제도

### 1. 실용신안제도의 목적

자연법칙을 이용한 기술적 사상의 창작을 보호하는 제도로서 특허법 이외에도 실용신안법이 있다. 그 중에서도 세계 대다수의 국가는 특허제도만을 두고 있는 것이 일반적이지만 독일, 일본, 우리나라 등 일부 국가는 특허제도와 함께 실용신안제도를 병존시키고 있다.

고도한 기술사상만을 발명으로서 보호하는 특허법제도에서는 소발명 수준 정도의 기술은 경시될 우려가 있다. 실용신안제도는 고도한 발명수준에 이르지는 못한다 하더라도 그 실용성을 무시할 수가 없는 중소기업이나 개인발명가의 소발명을 보호하여 산업발전에 이바지하고자 하는 것을 목적으로 한다.

### 2. 특허법과의 비교

[표 2-6] **특허법과 실용신안법의 비교**

| | 특허법에 대한 실용신안법의 특징 |
|---|---|
| 보호대상 | 방법 또는 화학물질에 대한 고안은 제외하고 물품의 형상, 구조 또는 조합에 관한 고안만을 대상으로 함 |
| 등록요건 | 자연법칙을 이용한 기술적 사상의 창작으로서 고도성을 요구하지 않음 |
| 존속기간 | 특허는 20년이지만, 실용신안은 10년 |
| 출원 및 심사절차 | • 반드시 도면을 첨부하여야 함<br>• 출원료·등록료가 저렴함<br>• 심사청구기간은 출원일로부터 3년 |
| 실시요건 | 물품을 생산·사용·양도·대여·수입 또는 그 물품의 양도 또는 대여의 청약행위 |

### 3. 실용신안제도의 활용

특허출원과 실용신안출원 중 어느 것으로 출원할지는 다음과 같은 장단점을 고려하여 결정하는 것이 좋다. 다만, 특허출원인은 특허출원을 실용신안등록출원으로 변경할 수 있고, 실용신안 등록출원인은 실용신안 등록출원을 특허출원으로 변경할 수 있다.

[표 2-7] **실용신안제도의 장점과 단점**

| | |
|---|---|
| 장점 | • 권리획득을 위한 기간이 짧다.<br>• 상대적으로 등록이 용이하고 비용이 저렴히디. |
| 단점 | • 존속기간이 짧다.<br>• 특허에 비해 마케팅적인 효과가 적다. |

# 특허성

모든 특허출원이 등록될 수 있는 것은 아니며, 특허법이 규정하고 있는 특정한 요건을 갖추어야만 특허를 받을 수 있다. 특허출원에 기재된 발명은 특허법상의 '발명'으로서 '산업상 이용가능성'이 있어야 하고 '신규성' 및 '진보성'을 갖추어야 한다. 또한 그 발명에 대한 특허출원이 여러 개 존재한다면 그중에서 가장 먼저 출원된 것(선출원)만 등록된다.

## 1 발명의 성립성

### 1. 발명의 정의

일반적으로 사용하는 발명이라는 의미와 특허법에서 말하는 발명의 개념이 반드시 일치하는 것은 아니다. 우리나라 특허법은 제2조제1호에서 '발명이라 함은 자연법칙을 이용한 기술적 사상의 창작으로서 고도한 것을 말한다.'고 정의하여 특허법상 보호대상이 되는 발명의 요건을 명시하고 있다.

### 2. 자연법칙의 이용

자연법칙이란 자연계에서 경험적으로 발견되는 원리·원칙을 말한다. 여기에는 열역학의 법칙, 에너지보존의 법칙 등과 같이 자연과학상 명명된 법칙뿐 아니라 자연계에서 경험상 터득한 일정 원인에 의해 일정 결과가 생기는 경험칙을 포함한다. 자연법칙 그 자체로는 발명이라 할 수 없고, 자연법칙을 이용하는 것이어야 한다.

**예시 자연법칙의 이용이라고 할 수 없는 경우**

**1. 자연법칙이 아닌 경우**
- ① 게임규칙, 암호 작성방법, 작도법, 계산법
- ② 최면술, 상품의 진열방법
- ③ 보험제도, 과세방법

**2. 자연법칙에 반하는 경우**
- ① 영구기관
- ② 타임머신

**3. 자연법칙 그 자체인 경우**
- ① 만유인력의 법칙
- ② 열역학의 법칙

## 3. 기술적 사상

기술이란 일정의 목적달성을 위해 실제로 이용할 수 있는 구체적이고 합리적인 실시수단을 말한다. 지식으로서의 전달이 가능하여야 하고 제3자가 같은 방법으로 그 기술을 이용하면 같은 결과를 얻을 수 있어야 한다. 따라서 연주기술, 무용기술, 체육기술 등은 개인의 능력을 요구하는 기량일 뿐 특허법상의 발명은 될 수 없다.

## 4. 창작성

발명은 새로이 만들어낸 것이어야 한다. 이와 구별하여야 할 것이 발견인데, 발견은 이미 세상에 존재하던 것을 새로이 찾아내서 소개하는 것을 의미한다. 다만, 물질의 신규한 용도를 발견한 경우에는 '용도발명'으로서 특허를 받을 수 있다.

**Tip 용도발명**

용도발명이란 물질의 특정성질을 발견하여 그 성질을 이용하는 발명을 말한다. 용도발명은 발견의 결과를 특정용도로 연결하는 과정에 발명적인 요인(알려지지 않았던 새로운 용도)이 가미되었다는 점에서 특허법상 발명으로 인정된다.

## 5. 고도성

발명은 자연법칙을 이용한 기술적 사상의 창작 중에서 그 창작수준이 고도한 것이어야 한다. 물건에 대한 기술적 사상의 창작으로서 고도하지 않은 것은 실용신안의 대상인 고안이 될 수 있다.[17]

**Tip 음식특허**

음식물·기호물 자체에 대한 발명은 1990년 9월부터 물질특허의 도입과 함께 특허법상 등록이 가능하게 되었으며, 기존의 물질에 대한 음식물·기호물로서의 용도발명은 1987년 7월부터 특허등록이 가능하게 되었다. 이러한 음식물에 관한 발명도 특허를 받기 위해서는 신규성, 진보성, 산업상 이용가능성 등의 등록요건을 갖추어야 한다.

---

[17] 특허법원 98허3156판결. 특허법 제2조제1호는 발명이라 함은 자연법칙을 이용한 기술적 사상의 창작으로서 고도한 것을 말한다고 규정하고 있는 바, 특허법이 발명의 개념을 정의하면서 고도성을 드는 것은 실용신안의 고안과 구별하기 위한 것으로 기술적 사상의 창작 중 비교적 기술의 정도가 높은 것을 발명으로, 그렇지 못한 것을 고안으로 본다는 취지이다.

## 2 산업상 이용가능성

특허법은 산업발전을 목적으로 하고 있으므로 산업상 이용가능성이 없는 발명은 특허를 받을 수 없다. 실무상 '산업'의 범위는 유용하고 실용적인 기술사상이 속하는 모든 활동 영역을 포함하고 있으며, '이용가능성'이란 동일결과를 반복실시할 수 있는 가능성을 의미하는 것으로서 특허출원 시에는 당해 분야에서 이용되지 않더라도 장래에 실시할 수 있으면 충분하다.

> **예시 산업상 이용할 수 없는 발명**
>
> **1. 학술적·실험적 발명**
> '오존층의 감소에 따른 자외선의 증가를 방지하기 위하여 지구표면 전체를 자외선 흡수 플라스틱으로 둘러싸는 방법발명'은 현식적으로 명백하게 실시할 수 없는 것이므로 산업상 이용할 수 없는 발명이다.
>
> **2. 업으로 이용할 수 없는 발명**
> 끽연방법 발명과 같이 개인적으로만 이용되는 발명

보험업과 금융업 등은 업무의 성격상 발명행위의 대상이 될 수 없다.[18] 특히 의료업의 경우 순수의료행위에 관한 발명인 경우에는 특허법상 발명의 요건을 충족한다 하더라도 인도적인 측면을 고려하여 산업상 이용가능성이 없다고 해석하고 있다.

> **Tip 산업성이 인정되는 의료 관련 발명**
> 사람의 질병을 진단·치료·경감하고 예방하는 의료행위에 관한 발명은 산업에 이용할 수 없는 발명이지만, 동물용 의약이나 치료방법 등의 발명은 산업상 이용할 수 있는 발명으로 인정된다. 인체를 대상으로 하더라도, 인체로부터 분리되어 채취한 것(예) 혈액·소변·모발 등)을 처리하는 방법발명 또는 이들을 분석하여 각종 데이터를 수집하는 방법발명은 산업성이 있는 것으로 보며, 의료기구에 관한 발명 또한 산업성이 인정된다.

---

[18] 인터넷상으로 금융거래를 하는 절차상의 상거래 원리는 전자상거래 관련 발명으로 취급된다.

## 3  신규성

### 1. 신규성의 의의

신규성[19]이란 발명의 내용이 일반사회에 공개되지 않은 새로운 것이어야 함을 말한다. 특허제도는 새로운 발명을 공개한 자에게 그 공개에 대한 보상으로서 독점권을 주는 것이므로 출원발명의 내용에 새로움이 없다면 보호할 필요가 없기 때문이다.

### 2. 신규성 상실 사유

출원발명이 출원 시 다음과 같은 사유에 해당하면 신규성이 상실되어 특허를 받을 수 없다.

#### (1) 공지되었거나 공연히 실시된 발명

공지된 발명이란 그 발명의 내용이 불특정 다수인에게 알려지거나 알려질 수 있는 상태에 놓여 있어 비밀유지 상태를 벗어나고 있는 발명을 말하고, 공연히 실시된 발명이란 비밀이 해제된 상태에서 실시된 발명을 말한다. 여기에서 실시란[20] 구체적으로 발명품의 생산·사용·양도·대여·수입 등의 행위를 의미한다.

#### (2) 반포된 간행물에 게재된 발명

반포란 불특정인에게 열람될 수 있는 상태에 놓여져 있는 것을 말하고, 간행물이란 정보성과 공개성을 가진 정보전달매체를 말한다. 따라서 배포된 카탈로그, 도서관 등에 입고되어 있는 학위논문, 공표된 학회지 등에 발명의 내용이 게재되면 신규성을 상실한다.

#### (3) 전기통신회선을 통하여 공중이 이용가능하게 된 발명

전기통신회선이란 인터넷은 물론 전기통신회선을 통한 공중게시판, 이메일그룹 등을 포함하며, 전기통신회선을 통하여 이용가능한 정보는 일반 공중이 쉽게 접할 수 있으므로 이들 매체에 의하여 공지된 발명도 불특정인이 알 수 있는 상태의 발명으로서 신규성을 상실하게 된다.

### 3. 신규성의 판단방법

신규성 판단시점은 특허출원 시이다. 여기서 말하는 출원 시의 개념은 출원의 시각까지 포함한다. 그리고 지역적 기준으로서 국제주의를 취하고 있으므로, 외국에서 신규성을 상실한 경우에도 국내에서 신규성을 상실한 경우와 동일하게 판단된다.

---

[19] 특허법 제29조제1항
[20] 특허법 제2조제3호

다만, 우선권 주장이 인정된 출원(특허법 제54조, 제55조), 분할출원(특허법 제52조)과 같이 특수한 출원에 대하여는 신규성 판단시점이 실제의 출원 시점이 아닌 최초 출원 시점 또는 원출원 시점까지 소급되는 경우가 있으나 이것은 예외적 규정이다.

신규성 판단은 특허출원전에 공개된 발명과 특허출원된 발명(특허청구범위에 기재된 발명)과의 동일성 여부를 통해 판단한다. 따라서 특허출원 전에 공개된 발명과 특허출원된 발명(특허청구범위에 기재된 발명)이 동일하지 않은 경우에는 신규성이 인정된다.

[표 2-8] **신규성의 내용**

| 항목 | 내용 | |
|---|---|---|
| 신규성 상실사유 | 공지되었거나 공연히 실시된 발명 | |
| | 반포된 간행물에 게재된 발명 | |
| | 전기통신회선을 통하여 공중이 이용가능하게 된 발명 | |
| 판단기준 | 시적기준 | 특허출원 시 |
| | 지역적기준 | 국제주의 |
| | 물적기준 | 동일성판단 |

## 4. 신규성 상실의 예외

신규성을 상실한 모든 발명에 대하여 특허를 받을 수 없다고 한다면, 출원인에게 너무 가혹한 경우가 있고 국가산업발전에도 유익하지 않게 되는 경우도 있게 된다. 따라서 특허법은 이미 공지된 발명이라 하여도 일정 요건을 만족하는 경우에 공지되지 아니한 발명으로 취급하는 경우가 있다.[21]

### (1) 본인의 의사에 의한 공지

특허를 받을 수 있는 권리를 가진 자에 의하여 그 발명이 공지된 경우에는 공지된 날로부터 12개월 이내에 출원하면 그 특허출원된 발명에 대한 신규성 및 진보성 판단 시 그 발명은 공지되지 않은 것으로 취급된다. 이 경우 출원서에 그 취지를 기재하여야 하고 출원일로부터 30일 이내에 증명서류를 제출하여야 한다. 다만, 특허출원 시 출원서에 취지를 기재하지 않거나 증명서를 기간 내에 제출하지 않은 경우라도 보완수수료를 납부하면, 명세서에 대한 보정기간 또는 특허결정등본을 송달받은 날부터 3개월 이내(설정등록 전)에 취지 기재 서류 또는 증명서류를 제출할 수 있다.

---

[21] 특허법 제30조

## (2) 본인의 의사에 반한 공지

특허를 받을 수 있는 권리를 가진 자의 의사에 반하여 그 발명이 공지된 경우에는 공지된 날로부터 12개월(2012. 3. 15. 이후 출원의 경우) 이내에 출원된 것이어야 한다. 협박, 사기, 스파이 등에 의하여 공지되는 경우가 대표적이다.

---

**관련 사례**

**본인의 의사에 반한 공지가 인정된 경우**

1. 출원인이 시제품 제작업체에 출원발명의 시제품 제작의뢰를 하였는데 시제품 제작업체에서 출원발명의 제품을 출원인 몰래 제작하여 판매한 경우에, 이는 출원인의 의사에 반하여 공지된 것으로 인정될 수 있다.
2. 출원인의 발명 내용이 대리인의 고의 또는 과실로 누설되거나, 타인이 이를 도용함으로써 일반인에게 공표된 경우 출원인의 의사에 반하여 공지된 것으로 인정될 수 있다.

---

## (3) 효과

공지된 발명이 신규성 상실의 예외 규정을 만족하는 경우, 그 특허출원의 신규성 및 진보성 판단 시에 해당 사유에 의해 공지되지 않은 것으로 본다.

---

**Tip** **신규성 상실 예외의 유의점**

신규성 상실 예외의 규정은 그 특허출원의 신규성 및 진보성 판단시에 공표된 자신의 발명을 인용기술로 채택하지 않는 효과를 가질 뿐이며, 출원일이 소급되는 것은 아니다. 따라서 신규성 상실의 예외를 인정받았다고 하더라도, 그 특허출원 전에 다른 사람이 동일한 발명을 공지하였거나, 다른 사람이 동일한 발명을 출원한다면 그 특허출원은 거절될 수 있다.

---

## 5. 해외출원 시 유의사항

신규성 상실의 예외는 일부 국가(미국·일본·중국·유럽 등)에서만 인정되고, 적용요건도 국가별로 다르다. 예를 들어, 중국과 유럽의 경우는 신규성 상실의 예외를 인정받을 수 있는 사유로서 박람회 출품 및 의사에 반한 공지만이 인정되고, 간행물 반포에 의한 공지는 인정되지 않는다. 따라서 논문에 발명의 내용을 게재한 후 일정 기간 이내에 한국·미국·일본 등에 출원하여도 특허등록 받을 수 있으나 중국과 유럽에 출원한 경우에는 신규성을 상실하여 특허등록 받을 수 없다.

[표 2-9] 국가별 신규성 상실의 예외 규정 비교

| 국가 | 인정기간 | 인정사유 |
|---|---|---|
| 한국 | 12개월 | 제한 없음 |
| 미국 | 12개월 | 제한 없음 |
| 일본 | 6개월 | 간행물발표, 학술단체 서면발표, 박람회 출품에 의한 공지, 의사에 반한 공지, 전기통신회선 발표 |
| 중국 | 6개월 | 박람회 출품에 의한 공지, 의사에 반한 공지 |
| 유럽 | 6개월 | 의사에 반한 공지 |

## 4 진보성

## 1. 진보성의 의의

발명이 특허를 받을 수 있기 위해서는 신규성 이외에 더 나아가 진보성을 만족해야 한다. 진보성[22] 이란 발명의 창작수준이 그 기술분야에서 통상의 지식을 가진 자가 공지발명으로부터 용이하게 발명할 수 없을 정도로 난이도가 있을 것을 말한다. 특허법은 출원발명이 공지발명과 동일하지는 않아서 신규성은 갖추고 있다고 하더라도 그에 비해 창작수준이 낮은 발명은 배제하고 자연적 진보 이상의 의미 있는 발명만을 보호하고 있다. 신규성은 출원발명이 공지발명과 동일하면 특허를 받을 수 없다는 취지이지만, 진보성은 출원발명이 공지발명과 동일하지 않아서 신규성은 갖추고 있다 하더라도 그 발명의 창작수준이 낮을 경우 특허를 허여할 수 없다는 취지이다.

## 2. 진보성의 판단방법

### (1) 일반적인 판단방법

진보성은 특허출원 시를 기준으로 특허청구범위에 기재된 발명을 출원발명이 속하는 기술분야에서 통상의 지식을 가진 자(당업자)[23]가 공지된 발명에 의하여 통상의 노력으로 발명할 수 있는 것인지를 판단한다. 여기에서 공지된 발명이란 신규성에서 판단하는 공지된 발명과 동일하다.

예외적으로 분할출원에 대하여는 원출원 시, 실용신안출원에 기초한 변경출원인 경우에는 그 기초출원인 실용신안출원 시, 우선권을 주장한 출원에 대하여는 그 기초출원 시에 각각 진보성을 판단한다.

### (2) 구체적인 판단방법

진보성의 판단은 발명의 3요소인 목적·구성·효과 중 발명의 실체적인 구성을 우선적 대상으로 하여 그 난이도의 정도를 판단하고, 그 이외의 요소인 발명의 목적이나 효과를 종합적으로 대비하여 판단한다.

---

[22] 특허법 제29조제2항
[23] 실무적으로는 특허청 심사관이 당업자의 수준을 가정하여 판단한다.

### (가) 목적의 특이성

발명의 목적은 발명이 해결하고자 하는 기술적 과제를 의미하고, 출원발명의 목적이 출원당시의 기술수준으로 보아 예측가능성이 있는지의 여부에 따라 판단한다.

자연현상 또는 자연법칙에 대하여 새롭게 인식되는 발명이나 당해 발명이 속하는 기술분야에서 선행기술이 갖는 문제점에 대한 기술적 과제를 해결하고자 하는 것이거나 또는 새로운 기술분야를 개척하는 것은 목적의 특이성이 있다고 할 수 있다.

### (나) 구성의 곤란성

발명의 구성의 곤란성이란 당해 발명의 구성이 출원 당시의 기술수준으로 보아 용이한 것인가의 여부에 대한 판단기준으로서 그 구성요건을 채택·결합하는 것이 출원 당시의 기술수준에서 보아 당해 발명이 속하는 기술분야의 통상의 지식을 가진 자에 의하여 당연히 도출될 수 있는 범위 내의 기술수단인 경우에는 구성의 곤란성이 없다고 본다.

### (다) 효과의 현저성

발명의 효과의 현저성이란 당해 발명의 구성으로부터 초래되는 효과가 출원당시의 기술수준으로 보아 예측할 수 있는 것인지의 여부에 대한 판단기준으로서 당해 발명의 효과가 공지발명과 비교하여 출원 당시의 기술수준으로 보아 이질적이거나 또는 양적으로 현저하게 증대된 경우에는 효과에 현저성이 있다고 본다.

이에 대하여 당해 발명의 효과가 출원 당시의 기술수준에서 당연히 도출될 수 있는 구성으로부터 당연하게 예측 가능한 범위 내의 것인 때에는 그 발명은 효과의 현저성이 없다고 본다.

### (라) 참고적 고려사항

발명품의 기술적 특징에 의하여 판매가 종래의 상품을 누르고 성공을 거두고 있거나 모방품이 많이 나타나고 있는 등의 사실이 있는 경우는 진보성이 인정될 수 있다. 또한 발명의 효과가 뛰어남에도 불구하고 오랫동안 이를 실시한 자가 없었거나 장기간 그 해결수단을 찾아내지 못했다는 등의 사실이 있는 경우에도 진보성이 있다고 할 수 있다.

그러나 발명의 완성과정이나 대응 외국 특허의 존재는 진보성 판단 시 참고적 수단으로 이용될 가치는 적다. 전자는 개인의 능력에 따라 발명의 완성과정이 달라질 수 있는 주관적 요인이고, 후자는 진보성 판단기준을 달리하는 외국에서의 특허획득이 다른 나라에서까지 진보성 인정의 참고가 될 특별한 이유가 없기 때문이다.

[그림 2-4] **진보성의 판단방법**

**Tip** **외국의 심사례 참고 여부**

발명의 신규성이나 진보성은 특허출원된 구체적 발명에 따라 개별적으로 판단되는 것이고, 다른 발명의 심사례에 구애받지 않는다. 특히 다른 나라의 심사례는 고려대상이 될 수 없다.

**관련 사례**

**상업적 성공만으로 진보성을 인정할 수 있는지 여부**

원고는 '원패널 에어컨'이라고 불리는 제품이 공기조화기에서 획기적인 새로운 모델로 자리잡아 원고에 의해 최초로 상품화된 후 현재에 이르기까지 대다수의 타제조회사에서도 유사한 제품을 잇달아 출시하고 있는 점 등을 고려하면 이 특허발명의 실내장식기능과 공조기능이 분리된 공기조화기는 상업적으로도 성공한 기술적 개념이라고도 주장하였다. 그러나 재판부는 특정발명의 실시품이 상업적으로 성공했다는 점은 진보성을 인정하는 하나의 자료로 참고할 수 있는 사정이기는 하나 상업적 성공 자체만으로는 진보성이 인정된다고 할 수 없다고 판결하였다.

## 5 선출원주의

### 1. 선출원주의의 의의

동일한 발명에 대한 2개 이상의 출원이 경합되는 경우 그 중 어느 출원을 등록시킬 것인지에 대하여는 세계적으로 2가지의 원칙이 있다. 하나는 발명의 선후관계를 중시하여 선발명자의 특허를 등록시키는 선발명주의이고, 다른 하나는 출원의 선후관계를 중시하여 선출원자의 특허를 등록시키는 선출원주의이다. 우리나라를 비롯한 대부분의 국가에서는 선출원주의를 채택하고 있다.

### 2. 처리방법[24]

출원일을 기준으로 하여 먼저 출원한 자에게 특허를 부여한다. 만일 2 이상의 출원이 같은 날에 출원된 경우에는 당사자 간에 협의를 할 수 있게 하고, 협의가 되지 않으면 모두 거절한다. 단, 선출원이 무효, 포기, 거절결정, 취하된 경우 또는 선출원인이 무권리자인 경우에는 후출원이 특허를 받는다.

### 3. 확대된 선출원주의

특허출원 전에 발명의 내용이 공개된 경우에는 신규성 또는 진보성을 기초로 특허를 거절한다. 그런데 특허출원 전에 공개되지는 않았지만 타인에 의해 먼저 선출원된 발명의 경우에는 신규성과 진보성에 관한 규정으로 거절할 수는 없지만, 실질적으로 새로운 기술이 아니므로 특허를 부여하여서는 안된다. 특허법은 이러한 특허출원을 거절하기 위해 확대된 선출원주의의 규정[25]을 두고 있다.

확대된 선출원주의의 판단은 신규성 및 선출원주의와 마찬가지로, 당해 특허출원(후출원)의 특허청구범위에 기재된 발명이 타출원의 출원서에 최초로 첨부된 명세서 및 도면 등에 기재되어 있는 발명과 동일한지 여부로 판단한다. 이때 당해 특허출원의 발명자와 타출원의 발명자가 동일한 경우와 당해 특허출원 시의 출원인이 타출원의 출원인과 동일한 경우에는 본 규정의 적용이 배제된다.

---

[24] 특허법 제36조
[25] 특허법 제29조제3항

[표 2-10] **선출원주의와 확대된 선출원주의의 비교**

| 항목 | 선출원주의 | 확대된 선출원주의 |
|---|---|---|
| 주체 | 선·후출원의 발명자·출원인 동일 여부와 무관 | 선·후출원의 발명자·출원인 동일한 경우 적용 안됨 |
| 판단대상 | 선·후출원의 특허청구범위 | 선출원의 최초 명세서·도면에 기재된 발명과 후출원의 특허청구범위 |
| 시기 | 출원공개·등록 여부와 관계없이 적용 | 선출원이 출원공개·등록된 경우에 한해 선출원지위 인정 |
| 판단범위 | 동일성 판단 | 동일성 판단 |

[그림 2-5] **주요 특허요건의 비교**

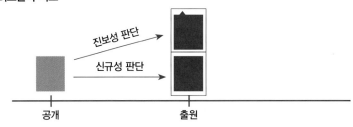

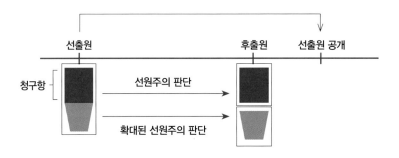

# 제 03 절 발명의 종류

Understanding Patents

발명은 그 기준의 설정에 따라 여러 종류의 발명으로 분류할 수 있다. 기술분야에 따라 전기전자발명·기계발명·화학발명으로, 기술구현의 형태에 따라 물건의 발명·방법의 발명으로, 발명의 관계에 따라 주발명·종속발명으로, 발명을 한 자의 수에 따라 단독발명·공동발명으로 구분하는 등 발명의 분류방법은 다양하다. 이들 중 법률적으로 의미가 있는 몇 가지 발명과 특별하게 취급되고 있는 발명들을 소개한다.

## 1  물건발명과 방법발명

### 1. 개념

물건발명이란 발명의 내용이 물건(또는 물질)로 구체화되는 경우를 말하며, 방법발명이란 발명의 내용이 일정한 목적을 달성하기 위해 시계열적으로 관련되는 행위로 구체화되는 경우를 말한다. 즉, 시간적 요소를 발명의 필수적 구성요건으로 하는 것이 방법발명이고 그렇지 않은 것이 물건발명이다.

### 2. 물건발명과 방법발명의 종류

물건발명으로는 제품(기계·기구·장치·시설)적인 물건의 발명, 재료(화학물질·조성물)적인 물건발명, 물질의 특정성질을 이용하는 물건발명(용도발명) 등이 있고, 방법발명에는 단순방법(측정방법·포장방법·살충방법·분석방법·제어방법·통신방법)발명, 물건(물질)을 생산하는 방법(살충제 제조방법·오리탕 제조방법)발명이 있다.

## 2 용도발명과 의약발명

### 1. 용도발명

#### (1) 개요

용도발명이란 물질(물건)의 특정성질을 발견하여 그 성질을 특정용도로 이용하는 발명을 말한다. 이미 존재하는 물질의 속성 자체는 발명이 아닌 발견의 대상이 되지만, 그 발견의 결과를 새로운 특정 용도로 연결하는 과정은 보호할 가치가 있는 기술적 사상의 창작으로 인정되어 특허로써 보호한다. 물건의 이용이 작용효과에 머무는 기계·기구·장치보다는 물질의 속성이 다면적으로 이용될 수 있는 화학물질 또는 생물과 관련된 용도발명이 많다.

#### (2) 예시

이미 알려진 물질 DDT(Dichloro-diphenyl-trichloroethane)에 살충효과가 있다는 속성을 발견하고 이 속성을 이용하여 'DDT를 유효성분으로 하는 살충제' 또는 'DDT를 벌레에 뿌려 살충하는 방법'으로 특허출원할 수 있다.[26]

### 2. 의약발명

#### (1) 개요

특허에 관한 산업부문별 심사기준에 따르면, 의약발명이란 의약으로서의 용도가 기재된 발명을 말하는 것이다. 즉, 의약은 주로 물질로 구성되어 있는데 그 물질이 가진 속성이 약리효과를 가진다는 것을 밝혀낸다면 이는 의약의 용도발명으로서 특허의 대상이 된다.

#### (2) 특징

의약발명은 용도발명의 일종으로서 물질의 특성을 새로운 특정 용도로 연결하는 과정 자체에 특허성이 있게 된다. 따라서 의약발명의 특허명세서에는 약리효과·유효량 및 투여방법 등이 기재되어야 하고, 그 특정 물질에 약리효과가 있다는 점을 입증할 수 있도록 약리데이터 등이 나타난 실험례가 기재되거나 또는 이에 대신할 수 있을 정도로 구체적으로 기재되어 있어야 한다. 새로운 의약물질을 발명한 자는 제법(방법)발명과 함께 물건발명으로 특허를 받을 수 있고, 이미 존재하는 물질을 의약품으로서 제조하는 방법에 기술적 특징이 있는 경우에는 제법발명으로만 특허를 받을 수 있다.

---

[26] DDT라는 물질은 염화벤졸과 클로랄이 유산의 촉매반응에 의해 얻어진 물질로서 1874년 독일학자에 의해 합성되었다. 이 물질로부터 살충성질을 발명한 자는 섬유의 유충에 대한 살충제를 연구하던 뮬러박사(1938, 스위스 Geigy사/현 Novartis사)이다.

**3** ## 생명공학분야 발명

생명공학(Biotechnology)분야 발명이란 직접 또는 간접적으로 자기복제 할 수 있는 생물학적 물질 (Biological Material)이다. 즉, 자기 복제력을 갖는 생물, 유전정보 및 그 복제에 관련된 발명을 의미한다. 살아 있는 생물체를 특허 대상에 포함할 것인지, 이를 발명으로 볼 것인지 발견으로 보아야 하는지에 대한 논의가 있었으나, 현재는 생명공학기술이 인간의 창조와 연구의 성과물로서 특허의 대상이 되는 것으로 인정되고 있다.

[그림 2-6] **생명공학 기술**

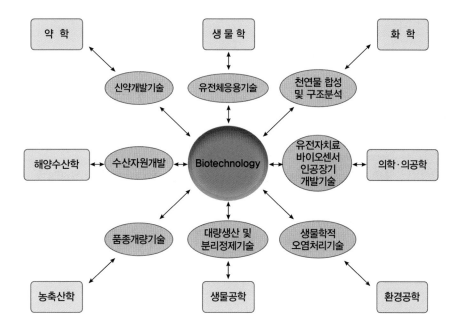

### 1. 미생물발명

#### (1) 개요

미생물이란 곰팡이·세균 등 미세 크기의 생명을 가진 물체이며, 미생물발명이란 미생물 자체의 발명, 미생물을 생산하는 방법에 관한 발명, 미생물을 이용하는 발명 등을 총칭한다. 종래에는 미생물발명이 창작물이 아닌 단순한 발견이고 반복생산 가능성이 없기 때문에 발명으로 인정하지 않았으나, 유전공학의 발달로 DNA구조가 밝혀짐으로서 단순한 발견이 아니라는 점이 알려지고, 반복생산 가능성에 대한 문제가 해결됨으로써 특허로 보호하고 있다.

## (2) 특이점

미생물이 용이하게 입수할 수 있는 것일 때에는 그 입수방법을 명세서에 기재하면 되지만, 그렇지 않은 경우에는 기탁기관에 미생물을 기탁하고 그 기탁번호를 명세서에 기재해야 한다. 또한 새로운 미생물을 기재할 경우에는 미생물의 명명법에 따른 종명, 또는 그 종명을 붙인 균주명으로 표시하고 균학적 성질을 함께 기재해야한다.

[그림 2-7] **미생물기탁제도**

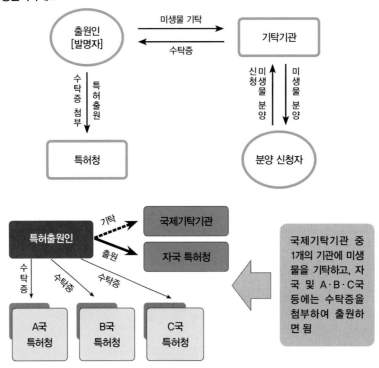

## 2. 동물발명

### (1) 개요

동물특허란 동물 자체의 발명, 동물의 일부분에 관한 발명, 동물을 만드는 방법의 발명, 동물의 이용에 관한 발명에 관한 특허를 말한다. 영국 로슬린연구소의 복제양 돌리 탄생을 계기로 국내외 관심사로 부각되었는데, 1988년 미국에서 최초로 '하버드 마우스'에 대해 특허가 부여된 이래 다른 특허요건을 충족하는 이상 특별히 동물이라는 이유만으로 특허대상에서 배제하지는 않는 것이 세계 각국의 일반적인 추세이다.

[그림 2-8] **동물복제기술**

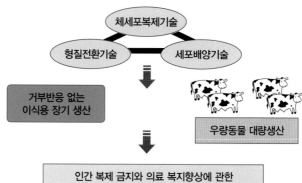

## (2) 특이점

동물에 관한 발명에서는 동물 지체의 구조 및 작용 기전이 극히 복잡하여 서면만으로 충분한 기재가 곤란하고 기재된 사항에 따라 발명을 반복실시하기 위해서는 과도한 시행착오가 뒤따를 뿐 아니라 어느 정도의 실험에 의하여 목적하는 동물을 얻게 되는지도 추정하기 어려운 경우가 있다. 따라서 용이하게 입수 가능한 동물을 이용하는 방법의 발명 이외의 동물에 관한 발명에 있어서는 동물의 특성, 이의 제조방법의 기재와 더불어 공인된 기탁기관에 제조된 동물을 생산할 수 있는 수정란 등을 기탁함으로써 제3자에 의해 발명을 용이하게 실시할 수 있음을 객관적으로 입증하여야 한다. 그리고 동물명명법에 의한 표준 한국명으로써 동물의 종류를 기재하고, 특정의 사육환경 및 조건을 기재할 필요가 있다.

**관련 사례**

2002년 11월 27일 〈동아일보〉는 인간과 동물(생쥐)를 합성한 즉, 절반은 사람이고 절반은 동물인 경우에 이를 특허로 보호받을 수 있는가에 대한 미국의 반응을 보도하였다. 앞에서 언급했듯이 국내와 미국은 동물특허를 인정하고 있지만, 인간에 대해서는 특허 불가의 입장을 보이고 있는 상황에서 50:50인 생쥐인간인 경우 이를 인간으로 볼 것인가? 아니면 동물로 인정하여 특허 가능한 것인가? 이에 대한 미국의 입장은 다음과 같다.
사람과 생쥐를 합성한 생쥐인간(HuMouse), 사람과 침팬지를 합성한 침팬지 인간(Humanzee)도 특허 발명품으로 인정할 수 있을까? 미 특허청은 그동안 살아 있는 유기체나 인간 유전자, 인간 세포 심지어 인간의 DNA 일부를 집어넣은 복제동물에도 특허를 부여해왔다. 그러나 미국 특허청은 인간의 태아나 인간 그 자체에 대해서는 특허를 인정할 수 없다는 입장이다. 그래서 예비 판정결과 반인반수의 괴물이 인간을 포괄하는 개념이기 때문에 특허를 줄 수 없을 것 같다고 통보했다. 이에 대해 특허출원자는 인간이 괴물이냐고 반발하고 있다. 특허청은 노예를 금지하는 미 수정헌법 13조를 원용해 이같이 판단했지만 논란을 잠재울 수 있는 명시적 조항이 미 헌법이나 법률에 없어 아직까지 결론을 못 내리고 있다.

## 3. 식물발명

### (1) 개요

종래 식물에 대해서는 무성적으로 번식할 수 있는 변종식물에 대해서만 특허를 받을 수 있었다.[27] 그러나 이러한 제한은 2006년 10월 1일부로 삭제되어 유성적인 번식이 가능한 식물발명에 대해서도 특허를 받을 수 있게 되었다.

### (2) 특이점

식물발명에 대해서는 신규 식물 자체 또는 일부분에 관한 발명, 신규 식물의 육종방법에 관한 발명, 식물의 번식방법에 대한 발명 등으로 특허를 받을 수 있다. 신규 식물 자체나 그 일부분에 관한 발명의 경우에는 식물의 명칭이나 유전자의 특정이 필요하며 육종방법이나 번식방법으로 그 식물을 특정할 수 있다. 신규 식물의 육종 방법에 관한 발명의 경우에는 육종과정의 순서와 환경 등 육종 방법에 대하여 구체적으로 기재하여야 한다.

## 4. 유전공학 관련 발명

### (1) 개요

유전자, DNA 단편, 안티센스, 벡터, 재조합 벡터, 형질전환체, 융합세포, 모노클로날 항체, 단백질, 재조합 단백질 등에 관한 발명은 유전공학 관련 발명으로서 특허의 대상이 된다. 유전자가 이미 생명체의 내에 존재하고 있던 물질로 볼 것인지, 인간의 유전자의 경우 인체의 일부로 볼 것인지에 대하여 논란이 있어 왔으나, 일단 인체에서 분리된 유전자가 자연계에서 분리·정제되고, 그 과정에서 인위적인 노력이 가미된 경우에는 화학물질과 같이 특허의 대상이 되는 것으로 간주하고 있다. 또한 미생물·동물·식물에 관한 발명이라 하더라도 유전공학기술에 관한 발명이라면 유전공학 관련 발명에 대한 심사기준에 의해 심사한다.

---

[27] 구 특허법 제31조

## (2) 특이점

유전공학 관련 발명은 그 발명이 속하는 기술분야에서 통상의 지식을 가진 자가 과도한 시행착오나 반복실험을 거치지 않고 그 발명을 정확하게 이해하고 재현할 수 있는 것이어야 한다. 따라서 출발물질이 용이하게 입수할 수 없는 것일 경우에는 기탁기관에 출발물질을 기탁하고 그 기탁번호를 명세서에 기재해야 하고, 10개 이상의 뉴클레오티드로 이루어지는 핵산의 염기서열 또는 4개 이상의 L-아미노산이 결합된 단백질 혹은 펩티드의 아미노산 서열을 정해진 방법으로 명세서에 기재해야 한다.[28]

[그림 2-9] Human Genome Project

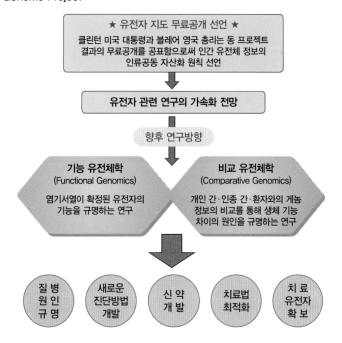

[표 2-11] **생명공학분야 심사기준에 따른 특허 보호대상**

| 구분 | 대상 | 특허 여부 | 비고 |
|---|---|---|---|
| 물질 | 유전자 | 특허 가능 | 유용성이 밝혀진 경우만 가능 |
| | 단백질 | 특허 가능 | |
| | 단세포 생명체 | 특허 가능 | 관련 미생물 기탁 의무 |
| | 동물 | 특허 가능(단, 공서양속 위반하지 않는 것) | 동물 발명에 대한 심사기준 신설 |
| | 인간신체의 부분 | 특허 불가 | 인간의 존엄성을 해치는 발명은 특허대상에서 배제 |
| 방법 | 수술, 치료방법 | 사람 불가, 동물 가능 | 사람의 치료 진단방법은 의료행위에 해당하므로 산업상 이용가능성이 없는 것으로 봄(특허법 제29조제1항 본문) |
| | 유전자 치료법 | 사람 불가, 동물 가능 | |
| | 진단방법 | 사람 불가, 동물 가능 | |

---

[28] 특허청 고시 제2004-1호의 핵산염기서열 또는 아미노산 서열을 포함한 특허출원의 서열목록 작성 및 제출요령

## SW, BM 특허

정보통신기술의 급속한 발달에 따라 컴퓨터프로그램(Software) 관련 발명과 BM(Business Model) 발명이 특허법의 정의규정을 만족하는 발명으로서 특허의 보호대상이 되는지에 대해 논란이 있어왔다. 새로운 기술의 출현이 가속화되고, 컴퓨터프로그램 및 BM 관련 기술이 산업발전에 큰 역할을 하게 됨에 따라 현재는 특허법상의 발명으로 인정하고 보호하기에 이르렀다.

## 1. 컴퓨터프로그램 관련 발명

### (1) 개요

컴퓨터프로그램은 컴퓨터가 일정한 작업을 수행할 수 있도록 명령어를 일정한 규범에 의해 작성한 것이다. 형식적으로는 프로그램 언어로 표현되어 있어 저작권법상의 어문저작물과 유사한 성격을 갖고[29], 기능적으로는 하드웨어인 컴퓨터 시스템을 동작시키므로 이 점에 있어서는 산업상 이용가능하다는 특성이 있어 특허의 보호대상이 된다고 할 수 있다.

### (2) 특이점

우리나라의 컴퓨터 관련 발명의 심사기준은 컴퓨터가 읽을 수 있는 기록매체에 기록된 컴퓨터프로그램 관련 발명을 특허대상으로 인정하고, 발명의 성립성을 판단하는데 있어 종래에 자연법칙의 이용 뿐만 아니라, 산업상 이용할 수 있는 구체적 수단(기술적 사상) 여부를 동시에 검토하여 특허 여부를 판단하도록 하고 있다. 즉, 특허의 내용이 컴퓨터프로그램 그 자체·컴퓨터프로그램 리스트·데이터 구조 등 정보의 단순한 제시, 알고리즘 그 자체로 기술되어서는 특허성을 인정받을 수 없고 반드시 컴퓨터프로그램에 의한 정보처리가 하드웨어를 이용해 구체적으로 실현되는 사상으로써 기술되어야 한다.

## 2. BM 발명

### (1) 개요

BM 발명은 영업방법 등 사업 아이디어를 컴퓨터, 인터넷 등의 정보통신기술을 이용하여 구현한 새로운 비즈니스 시스템 또는 방법을 말한다. '전자상거래 관련 발명의 심사지침'에 따르면 영업

---

[29] 저작물로서의 컴퓨터프로그램은 컴퓨터프로그램보호법에 의해 보호되고 있었으나, 동법이 폐지되고 2009년 7월 23일부터는 저작권법으로 통합되어, 현재는 저작권법에 의해 보호되고 있다.

관련 발명은 ① 컴퓨터 등을 이용한 비즈니스 관련 발명과 ② 순수 비즈니스 방법으로 나눌 수 있다. 전자는 특허법상 발명이 되지 않는 비즈니스모델 및 비즈니스 아이디어와 특허법상 발명이 되는 컴퓨터 기초기술이나 통신기술의 융합에 의해 탄생한 것으로 특허등록을 받는 것이 가능하다. 그러나 순수 비즈니스 방법의 경우에 인터넷이나 다른 장치 등과 결합한 경우에는 특허등록을 받을 수 있으나, 순수한 아이디어는 발명의 성립성요건이 충족되지 못하여 특허등록을 받을 수 없다.

> **예시** **특허의 대상이 되지 않는 경우**
>
> 1. 순수한 영업방법 자체
> 2. 추상적 아이디어, 인위적인 결정, 인간의 정신 활동, 오프라인상의 인간의 행위를 포함하는 경우
> 3. 소프트웨어에 의한 정보처리가 하드웨어를 이용해 구체적으로 실현되고 있지 않은 경우
> 4. 온라인상의 행위와 오프라인상의 행위가 결합된 경우
> 5. 컴퓨터프로그램 리스트, 데이터구조 등 정보의 단순한 제시
> 6. 컴퓨터프로그램 그 자체
> 7. 수학 알고리즘 또는 수학 공식, 경제법칙, 금융법칙, 게임규칙 그 자체
> 8. 발명의 과제를 해결하기 위한 구체적 수단이 결여된 미완성 발명

## (2) 특이점

BM 발명은 새로운 사업아이디어를 실현하는 시스템으로서 반드시 정보통신기술을 매개로 하여 구체적인 구현방법이 설명되어야 한다. 다만, 특허의 권리가 주어지는 것은 기술적인 구현방법에 대한 것이 아니고 사업방식이나 형태 자체에 대해서이다. 따라서 기술적 구현방법이 반드시 새롭고 특이할 필요는 없고, 기존 기술을 사용하더라도 사업방식이나 형태가 특이한 것이면 특허가 가능하다. 순수한 영업방법이나 추상적 아이디어를 비롯한 오프라인상의 영업방법은 특허가 될 수 없고, 컴퓨터상의 기술구성이 없거나 종래의 영업방법을 통상의 자동화기술로 구현한 것은 특허가 될 수 없다.

소프트웨어와 하드웨어가 구체적인 협동수단에 의해 특정한 목적 달성을 위한 정보처리를 수행하는 장치, 그 동작방법 또는 프로그램을 기록한 컴퓨터로 읽을 수 있는 기록매체의 형태로 등록받을 수 있다. 그리고 전자거래를 촉진하는 전자거래 관련 출원은 우선심사신청 대상이 된다.[30]

---

[30] ① 전자거래에 있어서 거래방법에 관한 특허출원, ② 전자거래를 위한 전자화폐 또는 결제기술에 관한 특허출원, ③ 전자거래를 위한 보안 또는 인증기술에 관한 특허출원 (특허법시행령 제9조)

**[그림 2-10] 기술분야별 BM 특허출원 현황(2009)**

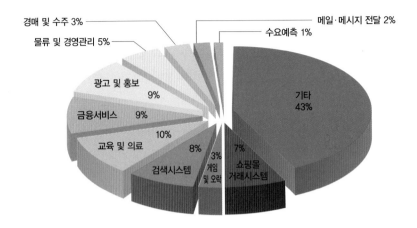

Tip **컴퓨터 관련 발명의 심사기준 VS 전자상거래 관련 발명의 심사지침**

컴퓨터 관련 발명의 심사기준과 전자상거래 관련 심사지침은 기본적으로 특허법을 근간으로 하여 발명의 특허성 여부를 판단하기 때문에 근본적으로 다르다고는 할 수 없다. 전자상거래 관련 발명이 컴퓨터 관련 발명의 일부이 므로 컴퓨터 관련 발명의 심사기준을 근간으로 해서 전자상거래 분야의 심사사례 등을 분석하고, 전자상거래분 야에만 특정될 수 있는 요소를 집약한 것이 전자상거래 관련 심사지침이다. 부연 설명하면 기술의 진보에 맞춰, 포괄적 요건을 기술하고 있는 특허법으로부터 컴퓨터 관련 발명에 대하여 좀더 구체적이고, 상세하게 판단사례를 작성한 것이 컴퓨터 관련 발명의 심사기준이며, 컴퓨터 관련 발명의 심사기준에서 전자상거래 부분에 대하여 상 세하게 판단사례를 제시하는 것이 전자상거래 관련 발명의 심사지침이라고 할 수 있다.

제 **04** 절 직무발명과 공동연구

Understanding Patents

## 1 직무발명제도

### 1. 직무발명의 의의 및 요건

#### (1) 직무발명의 의의

직무발명이란 사용자(회사) 등과 고용관계에 있는 종업원 등이 그 직무와 관련하여 한 발명이 성질상 사용자 등의 업무범위에 속하고 그 발명을 하게 된 행위가 종업원 등의 현재 또는 과거의 직무에 속한 경우 종업원 등이 한 발명을 말한다.[31]

오늘날 발명의 추세는 종전의 개인 중심에서 기업 중심으로 변하고 있으며, 발명의 중심이 이와 같이 기업 내로 이동된 결과 기업 명의로 출원되는 발명은 직무발명이 대다수이다. 회사는 종업원 등이 발명할 수 있는 여건(예 시설·자금의 지원 등)을 제공하고, 종업원은 이러한 여건 하에서 발명을 함으로써 직무발명이 탄생되게 된다. 이러한 배경에서 직무발명을 발명자에게만 귀속되게 하거나 회사에만 귀속되게 하는 것은 형평에 어긋나게 된다.

[표 2-12] **전체 특허출원 중 직무발명의 비율**

| 구분 | 2004 | 2005 | 2006 | 2007 | 2008 | 2009 |
|---|---|---|---|---|---|---|
| 개인발명(A) | 22,104 | 24,368 | 26,974 | 32,189 | 33,443 | 35,531 |
| 직무발명(B) | 118,011 | 136,553 | 135,644 | 140,280 | 137,189 | 126,502 |
| 계(C) | 140,115 | 160,921 | 162,618 | 172,469 | 170,632 | 162,033 |
| 직무발명비중(B/C) | 84.2% | 84.9% | 83.4% | 81.3% | 80.4% | 78.1% |

---

[31] 발명진흥법 제2조제2호

우리나라 특허법 및 발명진흥법은 직무발명에 대한 정당한 보상으로 종업원의 연구의욕을 고취하여 더 많은 우수발명 창출을 촉진함으로써 사용자(회사)의 이익을 증대시키고 이를 재원으로 R&D 투자 및 종업원에 대한 보상을 확대해 나가는 R&D 선순환시스템 구축하기 위해 직무발명 제도를 규정하고 있다.

[그림 2-11] R&D 선순환시스템

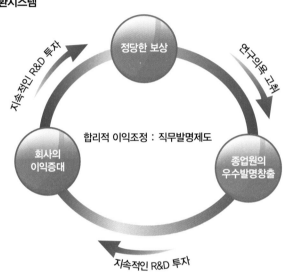

## (2) 직무발명의 요건

직무발명이 성립하기 위해서는 아래와 같은 요건을 만족해야 한다.

### (가) 종업원 등의 직무에 관한 발명일 것

'종업원 등'이란 고용계약 등에 의하여 사용자 등의 사업에 종사하는 자로서, 종업원·법인의 임원 또는 공무원을 지칭한다. 여기에서 '종업원'이란 그 근무형태가 상근, 비상근임을 묻지 않으며, 또한 정규직원만이 아니라 촉탁직원이나 임시직원도 포함된다. '직무'란 종업원 등이 사용자 등의 요구에 따라 사용자 등의 업무의 일부를 수행해야 될 책임(책무)을 말한다.

### (나) 사용자 등의 업무범위에 속하는 발명일 것

'사용자 등'이란 타인을 고용하고 있는 자로서 자연인과 법인을 말하며, 여기에는 개인·법인 또는 국가나 지방자치단체가 포함된다.

업무범위란 사용자 등이 수행하는 사업범위로서 사용자가 법인인 경우에는 정관을 중심으로 파악하고, 사용자가 개인인 경우에는 사용자의 현실적인 사업내용을 중심으로 업무범위를 파악한다.

> **Tip** **사용자 등의 업무범위에 속하는지 여부**
>
> 현미경을 사용하여 약품을 검사하고 미생물을 연구하는 약품회사의 종업원이 현미경 자체를 개량하는 발명을 한 경우, 사용자의 업무범위는 약품의 검사와 연구행위이다. 현미경을 개량하는 것은 광학기구 관련 회사의 사업범위이므로 이 종업원의 발명은 사용자의 업무범위에 속하지 않는다.

### (다) 발명을 하게 된 행위가 종업원 등의 현재 또는 과거의 직무에 속하는 발명일 것

종업원 등의 발명행위가 그들의 직무인 경우에 그 직무수행의 결과 생긴 발명이어야 직무발명이 성립한다. 발명행위가 종업원 등의 직무인 한 이들의 발명은 사용자 등으로부터 구체적인 과제를 부여받아서 한 경우이든 발명을 의도하지 않고 직무수행의 결과 우연히 성립된 발명이든 모두 직무발명에 해당한다.

종업원 등의 직무에는 현재는 물론 과거의 직무까지 포함되므로, 현재는 일반사무분야에 근무하고 있지만, 과거에 연구부서에서 근무한 자가 과거 근무부서인 연구부서에서 터득한 경험과 관련된 발명을 한 때에 그것은 직무발명이다. 퇴직한 이후에 완성된 발명은 원칙적으로 직무발명에 해당되지 않는다.[32]

## (3) 자유발명

종업원의 발명 중 '사용자의 업무범위에는 속하지만 종업원의 직무에 속하지 않는 발명'과 '사용자의 업무범위에 속하지 않는 발명'은 자유발명으로 종업원이 권리를 갖는다.

[그림 2-12] **종업원 발명의 구분**

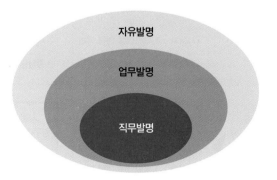

## 2. 직무발명의 법적 취급

직무발명은 '사용자 등'이 제공한 설비, 자재, 비용 등 발명 완성까지 공헌한 요소와 '종업원 등'이 발명을 완성하기까지 들인 노력 등을 고려하여 아래와 같이 권리관계가 조정된다.

---

[32] 미국에서는 종업원과의 계약 중에 설정한 추적조항(Trailing Clause), 즉 퇴직 후 2년 내에 한 발명은 전 사용자가 승계한다는 조항이 유효하게 취급된다.

### (1) 사용자 등의 권리 및 의무

#### (가) 통상실시권 취득

직무발명에 대하여 종업원 등이 특허를 받았거나, 종업원 등으로부터 특허를 받을 수 있는 권리를 승계한 자가 특허를 받았을 때에는 사용자 등은 그 특허권에 대하여 무상으로 사용할 수 있는 권리를 가진다.[33]

#### (나) 예약승계

사용자 등은 종업원 등이 한 직무발명에 대하여 특허를 받을 수 있는 권리 또는 특허권을 승계시키거나, 사용자 등을 위하여 전용실시권을 설정하는 취지의 계약이나 근무규정의 조항을 둘 수 있다.

#### (다) 승계 여부 통지의무

사용자 등은 종업원 등으로부터 직무발명 완성의 통지를 받은 날로부터 4개월 이내에 그 권리를 승계할지 여부에 대하여 종업원 등에 문서로 통지해야 한다. 4개월 이내에 권리불승계를 통지한 경우에는 예약승계에 의한 권리승계를 포기한 것으로 간주되고 단지 통상실시권만 가질 수 있을 뿐이다. 4개월 이내에 권리승계 여부를 통지하지 않은 경우에는 발명을 한 종업원의 동의 없이 통상실시권을 가질 수 없다.[34]

[그림 2-13] **권리승계 여부 통지에 따른 권리관계**

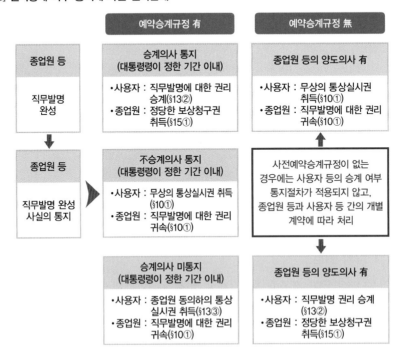

---

[33] 발명진흥법 제10조제1항
[34] 발명진흥법 제13조

## (2) 종업원 등의 권리 및 의무

### (가) 특허를 받을 수 있는 권리

특허를 받을 수 있는 권리는 원시적으로 발명자에게 귀속[35]되므로, 직무발명에 대하여도 특허를 받을 수 있는 권리는 원칙적으로 종업원 등이 가진다. 이 권리는 사용자 등과의 예약승계 등의 약정을 통해서 사용자 등에게 이전된다.

### (나) 보상을 받을 권리

종업원 등은 직무발명에 대한 특허를 받을 수 있는 권리 또는 직무발명에 대한 특허권을 사용자 등에게 승계하였거나 전용실시권을 설정한 경우에는 사용자 등으로부터 정당한 보상을 받을 권리를 가진다.

### (다) 발명 완성사실의 통지의무

종업원 등이 직무발명을 완성한 경우에는 지체 없이 그 사실을 사용자 등에게 통지해야 한다. 2인 이상의 종업원 등이 공동으로 직무발명을 완성한 경우에는 공동으로 통지하여야 한다.[36] 최근 대다수 기업 및 연구기관이 온라인 결재시스템을 활용하여 문서를 유통하고 있는 사실을 반영하여 전자문서에 의한 통지도 인정된다.

[그림 2-14] **발명신고서 예시**

<table>
<tr><th colspan="5">발 명 신 고 서</th></tr>
<tr><td>발명의 명칭</td><td colspan="4">한 글 :<br>영 문 :</td></tr>
<tr><td rowspan="5">발 명 자</td><td>성 명</td><td>지분(%)</td><td>소 속</td><td>전화번호</td></tr>
<tr><td>한 글 :<br>영 문 :</td><td></td><td></td><td></td></tr>
<tr><td>한 글 :<br>영 문 :</td><td></td><td></td><td></td></tr>
<tr><td>한 글 :<br>영 문 :</td><td></td><td></td><td></td></tr>
<tr><td>한 글 :<br>영 문 :</td><td></td><td></td><td></td></tr>
<tr><td rowspan="2">관리연구과제 및 자금지원</td><td colspan="2">연구과제명</td><td>지원기관</td><td>연구기관</td></tr>
<tr><td colspan="2"></td><td></td><td></td></tr>
<tr><td>출원희망국</td><td colspan="4"></td></tr>
<tr><td>발명의 공개 여부 및 계획</td><td colspan="4">□ 논문발표 □ 학술지 게재 □ 연구보고서 □ 기 타<br>발표일 : 년 월 일 [첨부 : 발표내용(발표일, 학술지명 등)사본]</td></tr>
<tr><td>발명의 종류</td><td colspan="4">□ 직무발명 □ 자유발명</td></tr>
<tr><td>발명의 현단계</td><td colspan="4">①아이디어단계 ②연구개발진행중 ③연구개발완료<br>④시제품제작중 ⑤시제품 테스트결과 기술실현성 입증</td></tr>
<tr><td colspan="2">사업화를 위한 추가연구의 필요성 여부</td><td colspan="2">□YES</td><td>□NO</td></tr>
<tr><td colspan="2">사업화 가능분야(구체적으로)</td><td colspan="3"></td></tr>
<tr><td colspan="2">관심을 가질 것으로 예상되는 기업</td><td colspan="2">1.</td><td>2.</td></tr>
<tr><td colspan="2">연구노트의 관리여부 및 소재</td><td colspan="2">□YES</td><td>□NO</td></tr>
<tr><td colspan="2">본 발명과 관련된 특허</td><td colspan="3"></td></tr>
<tr><td colspan="2">(특허, 논문, 시장정보) 키워드</td><td colspan="3"></td></tr>
<tr><td colspan="5">위의 발명을 ○○주식회사 직무발명규정 제4조에 따라 신고합니다.<br><br>년 월 일<br>신고(대표)자: (인)<br><br>○○주식회사 특허관리전담부서장 귀중</td></tr>
</table>

[35] 특허법 제33조제1항

[36] 발명진흥법 제12조

### (라) 비밀유지의무

종업원 등은 사용자 등이 직무발명을 출원할 때까지 그 발명의 내용에 관한 비밀을 유지해야 한다. 다만, 사용자 등이 승계하지 아니하기로 확정된 때에는 비밀유지의무가 없다.[37] 그러나 직무발명의 내용이 회사의 기밀에 속하는 경우에는 회사의 별도 정책에 의해 비밀유지를 하여야 할 수 있다.

## 3. 직무발명과 보상

### (1) 보상의 의의

종업원 등은 직무발명에 대한 특허를 받을 수 있는 권리 또는 특허권을 사용자 등에게 승계하였거나 전용실시권을 설정한 경우에는 사용자 등으로부터 정당한 보상을 받을 권리를 가진다.

### (2) 보상의 종류

보상의 종류로서는 발명 시 지급하는 발명보상, 출원 시 지급하는 출원보상, 등록 시 지급하는 등록보상, 발명을 처분하였을 때 지급하는 처분보상 그리고 실시실적에 따라 지급하는 실시(실적)보상이 있다.

### (3) 보상액의 결정

발명보상·출원보상 및 등록보상은 장려금 성격의 보상으로 크게 문제되지 않으나, 실적보상은 특허나 발명의 실시에 의해 이익이 생겼을 때 지급하는 보상이고, 처분보상은 권리를 양도하거나 라이센스를 허여하는 등의 처분으로 인해 이익이 생겼을 때 지급하는 보상으로서 그 산정기준이 종종 문제되고 있다.

#### (가) 정당한 보상의 기준

직무발명 보상액에 대하여 계약이나 근무규정으로 정하고 있는 경우에는, 보상의 형태와 보상액의 결정 시 사용자와 종업원 사이의 협의 상황, 종업원에 대한 보상기준 제시 상황, 종업원으로부터의 의견 청취 상황을 고려하여 합리적인지 여부를 판단한다.[38]

#### (나) 보상액 미정 시 결정 기준

직무발명 보상액에 대하여 계약이나 근무규정으로 정하고 있지 아니하거나 정한 금액이 정당한 보상으로 인정되지 않는 경우에는 발명에 의하여 사용자가 얻을 이익과 발명 완성에 종업원이 공헌한 정도를 고려한다.

---

[37] 발명진흥법 제19조
[38] 발명진흥법 제15조

보상금 산정의 방식은 오랜 기간에 걸쳐 축적된 일본 판례들 및 한국의 하급심 판결들을 통하여 정형화되었다고 볼 수 있으며, 그 방식은 아래와 같다.

> 처분보상금 = 수익 × 발명자들의 기여율 × 발명자들 중 원고의 기여율
>
> 수        익 = 로열티 수입 + 크로스 라이센싱의 경제적 이익
>
> 실시보상금 = 매출액 × 1/2(독점권기여율)[39] × 실시료율 × 발명자들의 기여율

**관련 사례**

### 5% 룰을 가져온 올림푸스광학 사례

다나카 순페이는 올림푸스광학 연구부에서 렌즈의 움직이는 방법을 연구하였고, 픽업 장치를 소형화할 수 있게 고안했다. 올림푸스광학은 이를 특허출원하고 다나카의 발명으로 100억 엔 이상의 수익을 올리게 되었다. 그러나, 다나카는 사내표창과 함께 21만 1000엔의 보상금을 받았을 뿐이었고, 회사는 그 이상의 보상을 거부했다.

고민하다 결국 회사를 퇴사한 다나카는 1995년 3월 도쿄지방법원에 소송을 제기했고, 자신이 회사 측으로부터 받아야 하는 대가가 10억 엔에 이른다면서 2억 엔을 청구했다. 법원은 다나카의 특허로 회사가 얻은 이익을 5000만 엔으로 산정하고 그 이익에 대한 기여도를 회사 측 95%, 다나카 측 5%로 인정하여 회사에서 다나카에 250만 엔을 주라고 판결하였다.

이 소송은 '사내규정이 있더라도 발명의 기여분에 대한 부족액을 청구할 수 있다.'고 최초로 판결하였으며, 직무발명의 대가를 해당 발명으로 기업이 얻은 이익의 5%로 인정하는 최초의 기준을 제시하였다. 그 이후 많은 기업들이 직무발명으로 인한 보상금의 비율을 5%로 정하기 시작하였다.

---

[39] 독점권기여율(1/2)을 곱하는 이유는 타사에 라이센싱하지 않고, 자사가 실시하는 경우 자사의 설비 및 영업력 등 실력에 의한 매출액은 50%로 산정하고, 해당 발명으로 인한 매출액을 50%로 산정하기 때문이다.

**대학발명**

## 1. 대학교수의 발명

### (1) 대학교수의 발명에 대한 기본 입장

대학교수는 대학의 교원 또는 직원이고 이공계 교수 등의 직무범위에는 임용(채용)조건에 부수업무로서 연구실험도 포함되는 것으로 볼 수 있기 때문에 대학교수의 발명은 직무발명으로 볼 수 있다. 다른 한편으로 대학교수는 대학을 위하여 연구하는 것이 아니고 인류의 지식축적에 기여하기 위하여 연구하고, 일상적인 연구활동에는 연구과제가 정해지지 않으며 연구비도 제공되지 않으므로, 대학교수의 발명은 자유발명으로 보아야 한다는 견해가 지배적이기도 하다.

그런데 최근 대학환경과 관련법제의 변화에 따라 사정이 달라지고 있다. 기술의이전및사업화촉진에관한법률(제11조제1항, 제24조제1항), 발명진흥법(제10조제2항), 산학협력증진및산학협력촉진에관한법률(제24조제1항, 제24조제3항2호, 제27조제1항과 제5호, 제35조)을 종합하고 대학의 발명규정을 포함한 근무규칙과 실무관행을 덧붙여 보면 특히 국가 R&D사업을 포함한 대다수 연구 성과는 계약에 따라 국·공립대학과 사립대학 등 참여연구기관인 대학(산학협력단)으로 귀속될 수 있도록 하고 있다. 즉, 대학교수의 연구 발명이 더 이상 자유발명으로 취급될 수 없는 것이 현실이다.

### (2) 대학교수의 발명이 직무발명에 해당하는지에 대한 판단

대학교수의 발명이 직무발명으로서 성립하기 위해서는 그가 발명한 결과물이 대학의 업무범위에 속하고 발명을 하게 된 연구행위가 교수의 직무에 속하여야 한다. 그런데 대학의 업무범위는 대단히 넓고 교수의 직무는 연구뿐 아니라 교육도 포함되므로 교수발명이 직무발명에 속하는지를 판단하기는 쉬운 일이 아니다. 대학교수가 자신의 전공과 관련하여 완성한 발명은 아래와 같이 나누어 판단할 수 있다.

(가) 교수가 대학으로부터 특정연구비를 지원받았거나 특별한 연구목적을 위해 설치된 특수한 연구 설비를 이용하여 행한 발명

일반적인 직무발명에 대한 원칙이 적용되어 특허권은 발명자인 교수에 귀속하고, 대학은 무상의 통상실시권을 가진다. 단, 국립대학 교수의 경우에는 전담조직이 승계하고, 일반 사립대학의 경우 계약에 의해 특허권을 예약승계되도록 할 수 있다. 예약승계한 경우는 교수에게 보상금을 지급해야 한다.

(나) 특정한 연구과제의 지정과 연구비의 지원이 없이 대학에서 자신의 전공과 관련하여 완성한 발명

교수가 자신의 전공과 관련하여 발명을 완성했다 하더라도 자유발명에 해당한다. 단, 교수가 대학의 설비나 시설, 인력을 활용하였다면 직무발명으로 볼 수도 있다.

(다) 대학교수가 외부 기업체의 연구개발 의뢰에 의하여 연구과제와 연구비를 지급받고 연구하여 완성한 발명

대학교수와 외부 기업체와의 계약서에 의하여 처리될 자유발명에 해당한다.

(라) 대학교수가 외부 기업체의 기술고문으로 재직하면서 그 기술분야에서 이룩한 발명

대학교수가 기술고문, 즉 종업원의 지위에서 완성한 발명이므로 해당 기업에 대한 직무발명이 된다.

(마) 교수가 대학으로부터 연구비를 지원받지 않고 대학의 연구시설도 이용하지 않고 자신의 전공과 관련이 없이 완성한 발명

순수한 자유발명으로서 발명에 관한 모든 권리가 교수에게 귀속된다.

**[표 2-13] 대학의 직무발명규정**

---

# 직 무 발 명 규 정

## 제 1 장  총 칙

(전략)

**제 2 조**(용어의 정의) 이 규정에서 사용하는 용어는 다음과 같이 정의한다.

1. '직무발명'이라 함은 교원 등이 그 직무에 관하여 발명한 것이고 성질상 이 대학교의 업무범위에 속하며, 발명이 교원 등의 재직 중에 이루어진 경우를 말한다.

(중략)

**제 3 조**(권리의 승계) ① 산학협력단은 이 규정이 정하는 바에 따라 발명자의 특허를 받을 수 있는 권리 또는 특허권을 승계한다.

② 교원 등이 외부발명자와 공동으로 직무발명을 한 경우에는 교원 등이 가지는 지분만 승계한다.

③ 산학협력단이 권리를 승계하는 것이 부적당하다고 인정하는 경우에는 이를 승계하지 아니할 수 있다.

**제 4 조**(관리부서) 직무발명에 관한 제반업무는 산학협력단에서 담당한다.

## 제 2 장  신고 및 출원

**제 5 조**(발명의 신고) ① 교원 등이 자기의 업무에 관하여 발명을 한 경우 지체없이 다음 각 호의 서류를 작성하여 소속부서장을 거쳐 산학협력단장에게 제출하여야 한다.

1. 발명신고서(별첨 1)
2. 발명의 내용 설명서

② 산학협력단장은 접수한 발명신고서에 발명내용 및 승계에 관하여 의견을 첨부한 후 특허심의위원회의 심의를 거쳐 총장에게 제출한다.

(중략)

**제 8 조**(특허출원) 산학협력단장은 제7조의 양도증서를 받은 즉시 산학협력단 명의로 특허출원을 하고 그 사실을 발명자에게 통지하여야 한다.

## 제 3 장  보 상

**제 11 조**(실시보상금의 처리) ① 산학협력단은 연구활동의 성과로서 획득한 특허의 양도, 전용실시권의 설정, 통상실시권의 허여로 인하여 기술료가 발생하였을 경우 특허관련 비용을 공제한 후 수입금액의 25%는 산학협력단 수입으로 처리하고 75%는 발명자에게 지급한다.

② 발명자가 제1항의 실시보상금을 연구비로 재투자하겠다는 요청이 있을 때에는 이에 따른다.

③ 이 대학교 또는 산학협력단이 직무발명과 관련된 자금을 지원한 경우 보상금 지급비율은 이 대학교와 발명자간에 별도로 정하되 발명자에게 지급되는 비율은 기술료 수입의 30%를 초과할 수 없다.

(하략)

---

## 2. 학생의 발명

원칙적으로 학생은 대학의 교원 또는 직원이 아니기 때문에 학생이 한 발명은 자유발명에 해당하고 발명에 대한 모든 권리는 학생 자신에게 귀속된다. 단, 특정 기관 또는 기업으로부터 연구비 등을 지급받고 연구하여 완성된 발명의 경우에는 계약에 의해 발명에 대한 권리가 해당 기관 또는 기업으로 귀속될 수 있다.

## 3 공동연구개발계약

### 1. 공동연구개발의 의의

개방형 혁신(Open Innovaion)이란 하버드 대학의 헨리 체스브로 교수가 지난 2003년에 제시한 개념으로, 내부 혁신을 가속하고 기술을 발전시키기 위하여 내·외부 아이디어 및 시장 경로를 모두 활용하는 것을 말한다. 종래의 연구개발이 기업이 소유·운영하는 폐쇄적 구조하에서 이루어졌다면 개방형 혁신은 기업 내부는 물론이고 기업 외부의 신기술이나 지식재산 등의 활용 가치를 극대화 하는 것이다. 쉽게 말해서 기술 혁신을 위해 기업 내외부의 자원을 적극적으로 활용하자는 것이다. 구체적인 방식으로는 기업 간 공동개발, 기술제휴, 조인트 벤처(Joint Venture), 기술도입, 라이센스 등이 있다.

[그림 2-15] **폐쇄형 기술혁신과 개방형 기술혁신의 비교**

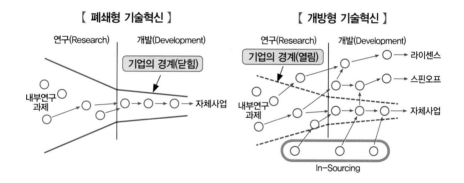

기술개발속도의 가속화, 기술의 복잡·거대화, 기술수명주기의 단축 등으로 인하여 한 기업, 대학, 또는 연구소가 전체 연구를 독자 수행하는 것은 효율성이 낮은 것이 현실이다. 어느 한 개발주체의 한계를 극복하기 위해서는 소규모라도 신뢰할 수 있는 파트너와 함께 공동연구개발을 추진하는 것 이 한 방법이 될 수 있는데, 최근 이를 위해 대학·기업·연구기관 간의 공동연구가 활발해지고 있다.

### 2. 공동연구개발계약 시 고려사항

공동연구개발은 상당한 기간 동안 다수의 연구주체 간의 협업이 필요하다는 점에서 계약 시 고려 하여야 할 요소가 많다. 연구주체 간 역할분담과, 공동연구개발의 결과물을 누가 가질 것인지, 그 리고 공동연구개발 과정에서 취득한 상대방의 비밀정보를 어떻게 취급하고 관리할 것인지를 명확 히 하여야 한다. 특히, 대학과 기업간의 산학공동연구개발 계약 시에는 아래와 같은 쟁점사항에 대해 고려하여야 한다.

## (1) 연구개발 결과물인 지식재산권의 귀속

대학의 입장에서는 발명자 귀속의 원칙이 바람직하므로 결과물이 되는 특허의 소유권 또는 다른 형태의 보상을 요구할 수 있고, 기업의 입장에서는 공동소유의 경우 특허의 처분에 제한이 있을 수 있으므로 독점 소유권을 주장할 수 있다. 단, 대학과 기업이 공동으로 소유하더라도, 대학은 생산시설을 가지지 않은 경우가 대부분이고 대학이 제3자에게 실시하도록 하려면 기업의 동의를 구해야 하므로 공동소유의 실익이 적을 수 있다.

영국의 램버트 운영그룹[40]은 기업과 대학 간 공동연구개발의 유형을 제시하고 있는데 결과물의 귀속을 기준으로 살펴보면 아래와 같다.

[표 2-14] **표준공동연구계약 유형(Lambert Tool Kit)에 의한 권리의 귀속**

| 유형 | 대학 | 기업 |
|---|---|---|
| 1 | 지재권 소유 | 통상실시권 |
| 2 | 지재권 소유 | 통상실시권, 전용실시권 설정계약 체결권 |
| 3 | 지재권 소유 | 통상실시권, 지재권 이전계약 체결권 |
| 4 | 통상실시권, 학술 목적 실시 가능 | 지재권 소유 |
| 5 | 통상실시권, 지재권 이전계약 체결권 | 지재권 소유 |

## (2) 지식재산권의 출원·등록·유지비용

대학의 입장에서는 소유권에 따른 실익이 없기 때문에 해외특허 등에 대한 비용부담은 현실적으로 어려운 면이 있고, 기업의 입장에서는 소유권을 가지는 주체가 비용을 부담하는 것이 합리적이다. 지식재산권의 소유형태에 따라 기업과 대학이 협의를 통해 결정하여야 한다.

## (3) 지식재산권의 실시에 따른 보상

대학의 입장에서는 소유권과 마찬가지로 실시에 대한 보상 역시 공유되어야 하지만, 기업의 입장에서는 연구개발비를 부담하였으므로 중복보상이 될 수 있는 문제가 있다. 소유권과 실시권의 귀속 형태를 고려하여 협의되어야 한다.

---

[40] 영국은 재무부의 후원 아래 Richard Lambert를 중심으로 지식재산권에 대한 램버트 운영그룹을 설립하였으며, 이 운영그룹은 기업과 대학 간 공동연구에 대한 계약의 5가지 모델을 제시하였다.

### (4) 보증 및 면책

연구의 결과물인 지식재산권을 활용하는 과정에서 제3자의 지식재산권을 침해하게 되는 경우에 대한 책임문제이다. 대학의 입장에서는 독소조항일 수 있고, 기업의 입장에서는 연구주체인 대학이 책임을 져야 한다고 판단할 수 있다. 양자간의 협의에 의하거나 면책의 범위와 손해배상의 한계를 명확히 할 필요가 있다.

### (5) 과제 종료 후 유사연구의 제한 또는 연구결과의 발표 금지

관련 연구의 확장을 제한하거나 연구결과를 발표하게 되면 기업의 영업비밀 또는 전략이 노출될 수 있으므로 기업의 입장에서는 일정정도 제한을 할 필요가 있으나, 대학의 입장에서는 본연의 활동인 연구에 과도한 제약이 뒤따를 수 있다. 제한을 하더라도 그 범위 및 기한을 명확히 하여야 한다.

# 영업비밀과 기술유출

Understanding Patents

## 1 영업비밀

### 1. 보호대상

부정경쟁방지및영업비밀보호에관한법률(이하 부경법)은 영업비밀을 공연히 알려져 있지 아니하고 독립된 경제적 가치를 가지는 것으로서 상당한 노력에 의하여 비밀로 유지된 생산방법·판매방법 기타 영업활동에 유용한 기술상 또는 경영상의 정보라고 정의하고 있다.[41] 영업비밀은 특허요건을 갖추지 아니한 모든 기술, 설계도면, 연구리포트, 심지어는 기업의 고객명부 등 보호의 대상이 매우 넓다. 단, 아래와 같은 조건을 만족해야 한다.

#### (1) 비공지성

공연히 알려져 있지 않은 상태를 말한다. 상대적 개념으로 보유자 이외의 타인이 당해 정보를 알고 있다 하더라도 보유자와의 사이에 비밀준수의 의무가 형성된 경우라면 비공지 상태라고 할 수 있으며, 보유자와 무관한 제3자가 독자개발 등에 의해 동일한 정보를 보유하고 있어도 그 제3자가 당해 정보를 비밀로서 유지하고 있는 경우 역시 비공지 상태의 정보라고 할 수 있다.

#### (2) 독립된 경제적 가치

영업비밀 보유자가 시장에서 특정한 정보의 사용을 통해 경업자에 대한 경제상의 이익을 얻을 수 있거나 정보의 취득 또는 개발을 위해 상당한 비용이나 노력이 필요한 경우를 의미한다. 현재 사용 중인 정보 뿐 아니라 장래에 있어서 경제적 가치를 발휘할 가능성이 있는 정보와 과거에 실패한 연구데이터와 같은 정보도 경제적 가치를 가지고 있다고 할 수 있다.

#### (3) 비밀관리성

영업비밀은 그 보유자에게 주관적으로 비밀을 유지하려는 관리의사와 객관적으로 관리노력이 있어야 성립한다. 즉, 비공지인 특정 정보가 영업비밀로서 보호받기 위해서는 단순히 당해 정보가 공연히 알려져 있지 않다는 것 이외에 보유자가 당해 정보를 비밀로서 관리하고 있어야 한다. 왜

---

[41] 부경법 제2조제2호

냐하면, 영업비밀이라고 인정할 수 있는 객관적 상태를 요구하지 않고 단순히 모든 비공개 정보는 영업비밀로 인정한다면 기업 활동이 크게 불안정하게 될 우려가 있기 때문이다. 따라서 그 정보가 비밀로 유지되고 있을 뿐만 아니라 제3자가 영업비밀임을 객관적으로 알 수 있는 상태에 있을 것을 요건으로 한다. 이와 같은 비밀관리 판단요소의 예는 정보접근자의 제한 조치(⑩ 2중의 보안장치를 둔 금고에 보관하는 경우), 정보접근자의 당해 정보의 비공개의무 부과 조치, 정보접근자에게 그 정보가 영업비밀인 것을 알 수 있도록 하는 조치(⑩ 서류에 '대외비' 표시를 하거나, 특정장소에 보관하는 경우) 등이 있다.

> **Tip** 비밀관리성
> 영업비밀로 인정받기 위해서 가장 중요한 요소는 비밀관리성이다. 비밀관리를 위해 기본적으로 제도적 장치를 갖추고 통제구역 설정, 컴퓨터 및 서류 관리, 통신보안 등 물리적 조치를 취해야 한다. 비밀관리성은 당해 정보가 비공지성과 경제적 유용성이 있다는 증거가 될 수 있어 실무상 매우 중요하다.

## (4) 정보성

영업비밀은 영업활동에 유용한 기술상 또는 경영상의 정보이어야 한다.

## 2. 특허제도와의 비교

[표 2-15] **특허제도와 영업비밀 보호제도의 비교**

| 구분 | 특허 | 영업비밀 보호제도 |
|---|---|---|
| 목적 | 발명을 보호·장려하고 그 이용을 도모함으로써 기술의 발전을 촉진하여 산업발전에 이바지 | 타인의 영업비밀을 침해하는 행위를 방지하여 건전한 거래질서를 유지 |
| 보호조건 | 신규성, 진보성, 산업상 이용가능성 | 비공지성, 경제적유용성, 비밀유지 |
| 보호대상 | 기술적 발명 : 자연법칙을 이용한 기술적 사상의 창작으로서 고도한 것 | • 기술정보 : 특허요건을 갖추지 아니한 기술, 설계방법, 설계도면, 실험데이터, 제조기술, 제조방법, 제조공정, 연구리포트 등<br>• 경영정보 : 고객명부, 거래선명부, 판매계획, 입찰계획 |
| 등록유무 및 권리성 | 특허요건에 관한 심사 후, 설정등록에 의하여 독점배타적 권리가 발생 | 등록절차가 없으며 일정한 요건이 충족되면 영업비밀로서 인정받고, 영업비밀이 침해를 받았을 경우 이에 대한 구제를 청구 |
| | 특허권자는 설정등록된 발명에 대하여 일정기간동안 독점배타적 권리로서 사용 | 배타적 권리를 부여하는 것이 아니며, 비밀로 유지·관리되고 있는 사실상태 그 자체를 보호 |
| | 제3자가 특허된 기술과 동일한 기술을 독자적으로 개발하였다 하더라도 특허권자의 실시허락을 얻지 않고 사용하게 되면, 특허권 침해에 해당 | 제3자가 동일한 내용의 영업비밀을 독자적으로 개발하여 사용한다 하더라도 그것만을 이유로 침해주장을 할 수 없음 |
| 보호기간 | 설정등록일로부터 출원일 후 20년 | 비밀로서 관리되는 한 무한 |
| 공개 | 공개를 전제로 함 | 비공개 |
| 이전성 | 실시권 설정 가능 | 비밀유지를 전제로 실시계약이 가능 |

## 3. 침해 행위에 대한 구제 수단

### (1) 영업비밀침해금지 가처분

영업비밀의 보유자는 영업비밀 침해행위를 하거나, 하고자 하는 자에 대하여 그 행위에 의하여 영업상의 이익이 침해되거나 침해될 우려가 있는 때에는 법원에 그 행위의 금지 또는 예방을 청구할 수 있다. 영업비밀 보유자가 금지 또는 예방 청구를 할 때에는 침해행위를 조성한 물건의 폐기, 침해행위에 제공된 설비의 제거 기타 침해행위의 금지 또는 예방을 위하여 필요한 조치를 함께 청구할 수 있다.[42]

청구권의 내용은 영업비밀의 부정취득·사용·공개행위 등을 금지시키는 것으로 구체적으로는 특정한 제품의 생산을 일정기간 중지시키거나, 완성제품의 배포 및 판매를 금지시키는 것과 침해행위를 조성한 물건의 폐기 또는 침해행위에 제공된 설비의 제거 등을 그 내용으로 한다. '침해행위를 조성한 물건'은 그 물건이 존재하는 한 침해행위를 일으키는, 즉 당해 물건이 없다면 침해행위도 없는 물건(예 영업비밀이 화체된 도면, 사양서, 설명서, 메모 노트, 설계도, 고객리스트 등)으로 침해행위에 의하여 생산한 물건(부정 취득한 영업비밀을 이용하여 생산한 제품)도 포함된다. '침해행위에 제공된 설비'는 영업비밀을 침해하는데 제공된 도청 장비 또는 부정 사용행위에 쓰이는 금형, 제조기계 및 생산설비 등을 말한다. 이와 같은 물건이나 설비에 대하여 폐기·제거를 청구하기 위해서는 그것이 현존하는 사실에 대하여 입증하여야 할 뿐 아니라 상대방이 그 물건·설비에 대하여 소유권 등의 처분권한을 가지고 있음을 입증하여야 한다. '기타 필요한 조치'는 장래에 침해행위를 금지 또는 예방하기 위한 조치로서 이를 보장하기 위한 담보제공 또는 공탁 등을 말한다.

### (2) 금지 및 예방청구권

영업비밀의 보유자는 영업비밀 침해행위를 하거나, 하고자 하는 자에 대하여 그 행위에 의하여 영업상의 이익이 침해되거나 침해될 우려가 있는 때에는 법원에 그 행위의 금지 또는 예방을 청구할 수 있다. 영업비밀 보유자가 금지 또는 예방 청구를 할 때에는 침해행위를 조성한 물건의 폐기, 침해행위에 제공된 설비의 제거 기타 침해행위의 금지 또는 예방을 위하여 필요한 조치를 함께 청구할 수 있다.[43]

### (3) 손해배상청구권

고의 또는 과실에 의하여 영업비밀 침해행위로 영업비밀보유자의 영업상 이익을 침해하여 손해를 가한 자는 그 손해를 배상할 책임을 진다.[44]

---

[42] 부경법 제10조
[43] 부경법 제10조
[44] 부경법 제11조

## (4) 신용회복청구권

법원은 고의 또는 과실에 의한 영업비밀 침해행위로 영업비밀 보유자의 영업상의 신용을 실추하게 한 자에 대하여는 영업비밀 보유자의 청구에 의하여 제11조의 규정에 의한 손해배상에 갈음하거나 손해배상과 함께 영업상의 신용회복을 위하여 필요한 조치를 명할 수 있다.[45)]

## (5) 형사상의 제재

부정한 이익을 얻거나 영업비밀 보유자에게 손해를 입힐 목적으로 그 영업비밀을 외국에서 사용하거나 외국에서 사용될 것임을 알면서 취득·사용 또는 제3자에게 누설한 자는 10년 이하의 징역 또는 1억 원 이하의 벌금에 처한다. 다만, 벌금형의 경우 위반행위로 인한 재산상 이득액의 10배에 해당하는 금액이 1억 원을 초과하면 그 재산상 이득액의 2배 이상 10배 이하의 벌금에 처한다(부경법 제18조제1항). 위의 영업비밀을 외국이 아닌 국내에서 취득·사용 또는 제3자에게 누설한 경우에는 5년 이하의 징역 또는 5천만 원 이하의 벌금에 처하며, 벌금형에 처하는 경우 위반행위로 인한 재산상 이득액의 10배에 해당하는 금액이 5천만 원을 초과하면 그 재산상 이득액의 2배 이상 10배 이하의 벌금에 처한다(부경법 제18조제2항). 한편, 징역과 벌금형은 함께 부과할 수 있다(부경법 제18조제5항).

영업비밀 누설행위에 대해서는 미수범도 처벌되며(부경법 제18조의2), 영업비밀 누설행위를 예비 또는 음모한 자에 대해서도 외국에서의 경우에는 3년 이하의 징역 또는 2천만 원 이하의 벌금을, 국내에서의 경우는 2년 이하의 징역 또는 1천만 원 이하의 벌금에 처한다(부경법 제18조의3).

법인의 대표자 또는 법인이나 개인의 대리인·사용인 그 밖의 종업원이 그 법인 또는 개인의 업무에 관하여 영업비밀을 누설한 경우에는 행위자를 벌하는 외에 그 법인 또는 개인에 대하여도 같은 규정에 의한 벌금형을 과한다(부경법 제19조).

타사의 직원도 자사의 직원과 같은 징역 및 벌금에 처해질 수 있으며, 타사는 벌금형에 처해질 수 있다.

> **Tip** **영업비밀의 효과적인 법적구제**
> 영업비밀 존속기간보다 장시간이 걸리는 민사소송으로는 침해자가 영업비밀을 사용하는 것을 금지하려는 목적을 달성할 수 없다. 따라서 영업비밀보호 사건에서 침해금지는 가처분으로, 손해배상은 본안소송으로 법적구제를 모색하는 것이 바람직하다.

---

[45)] 부경법 제12조

## 1. 배경

최근에는 우리 기업이나 연구소의 기술 수준이 높아짐에 따라 우리나라 기술이 해외로 유출되는 사례가 급증하고 있다. 2003년 6건에 불과하던 우리 기술의 해외유출 적발건수가 2008년에는 42건, 2009년에는 43건으로 늘었고 현재에도 계속 늘어나는 추세에 있다.

[그림 2-16] **연도별 산업스파이 적발건수**

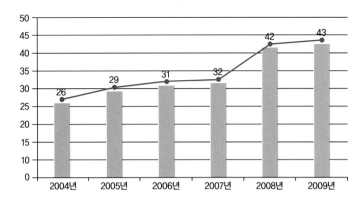

또한, 기업이 아닌 정부 출연의 연구소 또는 대학 부설의 연구소 등에서 단독으로 또는 기업과 공동으로 첨단 기술을 개발하는 사례가 많아지고 이러한 개발성과가 유출되는 사례도 발생하고 있으나 이러한 연구소 등은 영업활동을 하는 기업이 아니므로, 개발성과의 유출에 대하여 부정경쟁방지법 상의 보호규정이 적용되는지 문제되고 있다. 특히 우리나라가 비교적 높은 수준의 기술을 보유하고 있는 IT 분야에서 기술유출의 우려가 높은 실정[46]임에도 불구하고 부정경쟁방지법 상의 영업비밀 보호제도만으로는 충분한 보호가 부족한 실정이었고, 국가적으로 매우 중요한 기술을 해외에 이전하는 거래에 대하여 적절히 규제할 필요성도 대두되고 있다.

[그림 2-17] **산업기술유출방지법의 목적**

---

[46] 2003년부터 2006년 5월까지 국가정보원이 적발한 총71건의 기술 해외유출 사건 중 IT 분야의 기술이 유출된 건수가 52건으로 73%를 차지하고 있다. (국가정보원 첨단산업기술보호동향 2006년 6월)

이와 같은 배경에서 부정경쟁방지법과 별도로 산업기술보호법을 제정하게 되었다고 할 수 있다.[47] 미국과 일본의 경우 영업비밀 보호를 강화하기 위한 법률의 제정이나 개정이 주로 사후 약방문격인 형사처벌제도를 도입하는 것에 그침으로써 사후 대책에 머무르고 있으나 우리나라의 산업기술보호법은 형사처벌에서 한걸음 더 나아가 산업기밀 유출을 사전에 방지하는 정부의 정책과 제도적 장치를 마련한 데에 큰 의의가 있다. 특히 산업기술보호위원회의 설립, 산업보안협회의 설립 등 산업기술의 해외 유출을 사전에 방지하기 위한 여러 제도적 장치를 마련한 것은 획기적인 조치로서 산업스파이 방지에 크게 기여하고 있다.

---

**관련 사례**

**첨단 바이오기술 유출 제약사 실장 2명 기소 (한국일보 2010년 11월 16일자)**

서울중앙지검 첨단범죄수사1부(부장 이천세)는 국비 78억 원이 투입돼 연구가 진행 중인 '중질환 치료용 단백질의 체세포 전송기술(MITT)'을 빼돌린 혐의(산업기술유출방지및보호법 위반 및 업무상 배임)로 P제약사 전 연구실장 서모(41) 씨 등 2명을 구속기소했다.

검찰에 따르면 생명공학 박사 출신으로 이 회사의 MITT 연구실장이던 서 씨는 지난 6월 당시 신약개발실장 최모(34) 씨한테서 MITT 기술과 비임상실험 관련 자료 일체를 넘겨받아 사업계획서와 국가연구과제 신청서 작성 등에 활용한 혐의를 받고 있다. 최 씨는 서 씨에게 자료를 넘긴 지 두 달 만에 퇴사했는데, 이때 실험 데이터가 기재된 연구노트 등 핵심 기술자료도 추가로 빼돌린 것으로 조사됐다.

검찰 관계자는 유출된 자료 중 일부는 그 자체로 특허 신청이 가능할 정도였다며 서 씨 등은 이를 활용해 투자자를 물색하면서 별도 회사까지 세워 정부기관으로부터 원천기술로 인정받으려 했으나 성사 직전에 무산됐다고 설명했다. 지난해 정부의 '신성장동력 스마트 지원과제'에 선정된 MITT는 안전성과 치료효능이 탁월해 차세대 항암제 개발과 뇌질환 치료제 연구 등 분야에서 각광받고 있는데, 첨단 바이오기술(BT) 유출이 수사기관에 적발된 것은 이번이 처음이다.

---

## 2. 내용

### (1) 보호대상

#### (가) 산업기술

산업기술유출방지법의 보호 대상이 되는 산업기술은 제품 또는 용역의 개발·생산·보급 및 사용에 필요한 제반방법 내지 기술상의 정보 중에서, 행정기관의 장이 산업경쟁력 제고나 유출방지 등을 위하여 법령이 규정한 바에 따라 지정 또는 고시·공고·인증하는 기술로서 산업기술유출방지법 제9조에 따른 국가핵심기술과, 각종 법에 따라 지정된 신기술들을 말한다.[48]

---

[47] 이광재 의원 외 33인의 국회의원이 발의한 산업기술의유출방지및보호지원에관한법률안은 '산업기술의 불법 해외유출이 심각한 수준에 있으나 '부정경쟁방지및영업비밀보호에관한법률'이 민간 기업비밀 누설에만 처벌이 한정되어 있고 각종 법률에 산재해 있는 관련 규정으로는 산업기술유출 방지 및 근절에 큰 효과를 내지 못하고 '보안의식이 취약하고 연구개발 분야가 대부분 국책사업으로 진행되고 있는 국공립연구소, 공공기관 등을 산업기술 불법유출에 대한 보호대상기관으로 관리하는 것이 바람직'하다는 것을 법률의 제안이유로 제시하고 있다.
[48] 산업기술의 유출방지 및 보호에 관한 법률(산업기술유출방지법) 제2조제1호

## (나) 국가핵심기술

국가핵심기술이라 함은 국내외 시장에서 차지하는 기술적·경제적 가치가 높거나 관련 산업의 성장잠재력이 높아 해외로 유출될 경우에 국가의 안전보장 및 국민경제의 발전에 중대한 악영향을 줄 우려가 있는 기술로서 산업기술유출방지법 제9조의 규정에 따라 지정된 것을 말한다.[49] 국가핵심기술은 국가안보 및 국민경제에 미치는 파급효과, 관련 제품의 국내외 시장점유율, 해당분야의 연구동향 및 기술 확산과의 조화 등을 종합적으로 고려하여 선정되며, 2015년 9월 7일 기준 산업통상자원부고시에 따라 국가핵심기술로 지정된 기술은 다음과 같다.

① 전기전자분야 (11개)
- 40나노급 이하 D램에 해당되는 설계·공정·소자기술 및 3차원 적층형성 기술
- 40나노급 이하 D램에 해당되는 조립·검사기술
- 30나노급 이하 낸드플래시에 해당되는 설계·공정·소자기술 및 3차원 적층형성 기술
- 30나노급 이하 낸드플래시에 해당되는 조립·검사기술
- 8세대급(2200×2500mm) 이상 TFT-LCD 패널 설계·공정·제조(모듈조립 공정기술은 제외)·구동기술
- 30나노급 이하 파운드리에 해당되는 공정·소자기술
- AMOLED 패널 설계·공정·제조(모듈조립공정기술은 제외)기술
- 전기자동차用 고에너지밀도(200Wh/kg 이상)·고온안전성(섭씨 50도 이상) 리튬이차전지 설계기술
- 모바일 Application Processor SoC 설계·공정기술
- LTE/LTE_adv Baseband Modem 설계기술
- WiBro 단말 Baseband Modem Modem 설계기술

② 자동차분야 (7개)
- 하이브리드 및 전력기반 자동차(xEV) 시스템 설계 및 제조기술(Control Unit, Battery Management System, Regenerative Braking System에 한함)
- 연료전지 자동차 80kW 이상 Stack 시스템 설계 및 제조기술
- LPG 자동차 액상분사(LPLi) 시스템 설계 및 제조기술
- Euro 6 기준 이상의 디젤엔진 연료분사장치, 과급시스템 및 배기가스 후처리 장치 설계 및 제조기술(DPF, SCR에 한함)
- 자동차 엔진·자동변속기 설계 및 제조기술(단, 양산 후 2년 이내 기술에 한함)
- 복합소재를 이용한 일체성형 철도차량 차체 설계 및 제조기술

---

[49] 산업기술유출방지법 제2조제2호

- 최고시속 350km급 동력집중식 고속열차 동력시스템 설계 및 제조기술[AC 유도전동기·TDCS(Train Diagnostic & Control System) 제어진단·주전력변환장치 기술에 한함]

③ 철강분야 (6개)

- FINEX 유동로 조업기술
- 항복강도 600MPa급 이상 철근/형강 제조기술[저탄소강(0.4% C이하)으로 전기로방식에 의해 제조된 것에 한함]
- 고가공용 망간(10% Mn 이상) 함유 TWIP강 제조기술
- 합금원소 총량 4% 이하의 기가급 고강도 철강판재 제조기술
- 조선·발전소용 100톤 이상급(단품기준) 대형 주·단강제품 제조기술
- 저니켈(3% Ni 이하) 고질소(0.4% N 이상) 스테인리스강 제조기술

④ 조선분야 (7개)

- 고부가가치 선박(초대형컨테이너선, 저온액화탱크선, 대형크루즈선, 빙해화물선 등) 및 해양시스템(해양구조물 및 해양플랜트 등) 설계기술
- LNG선 카고탱크 제조기술
- 3천 톤 이상 선박용 블록탑재 및 육상에서의 선박건조 기술
- 500마력 이상 디젤엔진·크랭크샤프트·직경 5m 이상 프로펠러 제조기술
- 선박용 통합제어시스템 및 항해 자동화 기술
- 조선용 ERP/PLM시스템 및 CAD기반 설계·생산지원 프로그램
- 선박용 핵심기자재 제조기술(BWMS 제조기술, WHRS 제조기술, 가스연료추진선박용 연료공급장치 제조기술)

⑤ 원자력분야 (3개)

- 중성자 거울 및 중성자 유도관 개발기술
- 연구용원자로 U-Mo 합금핵연료 제조기술
- 신형 경수로 원자로출력제어시스템 기술

⑥ 정보통신분야 (8개)

- 지능적 개인맞춤 학습관리 및 운영기술
- PKI 경량 구현 기술(DTV, IPTV를 비롯한 셋톱박스, 모바일 단말, 유비쿼터스 단말에 한함)
- UWB 시스템에서 중단 없이 신호 간섭회피를 위한 DAA(Detection And Avoid) 기술
- LTE/LTE_adv 시스템 설계기술
- 스마트기기용 사용자 인터페이스(UI) 기술
- LTE/LTE_adv Femtocell 기지국 설계기술
- 기지국 소형화 및 전력을 최소화 하는 PA 설계기술

- LTE/LTE_adv/WiBro/WiBro_adv 계측기기 설계기술

⑦ 우주분야 (2개)
- 1m 이하 해상도 위성카메라용 고속기동 자세제어 탑재 알고리즘 기술
- 고상 확산접합 부품성형 기술

⑧ 생명공학분야 (3개)
- 항체 대규모 발효정제 기술(5만 리터급 이상의 동물세포 발현·정제 공정기술)
- 보툴리눔 독소 생산기술
- 원자현미경 제조기술

## (2) 보호 및 관리

국가핵심기술을 보유·관리하고 있는 대상기관의 장은 보호구역의 설정·출입허가 또는 출입 시 휴대품 검사 등 국가핵심기술의 유출을 방지하기 위한 기반 구축에 필요한 조치를 취하여야 한다.[50] 또한 대상기관의 장은 개발성과물이 외부로 유출되지 아니하도록 필요한 대책을 수립·시행하여야 하며,[51] 정당한 사유 없이 보호조치를 거부·방해 또는 기피한 경우 1천만 원 이하의 과태료를 부과할 수 있다.[52]

국가로부터 연구개발비를 지원받은 국가핵심기술을 외국기업 등에 매각 또는 이전 등의 방법으로 수출하는 경우에는 지식경제부 장관의 승인을 얻어야 한다. 기타 핵심기술의 경우에는 지식경제부 장관에게 사전신고를 해야 하고, 장관은 수출이 국가안보에 심각한 영향을 줄 수 있다고 판단하는 경우 수출중지·수출금지 및 원상회복 등 조치 명령을 할 수 있다.[53]

---

[50] 산업기술유출방지법 제10조
[51] 산업기술유출방지법 제12조
[52] 산업기술유출방지법 제39조
[53] 산업기술유출방지법 제11조

### (3) 산업기술의 유출 및 침해행위 금지

산업기술유출방지법에 의해 금지되는 행위[54]

① 1호 : 부정한 방법으로 대상기관의 산업기술을 취득·사용·공개하는 행위

② 2호 : 동법 제34조 또는 계약에 의해 산업기술에 대하여 비밀을 유지하여야 할 의무가 있는 자가 그 산업기술을 부정한 방법으로 사용·공개 또는 제3자가 사용하게 하는 행위

③ 3·4호 : 1·2호 행위가 개입된 사실을 알거나 중대한 과실로 알지 못하고 그 산업기술을 취득·사용 및 공개하거나 취득 한 후 알거나 중대한 과실로 알지 못하고 사용·공개하는 행위

④ 5호 : 국가로부터 연구개발비를 지원받은 국가핵심기술을 장관 승인 없이 혹은 부정한 방법으로 승인을 얻어 수출을 추진하는 행위

⑤ 6호 : 장관의 수출 중지·수출 금지 및 원상회복 명령을 이행하지 않는 행위

위 금지행위를 한 자는 5년 이하의 징역, 5억 원 이하의 벌금에 처해질 수 있고, 특히 외국에서 사용하거나 사용되게 할 목적으로 금지행위를 한 자는 10년 이하의 징역 또는 10억 원 이하의 벌금으로 가중처벌될 수 있다.[55] 금지행위에 이르지 않고 예비음모에 그친 경우에도 처벌될 수 있다.

## 3. 부정경쟁방지법과의 비교

### (1) 영업비밀과 산업기술

#### (가) 독창성

부정경쟁방지법상의 영업비밀은 외국 기업의 영업비밀도 적용대상에 포함되지만, 산업기술보호법상의 산업기술은 우리나라에서 독창적으로 개발된 기술만을 적용대상으로 한다.

#### (나) 영업활동 대 제품 용역의 개발·생산 등

부정경쟁방지법은 '생산방법, 판매방법 기타 영업활동'에 유용한 정보로 규정하여 포괄적으로 규정하고 있으나, 산업기술보호법은 '제품이나 용역의 개발, 생산, 보급 및 사용'에 필요한 정보라고 한정적으로 정의하고 있다.

#### (다) 필요성 대 유용성

부정경쟁방지법에서는 생산방법·판매방법 기타 영업활동에 '유용한' 정보일 것을 요건으로 하는 데 반하여 산업기술보호법에서는 개발, 생산, 보급 및 사용에 '필요한' 정보일 것을 요건으로 하고 있어 산업기술법 상의 요건이 좀 더 엄격하다.

---

[54] 산업기술유출방지법 제14조
[55] 국외유출사례가 지능화·대형화됨에 따라 2008년 3월 14일 개정됨. 종래 7년 이하 7억 원

### (라) 관리노력

부정경쟁방지법에서는 영업비밀 보호의 요건으로서 영업비밀을 비밀로서 유지하기 위한 합리적 관리 노력을 하여야 하는 것으로 규정하고 있으나 산업기술보호법은 합리적 관리노력에 관하여 명문으로 규정하고 있지 않다.

## (2) 침해행위의 유형

부정경쟁방지법에서는 비밀유지의무의 근거를 '계약 등에 의하여'로 규정하여 계약 이외의 사정으로 비밀유지의무가 발생하는 경우도 포함하고 있으나, 산업기술보호법에서는 '계약에 의하여'로 규정하여 계약 이외의 사유로 비밀유지의무가 발생하는 경우를 제외하고 있다.

또한, 부정경쟁방지법에서는 비밀유지의무에 위반하여 영업비밀을 누설하면 침해행위로 되지만, 산업기술 보호법에서는 '절취·기망·협박 그 밖의 부정한 방법으로 유출하는' 경우에만 침해행위로 된다.

그 밖에 산업기술보호법에는 국가의 승인 없이 국가핵심기술을 수출하거나 산업자원부 장관의 명령을 이행하지 아니하는 행위와 같이 부정경쟁방지법에 없는 침해행위의 유형이 추가되어 있다.

## (3) 민사적 구제수단

부정경쟁방지법에서는 영업비밀침해행위에 대한 민사적 구제수단을 규정하고 있는 데 반하여 산업기술보호법은 형사처벌에 대하여만 규정하고 민사적 구제수단에 관하여는 규정하지 않고 있다.

## (4) 형사처벌

산업기술보호법도 부정경쟁방지법과 마찬가지로 산업 기술의 불법취득행위에 대한 형사처벌 규정을 두고 있지 않다.

# 지식재산권의 국제적 보호

Understanding Patents

1908년 한국 특허령이 공포된 이후 1946년 특허법이 제정되고, 다시 특허법이 4개의 산업재산권 법(특허법·실용신안법·상표법·의장법(現 디자인법))으로 분리되었으며, 1979년에는 우리나라도 세계지식재산권기구(WIPO·World Intellectual Property Organization)에 가입하였다.

이어서 1980년에는 공업 소유권 보호를 위한 파리협약(Paris Convention)에 가입하고, 1984년에 특허협력조약(Patent Cooperation Treaty)에 가입함으로써, 산업재산권의 국제적 보호를 위한 기틀을 마련하였다.

우리나라의 특허제도의 역사는 길지 않지만, 이와 같이 특허심사 및 특허권리보호의 세계화 추세에 부응하고자 노력한 결과 1999년부터는 우리나라 특허청에서 특허협력조약에 의한 국제출원 국제조사업무와 국제예비심사업무를 수행하기에 이르렀다.

이하에서는 우리나라가 가입한 국제기구 및 국제조약을 통한 산업재산권의 국제적 보호방안을 알아본다.

## 1 세계지식재산권기구(WIPO)

1886년 저작권 문제를 위해 베른조약, 1883년 산업재산권 문제를 위해 파리조약을 발효하였다. 세계지식재산권기구(World Intellectual Property Organization)는 이 두 조약을 관리하고 사무기구 문제를 처리하기 위하여 1967년 스톡홀름에서 체결하고 1970년에 발효한 세계지식재산권기구설립조약에 따라 설립되었다.

현재 184개국이 가입하고 있고, 우리나라는 1979년 이 기구에 가입하였다. 세계지식재산권기구는 스위스 제네바에 그 본부가 소재하고 있으며, 인터넷 URL(http://www.wipo.int)을 통해 웹페이지상으로도 방문할 수 있다.

세계지식재산권기구의 주요 활동과 세계지식재산권기구를 통한 산업재산권의 국제적 보호방안을 살펴본다.

## 1. 활동 목표

세계지식재산권기구는 조약의 체결이나 각국 법제의 조화 도모, 개발도상국에 대한 지식재산권에 관한 법제·기술면의 원조 실시 등을 주요 활동으로 하고 있다. 나아가 지식재산권에 대한 교육과, 가입국 사이의 원활한 교류를 지원한다.

## 2. 특허제도에 대한 지원 활동

### (1) 특허협력조약에 의한 국제출원 관리

세계지식재산권기구는 국제사무국(International Bureau)을 통해 특허협력조약[56]에 의한 국제출원을 담당한다. 국제출원이 수리관청[57]으로 접수되면, 국제사무국은 수리관청으로부터 접수된 출원서류를 수신하여, 국제출원된 발명에 대한 국제조사[58] 및 국제예비심사[59]를 위해 국제조사기관 또는 국제예비심사기관으로 출원서류를 송부하고, 국제조사 및 국제예비심사에 따른 보고서를 송부 받아 관리하는 등 각국의 수리관청으로 제출된 국제출원의 제반 절차를 통합적으로 관리하는 역할을 담당하고 있다.

### (2) 국제공개 및 특허 검색 서비스 제공

세계지식재산권기구는 국제출원된 발명을 우선일[60]로부터 일정기간[61]이 경과하면 국제공개언어[62]로 국제공개하며, 국제공개된 국제출원들을 데이터베이스(DB)화하여 특허 검색 서비스를 제공하고 있다.

### (3) 기타 활동

그 밖에 특허법이나 특허 관련 국제 조약을 안내 및 교육하고, 국제특허분류[63]를 제공하는 등, 각국 특허제도의 조화 및 통일적 운영을 위한 각종 서비스를 지원한다.

---

[56] Patent Cooperation Treaty; PCT
[57] 각국 특허청 또는 국제사무국
[58] International Search: 국제조사기관이 국제출원에 기재된 발명의 선행문헌을 조사하여 국제조사보고서 및 견해서를 작성하고 이를 출원인 및 국제사무국에 송부하는 업무
[59] International Preliminary examination: 국제예비심사기관이 일정한 기준에 따라 국제출원에 기재된 발명의 신규성, 진보성 및 산업상 이용가능성에 대하여 예비적인 판단을 하여 국제예비심사보고서를 작성하고 이를 출원인 및 국제사무국에 송부하는 업무
[60] 국제출원이 우선권 주장을 수반하지 않는 경우 국제출원의 출원일, 하나 이상의 우선권 주장을 수반하는 경우 우선권 주장의 기초출원 중 가장 먼저 출원된 특허출원의 출원일

## 3. 상표제도에 대한 지원 활동

### (1) 마드리드협정에 의한 국제출원 관리

표장의 국제등록에 관한 마드리드협정[64]에 대한 의정서는 각국에 출원 또는 등록되어 있는 표장을 기초로 하여, 그 상표를 보호 받고자 하는 국가를 지정한 국제출원서를 본국관청을 경유해 국제사무국에 제출할 수 있도록 하고 있다. 따라서 국제사무국은 국제출원을 국제등록부에 등록하고 출원인이 지정한 국가의 관청에 보호영역 지정의 통지를 하여 각 지정 국가에서 상표 등록가부를 심사할 수 있도록 한다.

### (2) 상표 검색 서비스 제공 및 기타 활동

국제출원된 상표를 검색할 수 있도록 상표 검색 서비스를 제공한다. 또한 상표 관련 협약이나 상표 제도를 안내 및 교육함과 더불어 지리적 표시의 보호, 국제 상품 분류의 제공 등의 기타 역할을 수행하고 있다.

## 4. 디자인제도에 대한 지원 활동

### (1) 헤이그협정에 의한 국제출원 관리

헤이그협정은 디자인의 국제적인 보호에 관한 것으로서, WIPO 국제사무국에 하나의 국제출원서를 제출하여 여러 체약 당사자 영역에서 디자인을 보호받을 수 있도록 한다. 헤이그 시스템에서는 하나의 국제출원이 복수의 관청에 제출하여야 하는 일련의 출원을 대체한다. 헤이그 시스템을 이용한 국제출원은 선행하는 국내출원이나 등록이 필요하지 않다는 점에서 상표의 국제출원제도인 마드리드 시스템과 차이가 있다.

### (2) 헤이그협정에 따른 국제출원의 심사 및 등록

국제사무국은 국제출원서를 제출하면 협정 등에서 정한 형식요건을 따르고 있는지 심사하고 형식요건을 만족하는 경우 국제등록 및 국제디자인공보에 공개한다. 한편, 국제등록이 국제디자인공보에 공개되면 각 관청은 자국 법에 따른 실체심사를 진행한다.

---

[61] 18개월

[62] 아랍어, 중국어, 영어, 불어, 독어, 일어, 러시아어, 스페인어, 한국어, 포르투갈어의 10개국어

[63] International Patent Classification(IPC) : 특허문헌에 대해 국제적으로 통용되는 기술분류체계로, 1954년에 국제특허분류 유럽조약에 의해 성립하였다.

[64] 상표의 국제등록에 관한 협정으로 1891년 4월 에스파냐의 마드리드에서 채택되었다. 한 가맹국에 상표등록이 되면 나머지 가맹국에서도 동일한 효력을 갖도록 한 특별협정으로, 1883년 산업재산권의 통일적 국제보호를 위해 체결된 파리협약(Paris Convention)에 근거한다.

## 2  파리협약

파리협약은 산업재산권의 국제적 보호를 보증하기 위하여 1883년 3월 20일 프랑스 파리에서 채택된 국제조약으로 정식 명칭은 공업소유권보호를 위한 파리협약(Paris Convention for the Protection of Industrial Property)이다.

파리협약의 체결 이전에는 각 나라마다 개별적인 법제에 의해 산업재산권이 보호되고 있었으나, 각국의 산업재산권을 통일적으로 보호해야할 필요성에 의해 파리협약이 채택되었다. 그 후 1900년 브뤼셀, 1911년 워싱턴, 1925년 헤이그, 1934년 런던, 1958년 리스본, 1967년 스톡홀름에서 개정되었다. 현재 80여 개국이 이 조약에 가맹하고 있으며, 한국은 1980년에 가맹하였다.

파리협약의 구체적인 내용과 파리협약이 우리나라 법제에 반영된 바에 따른 우리나라의 산업재산권 관련 제도를 살펴본다.

### 1. 협약의 개요

산업재산권의 다국간 체제를 확립한 파리협약은 기존의 속지주의 원칙을 유지하면서 국제협조체제를 형성하는 기본구조를 취하고 있다. 내국민대우의 원칙, 특허독립(Telle Quelle) 조항의 채택, 우선권제도 등을 기본원칙으로 채택하고 있다. 가맹국은 공업소유권의 보호를 위한 동맹을 만들고, 내외인(內外人) 평등의 원칙에 따라 공업소유권의 통일적 보호를 목적으로 내세우고 있다. 이 협정에 따르면 한 나라의 특허를 포함한 지식재산 체계는 다른 나라에 의해 재생될 수 있다는 것이다.

현재 우리나라와 북한을 포함한 173개국이 가맹되어 있다.

### 2. 적용 범위

공업소유권의 보호는 발명특허·실용신안·공업적 의장(意匠)이나, 모형·제조표, 또는 상표·상호 및 원산지 표시 또는 출처 칭호와 부정경쟁의 방지를 목적으로 한다. 공업소유권이라는 말은 가장 넓은 의미로 해석되고 있으며, 본래의 공업이나 상업뿐만 아니라 포도주·곡물·담배 등 농산업과 채취산업의 범위에까지 이르고 있다.

## 3. 주요 내용

### (1) 특허독립의 원칙

동일한 발명에 대하여 복수의 동맹국에서 특허를 부여받았다 하더라도 그 특허는 각각 독립적으로 존속하고 소멸함을 의미한다.

### (2) 내외국인 동등의 원칙

동맹국의 국민을 자국민 수준으로 대우한다는 원칙이다(각국은 자국 산업의 보호를 위하여 외국인에 대해서는 특허를 부여하지 않으려는 경향이 있음).

### (3) 우선권제도

회원국에 출원(선출원)한 자가 동일한 발명을 1년 이내에 타 회원국에 우선권을 주장하면서 출원(후출원)하는 경우 후출원의 특허요건을 판단함에 있어서, 선출원의 출원일에 출원된 것으로 취급하는 제도이다. 외국에 출원하는 경우, 거리·언어·절차상의 제약에 의해 발생할 수 있는 출원인의 불이익을 해소하기 위한 취지이다.

### (4) 상표독립의 원칙

파리협약에는 상표의 정의에 대해 특별히 규정하지 않고 각국의 해석에 위임하고 있으며 상표보호의 독립을 명확히 하고 있다. 즉 동일한 상표가 둘 이상의 동맹국에 출원되고 정상적으로 등록된 경우 이들은 상호 독립적이고, 상표등록을 부여하는 각 동맹국의 법제에 따라서 개별적으로 취급되도록 하고 있다. 다만 상표독립의 원칙의 예외로서 외국등록상표에 대한 특별규정을 마련하고 있다.

## 4. 국내법 반영

우리나라는 파리협약의 가맹국이 된 후 조약의 내용을 반영하여 법문을 개정하였다. 대표적으로 특허법 제54조의 '조약에 의한 우선권 주장' 규정과 조약우선권 인정에 따른 국내 출원인 보호를 위하여 추가된 특허법 제55조의 '특허출원 등에 의한 우선권 주장' 규정이 있다.

또한 상표법 제20조에도 파리협약의 제4조의 규정을 입법화하여 '조약에 의한 우선권 주장'에 대해 규정하고 있으며, 이와 같은 규정들은 내국민 대우의 원칙의 실효성을 보장하고 산업재산권의 국제적인 보호를 도모하기 위한 것이다.

## 3 특허협력조약

특허협력조약(Patent Cooperation Treaty)은 특허 또는 실용신안의 해외출원절차를 통일하고 간소화하기 위하여 발효된 다자간 조약이다. 1970년 6월 워싱턴에서 체결되어 1978년 6월 발효되었다.

특허협력조약 가입국은 2011년 1월 현재 142개국으로 특허제도를 도입하고 있는 나라의 대부분이 이 조약에 가입하고 있으며, 우리나라는 1984년 8월 10일 가입국이 되었다. 북한도 조약체결국이다.

### 1. 조약의 개요

특허협력조약은 1970년 6월 19일 Washington 외교회의에서 체결된 조약으로 일명 워싱턴조약이라고도 한다. 1977년 10월 24일 8개국이 비준서 또는 가입서를 기탁함으로써 조약 발효요건이 충족되어 1978년 1월 24일 조약이 발효되었다. 우리나라는 1984년 5월 10일 특허협력조약 가입서를 WIPO에 기탁함으로써 제36번째의 가입국이 되었다. 이 조약에 의거한 국제 특허출원에 대한 사무총괄은 세계지식재산권기구(WIPO) 산하의 국제사무국(스위스 제네바 소재)에 의해 행하여진다.

### 2. 주요 내용

#### (1) 특허출원절차의 국제적 통일

특허협력조약은 국제출원절차의 통일화 및 간소화를 통한 해외출원 증진을 목적으로 한다. 각국의 특허제도가 속지주의를 택하고 있어 어느 한 나라에서 취득한 특허권의 효력범위는 그 나라 영토 내에 한정됨에 비하여 각국 국민의 경제활동은 국경을 넘어 국제적으로 이루어지게 됨에 따라, 동일한 발명을 다수 외국에 출원할 필요성이 많아지게 되었다. 이에 따라 동일 발명을 다수 외국으로 중복 출원해야 하는 출원인의 부담은 말할 것도 없고, 이들을 심사해야 하는 각국 특허청의 부담도 크게 증가하게 되었다. 특허협력조약은 이러한 출원인과 각국 특허청의 가중된 부담을 경감시키기 위하여 특허출원절차를 국제적으로 통일화하고 간소화하는 것을 주목적으로 하여 체결되었다.

출원인이 수리관청에 하나의 국제출원서류를 제출하면 제출 당시의 모든 특허협력조약 체약국은 출원인이 일정한 기간 내에 번역문을 제출할 것을 조건으로 국제출원서류를 제출한 날에 지정관청에 대해서도 직접 출원된 것과 동일한 효과를 인정한다.

## (2) 국제단계에서의 예비적 심사

국제출원에 대하여 권위 있는 국제기관에서 관련 선행기술의 조사 및 특허성의 예비심사를 받을 수 있도록 하여 출원인이 각국에 본격적 출원절차를 밟기 전에 자기 발명의 기술적·상업적 가치를 재검토할 수 있도록 하였다.

## 3. 국내법에의 반영

우리나라 특허청을 수리관청으로 하여 국제출원을 할 수 있으며, 우리나라를 지정국으로 하여 우리나라에 진입한 국제출원은 국내법의 적용을 받는다.

우리나라 특허청을 수리관청으로 하여 국제출원을 하는 경우는, 특허법 제10장 '특허협력조약에 의한 국제출원'의 제1절 '국제출원절차'에 규정되어 있고, 우리나라를 지정국으로 하여 우리나라에 진입한 국제출원에 대해서는 특허법 제10장 제2절 '국제특허출원에 관한 특례' 부분에 상세하게 규정되어 있다.

## 4. 특허협력조약의 체약국으로서 우리나라의 지위

우리나라는 1984년 8월 10일자로 조약 발효 및 국제출원업무를 개시하였다. 또한 1997년 9월 16일 제24차 특허협력조약총회에서 우리나라는 국제조사 및 국제예비심사기관으로 지정되었고 1999년 12월 1일자로 국제조사 및 국제예비심사기관으로서의 업무를 개시함에 따라 국어출원이 가능하게 되었다. 2007년에는 한국어가 특허협력조약에 의한 10번째 국제공개어로 채택되어, 국어출원 시 국제공개를 위한 번역문 제출 의무가 없어졌다.

무역 관련 지식재산권협정

종전에 지식재산권에 대한 국가 간 보호는 위에서 설명한 세계지식재산권기구(WIPO)를 중심으로 파리협약, 베른협약, 로마협약 등 개별적인 국제협약에 의해 시행되어 왔으나, 보호수준이 미약하고 관세무역일반협정(GATT)체제의 다자간 규범 내에 있지 않아 무역마찰의 주요 이슈가 되어왔다.

이에 국제적인 지식재산권보호 강화문제가 대두됨에 따라 1986년부터 시작된 우루과이라운드 (Uruguay Round) 다자간협상의 한 가지 의제로 '지식재산권'이 채택되었으며, 1994년 출범한 세계무역기구(World Trade Organization)의 부속협정으로서, '무역 관련 지식재산권협정(TRIPs)[65] 이 채택되었다.

## 1. 협정의 의의

무역 관련 지식재산권에 관한 협정은 특허권, 디자인권, 상표권, 저작권 등 소위 지식재산권에 대한 최초의 다자간규범을 말한다. 이 협정은 총 7부·73개조로 구성되어 있으며, 지식재산권의 국제적인 보호를 강화하고 침해에 대한 구제수단을 명확히 기재하고 있다.

## 2. 협정의 적용 범위

이 협정은 세계무역기구(WTO)의 부속 협정이므로, 세계무역기구의 회원국 모두에게 적용된다는 점에서 종전의 개별적인 협약과 차이가 있다. 이 협정은 기존의 지식재산권 관련 협약이 속지주의[66]에 따른 내국민대우[67]만을 보호대상으로 삼은 것과는 대조적으로 최혜국대우[68]를 원칙으로 한다.

30여 선진국들은 1996년부터 이 협정을 시행하였고 개도국은 2000년부터, 최빈개도국(LDC)은 2006년 이후로 이 협정을 적용받았다.

## 3. 협정의 주요 내용

(1) 지식재산권으로서 저작권 및 저작인접권, 상표권, 지리적 표시권, 공업의장권, 특허권, 반도체 설계배치권, 영업비밀권 등 모든 회원국이 보장해야 할 최소한의 보호정도를 규정하고 있다.

---

[65] Trade-Related aspects of Intellectual Property Rights
[66] 영역을 기준으로 법을 적용하는 주의. 즉, 한 국가의 영역 안에 있어서는 자국 사람인지 외국 사람인지를 불문하고 다같이 그 나라 법을 적용하는 것
[67] 일반적으로 국가가 타국민에 대해서 자국민과 동일하게 차별 없이 대우하는 것
[68] 한 나라가 특정국가 조약을 새로 체결 또는 갱신하면서 지금까지 다른 나라에 부여한 대우 중 최고의 대우를 그 나라에 부여하는 것

(2) 지식재산권 침해 시 권리자를 구제할 수 있는 국내법 절차를 마련할 회원국의 의무에 대해 규정하고, 회원국들 사이의 지식재산권 침해 분쟁 발생 시 이를 해결할 수 있는 구속력과 강제력 있는 분쟁해결기구의 마련에 대해 규정하고 있다.

(3) 지식재산권의 획득과 유지를 위하여 많은 시간이나 비용이 소모되는 것을 방지하는 회원국의 의무를 규정하고 있다.

(4) 무역 관련 지식재산권에 관한 협정의 제31조에는 '강제실시권'을 규정하고 있는데, 이는 특허발명을 실시해야 할 공익적인 필요가 있는 경우 특허권자의 의사와 관계없이 행정처분 또는 특허청의 심판을 거쳐 제3자로 하여금 이를 실시하게 하고 특허권자에게는 보상을 제공하는 제도이다. 공중보건 및 영양 등 지식재산권 자체가 사회나 개인의 발전을 저해하거나 기술 및 교역에 저해가 되는 경우 지식재산권의 보호에 대한 예외를 허용하는 것이다.

## 5 지식재산권 보호의 국제적 통일화

현재 대부분의 나라의 산업재산권 관련법은 산업재산권 취득을 위한 절차를 서로 달리 규정하는 등 서로 다른 산업재산권 제도를 갖고 있다. 따라서 여러 국가에서 산업재산권을 취득하고자 하는 출원인은 각 나라에서 서로 다른 절차를 진행해야 하기 때문에 번거로울 뿐 아니라 이와 같은 각국 제도에 능통한 대리인을 위임하여야 하기 때문에 많은 비용을 지출할 수밖에 없었다.

최근 이와 같은 산업재산권 관련 제도의 국제적 통일화 및 단순화에 대한 관심이 증가하고 있으며, 그 결과로서 산업재산권 제도의 국제적 통일을 위한 여러 조약이 체결되기에 이르렀다.

## 1. 특허법 조약

### (1) 개요

특허법 조약은 특허에 관한 각국의 절차적 요건을 통일화 및 단순화하기 위하여 2000년 6월 1일에 체결되었으며, 세계지식재산권기구의 회원국과 공업소유권 보호를 위한 파리조약 당사국이나 국가 간 단체는 특허법 조약에 가입이 가능하다. 이 조약에 대한 비준 또는 가입은 세계지식재산권기구의 본부에서 수행되며, 이와 같은 특허법 조약은 2005년 4월 28일에 발효되어 현재 영국, 프랑스, 호주, 러시아 등 27개국이 가입하고 있으며, 우리나라는 아직 가입되어 있지는 않다[69].

---

[69] EPO는 PLT를 특허법에 반영(2007)하였고, 미국은 의회에서 PLT 가입을 승인(2007)하였으며, 일본은 도입 여부를 검토 중이다.

## (2) 주요 내용

### (가) 출원일 인정요건의 간소화[70]

특허출원 시 ① 특허를 출원한다는 취지, ② 출원인의 신원 및 연락처 정보, ③ 외관상 명세서로 보이는 부분만 제출하면, 이와 같은 서류를 제출한 날짜를 특허출원일로 인정한다. 이때 외관상 명세서로 보이는 부분은 어떤 언어로 작성되더라도 무관하다.

출원일 인정을 위한 세 가지 요건 중 하나라도 충족되지 않으면 보완을 통지하며, 출원인이 보완 통지에 응하지 않는 경우 출원이 없던 것으로 간주하고, 출원인이 보완서를 제출하면 보완서 제출일을 특허출원일로 인정한다.

외관상 명세서를 대체하고자 하는 경우 ① 명세서 대체의 취지, ② 이전출원의 출원번호, ③ 제출된 관청만 기재하여 이전출원의 서류를 인용하면, 명세서를 제출하지 않더라도 출원일이 인정된다.

출원인은 명세서나 도면 등의 누락부분을 추후 제출할 수 있는데, 스스로 제출하는 경우 최초 서류 도달일로부터 2개월 내에 가능하고, 누락의 통지를 받은 경우 통지일로부터 2개월 내에 추후 제출이 가능하다. 이와 같은 경우 누락부분의 제출일로 출원일이 변경된다.

### (나) 권리의 구제

특허법 조약에는 기한 미준수로 소멸된 출원 또는 특허와 관련된 권리의 구제를 위한 규정이 마련되어 있다. 권리의 회복 요건으로서 '상당한 주의' 또는 '비의도성'이 인정되어야 하며, 기간을 미준수할 수밖에 없었던 원인의 소멸일로부터 2개월[71]까지 회복을 신청해야 한다.

다만 심판 관련 절차와 권리회복 신청 기간, 우선권 주장 관련 기한은 적용 대상에서 제외된다. 그리고 기간을 미준수한 원인과 관련된 증거를 제출해야 한다.

### (다) 대리인 관련 제도

대리인의 자격요건으로서 체약국 내의 주소를 가질 것을 요구할 수 있고, 출원인 본인이 직접 절차를 수행하는 경우 대리인의 선임을 요구할 수 없도록(강제대리 금지) 규정하고 있다[72].

### (라) 우선권 주장의 보정 및 추가

다음 두 가지 요건만 만족하면 우선권 주장의 보정 및 추가가 가능하도록 규정하고 있다. ① 우선권 주장 신청서가 특허협력조약에 규정된 기간 내에 제출[73]되고, ② 우선권 주장을 수반

---

[70] 이 규정에 따르면 논문을 그대로 특허청에 출원서류로 제출할 수 있게 된다.

[71] 단, 기한 만료일로부터 1년 이내

[72] 우리나라 현행법은 재외자는 특허관리인(재내자로서 특허 대리인인 자)에 의하지 않으면 절차를 밟을 수 없도록 규정하고 있다.

[73] 최선 출원일로부터 1년 4개월과 출원일로부터 4개월 중 늦게 만료되는 날까지

하는 후출원의 출원일이 그 우선권의 기초가 된 최초 출원의 출원일로부터 1년 이내이면, 우선권 주장의 보정 및 추가가 가능하다[74].

### (3) 국내법에의 반영 여부

현재 우리나라는 특허법 조약에 가입되어 있지는 않다. 다만, 특허법 조약의 내용의 상당 부분을 반영하도록 법이 개정되었다. 일례로 발명의 설명만 기재한 명세서에 의해서도 출원일이 인정되는 것이나(특허법 제42조의2), 특허법 제67조의3에서 규정하는 특허출원의 회복 등은 특허법 조약을 염두에 둔 것이다.

## 2. 상표법 조약

### (1) 개요

세계 각국의 상이한 상표 법제를 국제적인 수준으로 통일화하여 상표출원 및 등록절차를 간소화하기 위하여 체결된 조약으로서 1994년 체결되어 1996년 8월 1일에 발효되었으며 미국, 일본, 러시아, 영국 등 현재 총 45개의 체약국이 있다. 우리나라도 가입되어 있는데, 그에 따라 상표법 조약의 내용을 반영한 상표법을 2003년 2월 25일에 발효하였다.

### (2) 주요 내용

#### (가) 국제상품분류의 사용

상표의 출원 및 등록에 있어서 니스(Nice) 협정의 국제상품분류를 사용하는 것으로 규정되어 있다.

#### (나) 다류 1출원 및 다류 1등록제도의 채택

국제상품분류상 2 이상의 분류에 속하는 상품 및 서비스를 하나의 출원서에 기재하여 출원하고 등록하는 것이 가능하다.

#### (다) 상표 갱신출원 시 견본제출 요구금지 및 실체심사 금지

상표의 존속기간에 대한 갱신출원 시 기등록상표에 대한 별도의 견본제출을 금지함과 아울러 상표등록요건을 다시 실체심사하는 것을 금지하고 있다.

---

[74] 우리나라 현행법은 우선권 주장을 수반하는 후출원이 출원 시에 적어도 우선권 주장의 취지를 기재한 경우에 한하여 우선권 주장의 추가 및 보정이 가능하다.

# 심화학습

**어느 의자 제조업체 대표의 고민**

최근 의자 제조업계에서는 허리를 편안히 받칠 수 있는 의자 등판 구조에 관하여 다양한 연구 개발이 경쟁적으로 이루어지고 있고, 실제로 새로운 형상의 의자 등판 구조가 매출에 미치는 영향이 즉각적이고 직접적으로 나타나고 있다. 1년 전 의자 제조업체 (주)화인체어에서 수개월의 시행착오 끝에 오래 앉아 있어도 허리에 무리를 주지 않으며 자세교정에도 큰 도움을 줄 수 있는 나선형 의자 등판 구조를 만든 후 시장에 내어 놓은 적이 있었다. 그런데 해당 의자가 시장에 나온지 5개월도 채 되지 않아 여러 경쟁회사에서 동일한 구조의 등판을 가진 의자를 만들어 팔기 시작했고, (주)화인체어는 개발비용도 채 회수하지 못하고 시장을 빼앗긴 적이 있다. 자세히 알아보니 (주)화인체어에서 의자 금형을 제작 의뢰한 나산금형에서 (주)화인체어 몰래 그 금형으로 의자를 만들어 팔았던 것으로 밝혀졌다.

최근 (주)화인체어의 연구개발팀에서는 다시금 더욱 안락감을 느낄 수 있고 자세교정에 획기적인 효과를 가지는 3중쿠션 의자 등판 구조를 개발했다. 하지만 (주)화인체어의 대표인 김영락 씨는 고민이 많다. 새로 개발한 의자 등판 구조를 채용해 제작 판매하면 많은 사람들이 더욱 편하고 곧은 자세를 유지할 수 있는 의자를 사용할 수 있을 것이고 회사는 큰 수익을 낼 수 있을 것 같은데, 지난번과 같이 아무런 조치를 취하지 않고 시장에 신제품을 내놓는다면 경쟁업체들이 손쉽게 모방할 것은 불 보듯 뻔한 일이기 때문이다.

김영락 씨는 자신의 사업을 보호하기 위해 어떻게 해야 할까?

## I. 특허로서의 보호 가능성

### 1. 나선형 의자 등판 구조

'나선형 의자 등판 구조'는 물품의 형상·구조 또는 그 조합에 해당하므로 특허 뿐 아니라 실용신안으로 출원하여 보호받을 수 있다. 다만, 등록되기 위해서는 신규성 및 진보성의 특허요건을 만족해야 하는데, 해당 제품을 (주)화인체어에서 이미 시장에 출시한 상태이고, 나산금형에서도 해당 제품을 시장에 출시한 상태이므로 신규성을 상실한 상태이다.

또한 나산금형에 의한 공지행위로 인해 신규성을 상실 할 수도 있는데, 이는 비밀유지의무가 있는 나산금형에 의한 공지이므로 본인의 의사에 반한 공지를 주장하여 극복할 수 있다. 이 경우는 공지일로부터 12개월 이내에 출원하기만 하면 되고, 출원 시에 취지를 기재할 필요는 없다.

## 2. 3중쿠션 의자 등판 구조

'3중쿠션 의자 등판 구조'는 출시 전에 특허출원하여 등록받을 수 있다. 만약, 종래의 의자 등판 구조와 비교하여 구성의 곤란성, 효과의 현저성, 목적의 특이성이 상당한 경우이거나 기술의 수명이 10년 이상이라 판단된다면 특허로써 출원하는 것이 좋겠고, 그렇지 않은 경우에는 등록가능성 및 비용효율성을 감안하여 실용신안으로 출원하는 것이 바람직하다.

## 3. 출원 시 유의점

위 발명은 (주)화인체어의 연구개발팀에서 개발한 것이므로, 출원될 특허 또는 실용신안의 발명자는 실제 발명을 완성한 연구개발팀원이 되어야 하고, 출원인은 발명자 또는 (주)화인체어가 될 수 있다. 연구개발팀원의 직무는 의자 신제품 개발이므로 위 발명은 직무발명이 될 수 있고, (주)화인체어가 계약 등에 의해 예약승계하거나, 발명자가 특허출원인이 되는 경우에 (주)화인체어는 무상의 통상실시권을 가질 수 있다.

## 4. 특허 또는 실용신안 출원 후의 전략

'나선형 의자 등판 구조'가 출시된 직후 모방품이 출현한 경험을 하였고, 의자 제조업계의 제품 트렌드가 급격하게 변한다는 판단이 든다면, 신속한 권리행사를 하기 위해 우선심사를 고려할 수 있다.

(주)화인체어가 벤처 기업 인증 또는 이노비즈 인증을 받았다면 이를 사유로, 이미 침해품이 출현하였다면 경고장을 첨부하여, 실용신안으로 출원하였다면 실용신안출원일로부터 2개월 이내에 우선심사를 신청할 수 있다.

등록 전에 침해품이 출현한 경우에는 조기공개 후 경고를 할 수 있고, 등록된 이후라면 손해배상청구 및 형사고발할 수 있다.

## Ⅱ. 디자인으로서의 보호 가능성

특허는 구조로부터 발현되는 기능을 보호하는 것이고, 디자인은 물품의 형상을 보호하는 것이므로, 개발품의 외관을 디자인 출원을 하여 중첩적으로 보호받을 수 있다.

## Ⅲ. 상표로서의 보호 가능성

의자의 브랜드 명칭을 정하여 이를 상표출원하면, 앞선 기술력의 의자에 대한 소비자의 신뢰를 상표에 화체하여 보호할 수 있다.

# 실력점검문제

▶ 다음의 지문 내용이 맞으면 O, 틀리면 X를 선택하시오. (1~25)

**01** '지식재산권'의 종류로 특허권, 실용신안권, 상표권, 디자인권의 4가지가 있다. (　　)

**02** 최초의 성문화된 특허법은 베니스 공화국에서 시작되었다. (　　)

**03** 우리나라 실용신안법은 형식적 특허요건만 심사하고 등록을 허용하는 무심사주의를 채택하고 있다. (　　)

**04** 우리나라 특허법은 동일한 발명에 대하여 특허출원이 경합하는 경우 먼저 출원한 자에게 권리를 주는 선출원주의를 채택하고 있다.
(　　)

**05** 특허의 주체적 요건으로서 발명자만이 특허출원인이 될 수 있다.
(　　)

**06** 특허출원 후 언제라도 심사청구를 할 수 있다. (　　)

**07** 출원된 모든 특허는 바로 공개되지 않고 출원 후 1년 6개월이 경과하였을 때 그 기술내용이 공보의 형태로 일반인에게 공개된다. (  )

**08** 우리나라는 우선심사제도를 채택하고 있어 모든 출원인은 출원된 특허에 대하여 언제라도 우선심사를 신청할 수 있다. (  )

**09** 특허권자는 업으로서 특허발명을 실시할 권리를 독점한다. 따라서, 등록된 특허를 가진 특허권자는 다른 특허의 존재 여부와 관계 없이 자신의 특허발명을 실시할 수 있다. (  )

**10** 특허발명의 보호범위는 특허청구범위를 기준으로 하여 판단하므로 권리범위를 해석함에 있어 발명의 상세한 설명을 참작할 필요가 없다.

(  )

**11** 전용실시권은 특허권자와의 계약에 의해서만 발생하고, 반드시 특허청에 등록을 하여야 한다. (  )

**12** 방법발명으로서 고도하지는 않은 기술적 사상인 경우에는 실용신안으로 출원하여 등록받을 수 있다. (  )

**13** 새로운 포커게임 방법(룰)은 특허법상 발명으로 인정될 수 있다. (  )

**14** 특허출원 전 논문에 게재된 발명은 신규성을 만족하지 못하여 어떠한 경우에도 등록받을 수 없다. (  )

**15** 신규성을 판단할 때에는 국내주의를 취하고 있어, 특허출원 전 외국에 공지된 발명이라 하여도 우리나라에서 공지된 적이 없다면 신규성을 만족할 수 있다. (  )

**Answer**
01. ×  02. ×  03. ×  04. ○  05. ×  06. ×  07. ○  08. ×  09. ×
10. ×  11. ○  12. ×  13. ×  14. ×  15. ×

### 오답피하기

**07.** 출원된 모든 특허는 바로 공개되지 않고 출원 후 1년 6개월이 경과하였을 때 그 기술내용이 공보의 형태로 일반인에게 공개된다.

**08.** 특허법에서 규정하는 일정한 요건을 만족한 출원에 대하여만 우선심사를 신청할 수 있다.

**09.** 특허권은 배타적 금지권으로서, 제3자가 정당한 권원없이 특허발명을 실시하면 특허권의 침해가 된다. 따라서 특허권자라 하여도 다른 등록된 특허를 침해하게 되는 경우(이용발명 등)에는 타 특허의 침해를 구성하게 된다.

**10.** 특허발명의 보호범위는 특허청구범위를 기준으로 하여 판단하지만 그 해설적 부분인 발명의 상세한 설명을 참작할 필요가 있다.

**11.** 전용실시권은 특허권자와의 계약에 의해서만 발생하고, 반드시 특허청에 등록을 하여야 한다.

**12.** 실용신안은 방법 또는 화학물질에 대한 고안은 제외하고, 물품의 형상·구조 또는 조합에 관한 고안만을 대상으로 한다.

**13.** 게임 방법 등은 자연법칙을 이용한 것이 아니어서 특허성을 만족하지 못한다.

**14.** 논문발표일로부터 12개월 이내에 신규성 상실의 예외 규정 적용 취지를 기재한 서면을 제출하며 출원하고, 출원일로부터 30일 이내에 증명할 수 있는 서류를 제출하면 논문 게재 사실로 인해 신규성을 부정받지 않는다.

**15.** 신규성 판단 시에는 국제주의를 취하고 있어, 특허출원 전 외국에 공지된 발명인 경우에는 신규성을 만족할 수 없다.

**16** 발명자의 의사에 반하여 공지된 발명의 경우, 특허출원과 동시에 신규성 상실의 예외 규정을 적용받고자 하는 취지를 기재한 서면을 제출하여야 하고, 출원일로부터 30일 이내에 증명할 수 있는 서류를 제출해야 한다. (    )

**17** 실용신안의 경우 기술적사상으로서 '고도성'을 요구하지 않으므로 심사할 때에 진보성 요건은 판단하지 않는다. (    )

**18** 진보성을 판단할 때에 해당 발명이 상업적으로 성공하였다는 사정은 참고적으로 고려할 수 있다. (    )

**19** 이미 존재하는 물질의 속성을 새로운 용도로 이용하는 발명이라 하여도, 해당 물질은 이미 존재하는 것이고, 새로운 용도는 이용하는 것은 발견에 불과한 것이므로 특허받을 수 없다. (    )

**20** 비즈니스모델은 원칙적으로 특허법상 발명이 될 수 없으나, 컴퓨터 기초기술이나 통신기술의 융합에 의해 구현되는 것이라면 특허로 등록받을 수 있다. (    )

**21** 종업원이 자신의 과거의 직무에 속하는 발명을 한 경우에는 직무발명으로 성립되지 않는다. (    )

**22** 직무발명에 대하여 종업원이 특허를 받게 되면, 사용자(회사)는 그 특허권에 대하여 통상실시권을 가질 뿐 아니라, 그 특허의 사용료(로열티)를 지급할 필요도 없다. (    )

🔒 **오답 피하기**

**16.** 특허를 받을 수 있는 권리를 가진 자의 의사에 반하여 그 발명이 공지된 경우에는 공지된 날로부터 12개월 이내에 출원된 것이어야 하고, 증명서류 등은 출원 시 제출할 필요가 없다.

**17.** 실용신안의 경우 '고도성'을 요구하지 않을 뿐, 진보성을 판단한다.

**18.** 발명품의 기술적 특징에 의하여 판매가 종래의 상품을 누르고 성공을 거두고 있거나 모방품이 많이 나타나고 있는 등의 사실이 있는 경우는 진보성이 인정될 수 있다.

**19.** 이미 존재하는 물질의 속성 자체는 발명이 아닌 발견의 대상이 되지만, 그 발견의 결과를 새로운 특정 용도로 연결하는 과정은 보호할 가치가 있는 기술적 사상의 창작으로 인정되어 특허로서 보호한다.

**20.** 비즈니스모델은 원칙적으로 자연법칙을 이용한 것이 아니지만, 컴퓨터 기초기술이나 통신기술의 융합에 의해 구현되는 것이라면 특허성이 있는 것으로 인정하고 있다.

**21.** 종업원 등의 직무에는 현재는 물론 과거의 직무까지 포함되므로, 현재는 일반사무분야에 근무하고 있지만, 과거에 연구부서에서 근무한 자가 과거 근무부서인 연구부서에서 터득한 경험과 관련된 발명을 한 때에 그것은 직무발명이다.

**22.** 직무발명에 대하여 종업원 등이 특허를 받았거나, 종업원 등으로부터 특허를 받을 수 있는 권리를 승계한 자가 특허를 받았을 때에는 사용자 등은 그 특허권에 대하여 무상으로 사용할 수 있는 권리를 가진다.

**23** 대학교수가 외부 기업체의 기술고문으로 재직하면서 그 기술분야에서 이룩한 발명은 해당 기업에 대한 직무발명이 된다. (　　)

**24** 특허법상 발명으로 인정되지 않는 기술적 사상은 영업비밀에도 해당하지 않아 부경법으로 보호받지 못한다. (　　)

**25** 특허협력조약은 특허 또는 실용신안의 해외출원절차를 통일하고 간소화하기 위하여 발효된 다자간 조약이다. (　　)

▶ 다음의 문제를 읽고 바른 답을 고르시오. (26~30)

**26** 냉각탑 제조 회사인 A사의 직원 甲은 퇴직 시 영업비밀보호서약서에 사인을 하고도 A사의 냉각탑의 납품가격 및 하청업자에 대한 정보와 냉각탑의 핵심적인 기술상의 정보를 경쟁사에 유출하였다. 이와 관련하여 영업비밀과 특허제도를 비교한 아래 설명 중 틀린 것은 어느 것인가?

> ㄱ. 냉각탑의 납품가격 및 하청업자에 대한 정보는 특허의 보호대상이 아니므로 A사는 그 정보를 영업비밀로 보호하여야 한다.
> ㄴ. 특허는 보호기간이 유한하나, 노하우는 비밀이 유지되는 한 계속해서 보호될 수 있다.
> ㄷ. A사는 냉각탑 제조기술이 이미 공개되었기 때문에 이제와서 특허를 받는 것은 불가능하다.
> ㄹ. 특허 또는 영업비밀로 보호를 받기 위해서는 냉각탑 관련 기술상의 정보가 신규성과 진보성이 있어야 한다.

① ㄱ, ㄹ  　　　　　　② ㄴ, ㄷ
③ ㄷ, ㄹ  　　　　　　④ ㄱ, ㄷ
⑤ 없음

**Answer**

16. × 　17. × 　18. ○ 　19. × 　20. ○ 　21. × 　22. ○ 　23. ○ 　24. ×
25. ○ 　26. ③

**27** 다음 중 우리나라에서 특허를 받을 수 있는 발명으로 바르게 묶인 것은?

> ㄱ. 2장으로 즐길 수 있는 포커게임 방법
> ㄴ. 고통을 수반하지 않는 인체의 수술방법
> ㄷ. 암수결합에 의해 반복생식할 수 있는 유성변종식물의 발명
> ㄹ. 순수한 컴퓨터프로그램 자체
> ㅁ. 수치제어 장치의 가감속 제어방법

① ㄱ, ㄴ        ② ㄴ, ㄷ
③ ㄷ, ㄹ        ④ ㄷ, ㅁ
⑤ ㄹ, ㅁ

**28** 일본인 K씨는 2015년 4월 3일 자신의 발명을 완성하고 2015년 7월 30일 자신의 발명을 동경대학의 세미나에서 처음 논문으로 발표하였다. 2015년 11월 12일 공지예외주장을 하며 일본에서 특허출원한 K씨는 우리나라에도 파리협약에 의한 우선권 주장을 하여 특허출원하고자 한다. K씨는 언제까지 우리나라 특허청에 특허출원을 하여야 할까? (단, K씨의 발명에 관한 별도의 공지나 우리나라에서의 다른 출원은 없는 것으로 한다.)

① 2016년 1월 30일        ② 2016년 4월 3일
③ 2016년 6월 12일        ④ 2016년 7월 30일
⑤ 2016년 11월 12일

**29** 발명자 A씨는 발명 X, Y를 발명의 상세한 설명에 기재하고, X를 특허청구범위에 기재하여 2007년 6월 1일에 특허출원을 하였다. A씨의 특허출원은 2008년 12월 1일 공개되었으며 A씨는 발명 X에 대하여 특허를 받았다. B씨는 Y발명과 동일하지는 않지만 Y로부터 용이하게 발명할 수 있는 Y'에 대하여 2008년 11월 30일에 특허출원을 하였다. B씨의 발명 Y'에 관한 설명 중 옳은 것은?

① B씨의 발명 Y'은 특허를 받을 수 있다.

② A씨의 발명이 출원공개되었으므로 B씨의 발명은 신규성 상실로 특허를 받을 수 없다.

③ A씨의 발명인 Y로부터 용이하게 발명할 수 있는 B씨의 발명 Y'는 진보성이 없는 발명으로 특허를 받을 수 없다.

④ A씨의 발명이 출원공개되었으므로 확대된 선출원의 규정(특허법 제29조제3항)에 위반되어 B씨의 발명은 특허를 받을 수 없다.

⑤ B씨의 발명 Y'는 특허를 받을 수 없는 발명이므로 특허된 경우에는 무효사유가 된다.

**30** 물건 발명 X에 관한 특허권자 A사는 B사가 Y물건을 실시하자 B사를 상대로 특허권 침해금지청구를 하였다. 이 경우 B사의 항변으로 적절하지 못한 것은?

① B사는 Y물건이 A사의 특허출원 시부터 국내에 있었던 물건이라고 항변한다.

② B사는 특허발명X가 그 특허출원 전에 이미 공지된 기술과 동일하다고 항변한다.

③ B사는 Y물건의 발명이 A사가 X발명에 대하여 특허출원하기 전에 이미 공지된 기술과 동일하다고 항변한다.

④ B사는 A사보다 특허출원일이 늦기는 하지만 자신도 특허권자라고 항변한다.

⑤ B사는 자사가 실시하는 Y물건이 특허발명 X와 동일하지 않다고 항변한다.

Part 02

**🔍 오답피하기**

30. B사는 ① 선사용권이 있다는 주장, ② 공지기술제외의 항변, ③ 자유기술의 항변, ⑤ 권리범위에 속하지 않는다는 주장을 할 수 있다. 그러나 특허권자라고 해서 타인의 특허권 침해가 허용되는 것은 아니므로 적절한 주장이라고 할 수 없다.

**🔔Answer** 27. ④ 28. ④ 29. ① 30. ④

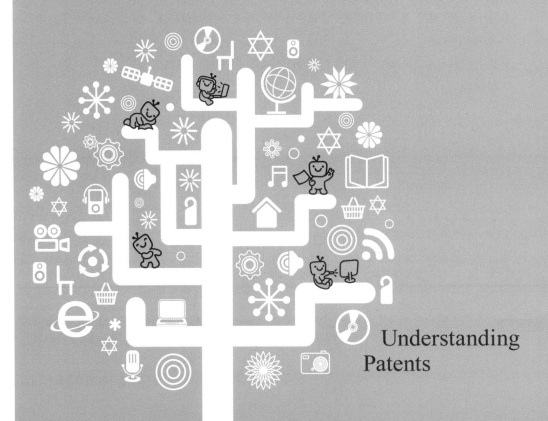

Understanding
Patents

Part 03

# 강한 특허를 위한
# 청구범위 작성

# 명세서의 개요

Understanding Patents

## 1 명세서 개요

### 1. 정의와 연혁

명세서는 당업자가 용이하게 그 발명을 실시할 수 있도록 하기 위한 상세한 설명과 발명에 대하여 부여받고자 하는 보호범위를 기재한 특허청구범위를 포함하는 서면으로 특허를 받을 수 있는 권리를 가진 자가 특허권을 목적으로 국가에 내는 객관적 의사표시 문서를 말한다.

특허의 어원은 '공개된 것(be opened)'을 의미하는 라틴어 'Patere'이며, 역사적으로 발명의 실시와 기술의 공개를 의무화하는 대가로 그 발명을 독점적으로 실시할 수 있는 특허권을 부여해 왔다.

명세서 제출은 자기 발명이 타인의 발명과 다르다는 점을 명백히 하기 위하여 영국에서 1711년 관행이었으나 1852년 법에 의하여 의무화되었다. 그러나 발명의 상세한 설명과 특허청구범위에 대한 분쟁 발생 시 종래의 기술과 발명자에 의한 진정한 발명의 구별이 어려워 해석상의 많은 논란이 야기되었다. 특허청구범위(Claim) 제도는 미국에서 1799년에 최초로 시행되었고 영국에서는 1883년에 명문화되었다.

### 2. 역할 및 기능

특허명세서는 공중의 입장에서 기술문헌으로서 기술내용의 설명서와 공개의사 표시기능을 지니고 있어 기술개발 시 유용하게 활용될 수 있으며, 특허권자의 입장에서 보호대상과 범위를 특정하는 독점권을 표시하는 권리서로써의 기능을 담당한다고 할 수 있다.

[표 3-1] 발명의 설명과 청구범위의 역할

|  | 발명의 설명 | 청구범위 |
|---|---|---|
| 출원인 | 권리해설서 (제42조제4항제1호) | • 등록 전 : 권리요구서(특허법 제42조제4항제2호, 제42조제6항)<br>• 등록 후 : 권리서(특허법 제97조) |

| 제3자 | 기술문헌 (제42조제3항) | 자유기술영역과 독점배타 영역의 경계를 특정함 |
|---|---|---|
| 특허청 | 심사·심판의 대상을 특정 | |

## 3. 구성

다음 〈그림 3-1〉은 한국 특허출원서에 첨부되는 서류의 전형적인 목차이다. 특허출원서에 첨부할 서류는 크게 요약서, 명세서, 필요한 도면으로 구성된다.

[그림 3-1] **특허출원서 목차**

| 【요약서】 |
|---|
| 【요약】<br>【대표도】 |
| **【명세서】** |
| 【발명의 명칭】<br>　　　　　∼∼∼∼∼∼ 방법 및 장치{METHOD AND APPARATUS FOR ∼∼∼∼ }<br>【발명의 상세한 설명】<br>【기술분야】<br>　　　　　본 발명은 ∼∼∼∼∼∼∼∼에 관한 것이다.<br>【배경기술】<br>　　　　　일반적으로 ∼∼하다. 그런데 ∼∼한 점이 부족했다.<br>【발명의 내용】<br>【해결하고자 하는 과제】<br>　　　　　본 발명이 이루고자 하는 기술적 과제는 ∼∼∼∼∼을 제공하는 것이다.<br>【과제 해결 수단】<br>　　　　　상기 기술적 과제를 달성하기 위하여,<br>【효과】<br>　　　　　본 발명의 실시례에 따른 ∼∼∼∼에 의하면, ∼∼∼할 수 있다.<br>【발명의 실시를 위한 구체적인 내용】<br>　　　　　이하, 본 발명의 실시례를 첨부된 도면을 참조로 상세히 설명한다.<br>　　　　　〈내용〉 |
| **【특허청구범위】** |
| 【청구항 1】 |
| 【도면의 간단한 설명】<br>　　　　　도 1은 본 발명의 실시례에 따른∼∼∼∼의 구성도이다.<br>　　　　　〈도면의 주요 부분에 대한 부호의 설명〉 |
| **【도면】** |
| 【도 1】 |

## 4. 명세서 작성의 일반적 순서와 발명 상담의 원칙

### (1) 명세서 작성의 일반적 순서[75]

① 발명의 요지 파악 : 직무발명신고서 숙지 후 발명자와 상담을 통하여 종래 기술, 본 발명의 정확한 요지 및 구체적인 실시례들을 파악한다.

② 청구범위 작성 : 청구범위는 명세서의 근간이 되는 것으로 청구범위를 먼저 작성하면, 상세한 설명 작성에 도움이 되고, 상세한 설명과 특허 청구범위 간의 용어의 불일치를 피할 수 있으며, 도면을 미리 준비할 수 있다는 장점이 있다.

③ 도면 작성·참조 부호 지정

④ 발명의 상세한 설명 작성

⑤ 최종 Review : 청구범위의 적절성, 명세서의 논리적 일관성, 기술적(수치 등) 정확성, 도면 부호의 일치, 용어의 일치 등을 검토한다.

⑥ 요약서 작성

### (2) 발명자 상담을 위한 LABPIE 원칙

발명자 상담을 통한 발명의 정확한 이해는 풍부한 명세서 작성의 기초가 되면서 동시에 가장 중요한 부분으로 가장 신경을 써야 하는 부분이다.

**[표 3-2] 발명자 상담을 위한 LABPIE 원칙**

| | |
|---|---|
| Listen | • 발명자 상담 시에 발명자의 설명을 주의 깊게 듣고 이를 잘 이해하는 것이 중요<br>• 이를 위해서는 미리 발명신고서, 관련 기술, 선행출원 등의 내용을 미리 파악하고 상담 |
| Advantage | • 발명의 핵심 특징을 중점적으로 질문하고, 이것이 선행기술과 어떻게 대비되는지를 파악<br>• 발명의 구성상의 특징, 종래에 해결되지 않았던 과제, 효과상의 우월성 등을 중점 조사 |
| Bar Dates | 발명자가 출원 예정 전에 미리 공중에 발명 내용을 논문 발표, 잡지 게재 등의 공지 행위를 했는지를 미리 조사하여 공지예외주장을 누락하지 않도록 함 |
| Prior Arts | 발명자가 인식하고 있는 선행기술 자료들을 검토하고, 발명자가 인식하고 있는 선행기술 자료가 업계에서도 알려진 기술인지를 면밀히 검토 |
| Invertorship | • 발명의 완성에 참여한 발명자가 누구인지를 상담을 통해 확정해야 함<br>• 해외출원(미국)에 있어서 발명자의 확정은 매우 중요 |
| Expectations | 상담 후에는 발명자 및 특허관리 담당자가 향후 명세서 초안 인도 일정, 최종 출원 예상일, 해외출원 준비 일정 등을 예측 가능하도록 일목요연하게 제시 |

---

[75] 때때로 청구범위 보다 도면을 먼저 작성하는 경우도 있으며, 청구범위와 도면 작성을 병행하기도 한다. 즉, 상기 순서는 강제적인 사항이 아니라 권장 사항일 뿐이다.

## 2 | 강한 특허가 되기 위한 작성전략과 좋고 나쁜 명세서

### 1. 강한 특허가 되기 위한 작성전략

#### (1) 넓은 권리범위가 되도록

##### (가) 필요성

앞서 설명한 특허침해 판단 원리로부터, 강한 특허가 되기 위한 명세서의 조건을 이해할 수 있다. 침해 여부의 판단에서 특허청구범위를 기초로 판단하게 되므로, 그 청구범위에 의하여 정해지는 특허발명의 범위가 넓게 되도록 작성될 필요가 있다.

##### (나) 전략

특히 모든 구성요소 완비의 원칙을 생각하면, 특허발명의 과제 해결원리와 직접 관련이 없는 지엽적인 구성요소는 기재하지 않거나 종속항으로 기재하는 것이 바람직할 것이다. 뿐만 아니라 구성요소의 각 특징을 규정함에 있어서도, 불필요하게 세부적인 특징이나 달리하여도 제품의 동작에 영향이 없는 특징[76]은 기재하지 않는 것이 바람직하다.

#### (2) 견고한 권리범위가 되도록

##### (가) 필요성

넓은 권리범위로 작성할 것만 염두에 두다보면, 의도하지 않게 그 권리범위가 지나치게 확대되어 공지기술을 포함하게 되는 경우가 있다. 즉, 특허청구범위에서 구성요소를 삭제하거나 구성요소를 한정하는 수식어구를 삭제하는 등의 방법으로 권리범위를 넓힐 수 있는데, 이러한 방식으로 권리범위의 확대가 과다해지면 공지된 구성요소만으로 표현된 특허청구범위가 작성될 수 있다.

##### (나) 불필요한 무효 사유

과다한 범위의 특허청구범위는 심사 과정에서 선행기술을 발견하게 되어 거절이유통지의 대상이 될 뿐만 아니라, 착오로 등록되더라도 무효 사유가 존재하게 되어 궁극적으로는 권리를 가지지 못하게 될 수 있다. 이러한 상황이 발생되는 것을 막기 위해서는 특허청구범위가 무효 사유에 연관되지 않도록 견고하게 작성되는 것이 중요하다.

---

[76] 예를 들어, A와 B가 막대로 연결되는 것이 특징인 발명에서 A와 B가 금속 봉으로 연결된다거나, 사각 빔으로 연결된다는 등으로 청구하는 것은 어리석은 것이다.

### (다) 전략

무효에 대하여 강한 특허청구범위가 되기 위해서는 그 특허청구범위의 문언적 표현으로부터 특허발명의 발명적 기술사상이 잘 파악되도록 작성하는 것이 중요하다. 이로써 발명자가 의도한 기술적 사상이 내포되게 되므로, 발명의 범위를 과다하게 작성하여 불필요한 무효사유가 발생되는 것을 최소화할 수 있게 된다.

## (3) 안정된 권리범위가 되도록

### (가) 청구범위 외의 표현도 중요

넓은 권리범위가 되도록, 그리고 견고한 권리범위가 되도록 권리범위(즉, 청구항)을 작성하는 것은 매우 중요하다. 명세서 관련 많은 조언들의 대부분은 이러한 청구항의 작성에 관련된 것이다. 그러나 청구항 외에도 실시례의 설명, 배경기술의 설명 등의 표현도 어떻게 작성하는가에 따라 추후 권리범위의 해석에 많은 영향을 미치게 된다. 따라서 청구항 외의 표현들에 관하여도 주의 깊게 작성하는 것이 바람직하다.

### (나) 실시례를 충실히

특히 실시례의 설명은 특허 보호범위의 해석에 우선 고려되는 것은 아니나, 청구범위에 기재된 용어의 해석에 자주 활용되므로 세심하게 작성하여야 한다. 청구범위의 발명을 충실히 뒷받침하도록 작성되어야 하며, 청구범위에 사용된 용어와의 상호관계가 쉽게 이해되도록[77] 작성되어야 한다.

### (다) 유익한 표현들의 사용

필요한 경우 용어의 정의를 활용하는 것이 도움이 될 수 있다. 청구범위에 기재된 용어의 해석 기준을 제시할 수 있고, 권리자에 불리한 방향으로 용어를 해석하는 것을 막을 수 있기 때문이다. 또한 발명의 보호범위가 실시례의 특정한 구성에 한정되지 않음을 암시하는 다양한 표현을 사용하는 것이 바람직하다.

### (라) 독소적인 표현의 배제

종래기술이 아닌 것을 종래기술이라 하거나 본 발명과 무관한 종래기술을 지나치게 상세히 설명하는 것은 바람직하지 않다. 발명 자체가 어떤 특징에 한정되는 듯 한 표현은 삼가하는 것이 좋다. 오탈자는 보통의 경우 쉽게 올바른 의미로 이해되는 경우가 많으나 단위 등 오탈자에는 특히 유의하여야 한다.

---

[77] 청구범위는 보호범위를 넓게 하기 위하여 독특한 용어들을 사용하기도 하는데, 이 청구범위의 용어와 실시례의 설명과의 관계가 쉽게 이해되도록 하는 것이 여러모로 유리하다.

## 2. 좋은 명세서와 나쁜 명세서

좋은 명세서란 넓은 권리범위를 명확히 기재하고, 명세서상의 용어가 통일되고, 특허법에서 요구하는 법적 요건을 만족하는 명세서를 말한다. 반면 나쁜 명세서란 좁은 권리범위를 담고 있고, 기재한 발명의 내용이 불명확하며, 통일되지 않는 혼란스런 용어가 사용되고, 법적 요건이 결여된 명세서라 할 수 있다.

좋은 명세서가 되기 위한 조건을 특허를 둘러싼 인물들의 시각으로 표현하면 다음과 같다.

[표 3-3] **좋은 명세서가 되기 위한 조건**

| 시각 | 조건 |
|---|---|
| 출원인 입장 | 특허를 받을 수 있는 범위 내에서 등록 받은 권리(특허청구범위)가 가능한 넓고 강력할 것 |
| 특허청 입장 | • 특허법 제42조의 명세서 기재요건을 만족할 것<br>• 발명의 요지를 쉽게 파악될 수 있게 할 것 |
| 제3자의 입장 | 다양한 실시례를 제시하여 기술문헌으로 도움이 될 것 |

**특허청구범위의 해석**

## 1. 특허청구범위 해석의 개념과 중요성

특허청구범위 해석이란 특허청구범위 전체의 문맥을 고려하여 특허침해 여부를 판단하는 일련의 과정이다. 특허법 제97조에서 '특허발명의 보호범위는 청구범위에 기재된 사항에 의해 정하여진다.'고 명시하고 있다.

특허청구범위 해석은 출원과정에서 발명의 성립성, 신규성, 진보성 및 기재원칙 위반 여부 판단의 기초로 발명자가 발명 당시 또는 특허출원 시에 실제로 보호를 의도했던 기술의 범위를 명확히 파악하여 발명자의 권리를 보호한다. 또한 제3자에게 발명자가 발명한 기술내용 이상으로 특허의 권리범위가 확대됨을 방지하여 공정성과 객관성을 도모하기 위한 것으로 권리 범위 확정과 침해 판단의 전제가 된다.

## 2. 특허청구범위 크기의 판단

특허권의 크기는 특허청구범위의 해석에 따른 특허청구범위의 크기로 결정된다. 청구범위 구성요소가 많을수록 권리는 협소해진다.[78]

[그림 3-2] **구성요소와 권리범위의 넓이**

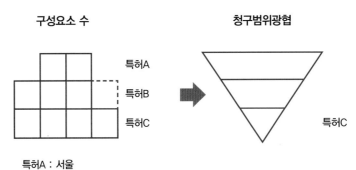

특허A : 서울
특허B : 서울 강남구
특허C : 서울 강남구 대치동

---

[78] 다기재협범위(多記載狹範圍)의 원칙이란 특허청구범위에 구성요소를 많이 기재할수록 보호범위는 좁아지게 된다는 것이다.

## 3. 특허침해의 판단

### (1) 침해의 의의 및 요건

특허권자 또는 전용실시권자는 그 특허발명을 업으로 실시할 권리를 독점한다. 따라서 침해란 특허권자 또는 전용실시권자로부터 허락을 받지 아니하고 법률상의 다른 규정에 따라 정당한 권리가 없는 자가 특허발명을 업으로 실시하는 것을 말한다. 침해의 요건으로 정당한 권리가 없는 자의 실시일 것, 특허발명의 실시일 것, 업으로서의 실시일 것 등을 요구한다.

### (2) 침해 판단의 일반원칙 – 구성요소 완비의 법칙

비교대상 발명의 실시가 특허발명을 침해하는 것인가를 판단할 때, 비교대상 발명이 특허발명의 모든 구성요소를 구비하여야 침해가 될 수 있다는 원칙이다. 이러한 원칙은 앞서 설명한 주변한 정주의[79]의 입장에 가까운 원칙이다[80].

모든 구성요소 완비의 원칙에 따르면, 비교대상발명과 특허발명을 대비함에 있어 특허발명의 각각의 구성요소가 비교대상발명에서 발견되는가를 판단하게 된다. 그 결과 특허발명의 모든 구성요소가 비교대상 발명에서 발견되는 경우 침해이며, 어느 하나의 구성요소라도 비교대상발명에서 발견되지 아니하는 경우 침해가 아닌 것이 된다. 즉, 특허발명과 비교대상발명을 발명 대 발명으로 비교하는 것이 아니라, 특허발명을 구성요소로 분해하여 구성요소 대 구성요소로 비교하는 것이다.

이러한 원칙에 따르면, 특허청구범위에 기재된 사항이라면 어느 것이든 중요한 것으로 취급되고, 어느 하나의 구성요소라도 비교대상발명에 누락된 것이 있다면 비교대상발명은 특허발명을 침해하지 않는 것이 된다[81]. 그 밖에 침해 판단을 위해 균등론[82] 등이 논의되고 있다.

---

[79] 주변한정주의란 특허청구범위에 기재된 표현들에 의하여 특허발명의 울타리가 쳐진다는 개념이다. 즉, 출원인 스스로가 기재한 특허청구범위의 문언이 의미하는 내용대로 특허의 보호범위를 정하고, 그 범위 안에서만 발명을 보호한다는 해석방법이다.

[80] 특허청구범위는 그 구체적인 표현의 문언적(Literal) 의미에 지나치게 국한되지 아니하고, 특허청구범위에 기재된 사항으로부터 특허발명의 기술적 사상(Technical Concept)을 파악하는 중심한정주의에 따르면 특허청구범위에 기재된 사항 중 발명의 요지를 구성하지 않는 지엽적인 특징은 생략하고 특허발명의 개념을 파악할 수 있다.

[81] 따라서 특허청구범위를 작성할 때, 생략하여도 발명의 기본 원리가 구현되는 부수적인 특징은 기재하지 않거나 종속항으로 작성하는 것이 권리범위를 넓히는 길이다.

[82] 균등론이란 비교대상 발명에서 그대로 발견되지는 않더라도 균등한 것으로 볼 수 있는 변형된 구성이 발견된다면 이는 특허발명의 구성요소가 비교대상 발명에서 발견되는 것으로 본다는 원칙이다.

특허청구범위의 작성

Understanding Patents

---

## 1 특허청구범위의 개요

### 1. 정의

특허청구범위란 출원인의 발명의 요지에 해당되는 부분을 구분하여, 하나 이상의 항(청구항)으로 기재되어 특허명세서에 포함된 것을 의미한다.

### 2. 역할 및 기능

#### (1) 보호범위적 기능

특허청구범위는 출원인이 특허권으로서 보호를 요구하는 범위로 특허청구범위를 원발명의 크기보다 감축하여 기재한 경우에도 감축된 범위를 넘어서까지 보호받을 수 없음을 의미한다.

#### (2) 구성요건적 기능

특허청구범위에 발명의 구성에 없어서는 아니되는 사항 전부를 기재해야 한다. 즉, 구성요건의 일부만이 기재된 특허청구범위를 인정하는 것은 미완성 발명이나 진보성이 없는 발명에 특허권을 인정하는 것으로 특허제도의 본질에 반하는 것이다.

**관련 사례**

**특허청구범위에 기능, 효과, 성질 등에 의하여 발명을 특정하는 기재가 포함되어 있는 경우 발명의 내용을 확정하는 방법 [2007후4977 거절결정(특)(가)상고기각]**

대비하는 전제로서 그 발명의 내용이 확정되어야 하는 바, 특허청구범위는 특허출원인이 특허발명으로 보호받고자 하는 사항이 기재된 것이므로, 발명의 내용의 확정은 특별한 사정이 없는 한 특허청구범위에 기재된 사항에 의하여야 하고 발명의 상세한 설명이나 도면 등 명세서의 다른 기재에 의하여 특허청구범위를 제한하거나 확장하여 해석하는 것은 허용되지 않으며, 이러한 법리는 특허출원된 발명의 특허청구범위가 통상적인 구조, 방법, 물질 등이 아니라 기능, 효과, 성질 등의 이른바 기능적 표현으로 기재된 경우에도 마찬가지이다(대법원 2007. 9. 6. 선고 2005후1486 판결 참조). 따라서 특허출원된 발명의 특허청구범위에 기능, 효과, 성질 등에 의하여 발명을 특정하는 기재가 포함되어 있는 경우에는 특허청구범위에 기재된 사항에 의하여 그러한 기능, 효과, 성질 등을 가지는 모든 발명을 의미하는 것으로 해석하는 것이 원칙이나, 다만, 특허청구범위에 기재된 사항은 발명의 상세한 설명이나 도면 등을 참작하여야 그 기술적 의미를 정확하게 이해할 수 있으므로, 특허청구범위에 기재된 용어가 가지는 특별한 의미가 명세서의 발명의 상세한 설명이나 도면에 정의 또는 설명이 되어 있는 등의 다른 사정이 있는 경우에는 그 용어의 일반적인 의미를 기초로 하면서도 그 용어에 의하여 표현하고자 하는 기술적 의의를 고찰한 다음 용어의 의미를 객관적, 합리적으로 해석하여 발명의 내용을 확정하여야 한다(대법원 1998. 12. 22. 선고 97후990 판결, 대법원 2007. 10. 25. 선고 2006후3625 판결 등 참조).

예를 들어, 컵의 손잡이 부분만 청구범위로 기재를 하게 되면 컵의 손잡이 부분만 필수 구성요건으로 간주되어 권리자에게 불이익을 초래한다. 즉, 다른 발명인이 손잡이 부분을 회피하여 컵 자체를 청구범위로 기재하게 되면 전 발명인에게 불이익이 초래하게 된다.

## 3. 관련 법규정

특허법 제42조제4항은 발명의 상세한 설명에 의해 뒷받침될 것, 발명이 명확하고 간결하게 기재될 것을 요구한다. 또한 특허법 제42조제6항은 특허청구범위를 기재할 때에는 보호받고자 하는 사항을 명확히 할 수 있도록 발명을 특정하는데 필요하다고 인정되는 구조·방법·기능·물질 또는 이들의 결합관계 등을 기재를 요구한다.

특허청구범위 기재 요건을 만족하지 않는 경우 심사과정에서 거절이유(특허법 제62조), 착오 등록 시에는 무효사유(특허법 제133조)가 된다.

**발명의 내용에 따른 특허청구범위 작성방법**

## 1. 기본적인 특허청구범위 작성방법

대표적인 발명 형태로서 기계 또는 금속분야 발명을 예시할 수 있다. 기계금속분야의 발명은 다양한 형태로 개발된다. 먼저 기계기구 자체에 관한 발명이 있을 수 있으며 필기구, 의자, 스프링, 인쇄기 등을 예로 들 수 있다. 스프링과 같이 단지 하나의 부품을 대상으로 할 수 있을 것이며, 자동차의 서스펜션과 같이 여러 개의 부품이 조합된 구조를 발명의 대상으로 할 수 있을 것이다.

순수한 기계장치는 아니지만 전기전자장치에서도 기계금속분야의 발명이 많이 개발된다. CD플레이어의 CD 삽입 장치, 잉크젯 프린터의 종이 공급장치, 드럼 세탁기의 드럼회전 지지장치 등 그 가능한 발명의 종류는 셀 수 없을 정도로 많다. 전기전자분야나 화학바이오분야 등 기술분야를 가지지 아니하고 그 기술이 접목된 유체화 된 제품이 나오려면 이에 관련된 기계분야의 발명이 수반된다고 해도 과언이 아니다. 이 때문에 기계금속분야의 명세서 작성을 이해하는 것은 어느 기술분야의 지식재산 전문 인력이든지 필수적인 기본 소양이라 할 것이다.

### (1) 특허청구범위의 기본 구성

특허청구범위는 전제부(Preamble), 연결어구(Transition Term) 및 본문(Body)으로 구성된다.

[그림 3-3] **특허청구범위의 기본 구성**

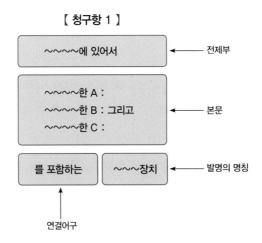

## (2) 전제부

### (가) 의의

전제부는 청구항의 도입 부분으로서, 발명의 기술분야를 나타내거나 청구항을 서술하기 위해 전제가 되는 사항을 작성한다.

보통 전제부의 용어로는 '~에 있어서'라는 표현이 많이 쓰이나 반드시 이에 한정될 필요는 없고 '~로서', '~에서' 등 다른 표현도 가능하다.

### (나) 작성전략

전제부는 가급적 짧게 작성하고, 필요하지 않다면 과감히 생략하는 것이 좋다. 우리나라에서는 청구항에 기재된 사항이면 그것이 전제부에 기재되었던 본문에 기재되었던지 무관하게 청구범위를 해석하는데에 사용된다.[83] 그러므로 전제부에 미리 선언할 사항이 많지 않다면, 전제부를 생략하는 것이 바람직하다.

[표 3-4] 전제부를 생략할 수 있는 청구항

【청구항 1】
샤프트 상에 배치되어 상기 샤프트와 함께 회전하되, 하나 이상의 윙(wing)을 구비한 탄성 키(key)가 장착된 싱크로나이저 허브;
상기 싱크로나이저 허브에 축 방향으로 이동 가능하도록 결합하되, 슬라이딩 시 상기 탄성키의 상기 윙을 누를 수 있는 돌출부가 하단에 형성된 슬리브;
상기 샤프트 상에 회전 가능하도록 배치되는 스피드 기어
상기 스피드 기어와 상기 싱크로나이저 허브 사이에 배치되고 상기 슬리브의 슬라이딩 시 상기 슬리브와 결합하는 싱크로나이저 링; 및
상기 스피드 기어와 상기 싱크로나이저 링 사이에 배치되어 상기 싱크로나이저 링과 상기 스피드 기어를 동기시키는 클러치 기어;를 포함하는 수동 변속기용 동기 장치.

상기 예시와 같이 수동 변속기용 동기 장치라는 명칭으로 발명의 기본적인 기능이 이해되고, 본문의 구성요소의 특징으로 선행기술과 구별될 수 있으므로 과감히 생략하여도 무방하다. 본문의 구성요소만으로 발명의 의미가 분명해지기 어려운 경우 전제부에 작성한다.

전제부에 단지 명칭만 기재하여 본문에 기재된 구성이 가지는 기술적 의미가 모호하거나 넓어지게 되는 경우, 심사관이 발명의 기술적 사상을 제대로 이해하지 못하고 단지 구성요소의 물리적 특성만 유사한 선행기술을 기초로 거절이유를 제기하는 때도 있다. 이러한 경우를 막기 위하여 전제부에 필요한 용도나 목적 등을 기재함으로써 발명의 기술적 사상을 분명히 밝힐 수 있다.

---

[83] 특허청구범위 해석상 다기재협범위의 원칙에 의하여 청구항에 기재된 사항이 많을수록 권리범위는 좁아지게 된다.

[표 3-5] **전제부를 통해 발명의 의미를 분명히 한 청구항**

【청구항 1】
　　　　자동차 엔진룸의 하부에서 상기 엔진룸을 외부와 차단하기 위한 언더 커버 시스템으로서,
　　　　상기 엔진룸의 하부에 결합하는 제1본체를 포함하되,
　　　　상기 제1본체에는, 상기 엔진룸 바닥을 흐르는 공기를 유입하기 위한 흡기부가 형성된 자동차 엔진룸의 언더 커버 시스템.

엔진룸의 하부에 결합하는 본체에 흡기부가 형성된 것만으로는 발명의 진보성이 인정되기 힘들 것으로 예상된다. 전제부를 생략하는 경우 심사관은 엔진룸의 하부에 결합하는 본체에 흡기부가 형성된 것과 유사한 선행기술을 기초로 심사를 진행할 수 있기 때문이다. 그러므로 흡기부가 형성된 기술적 의미가 강조되도록 엔진룸을 외부와 차단하는 언더 커버 시스템이라고 한정할 수 있다.

전제부는 발명의 명칭과 같은 표현으로 마무리 짓는 것이 바람직하다. 그렇지 않으면 무엇을 청구하는 것인지 불명확해지는 경우가 생길 수 있다.

[표 3-6] **전제부와 발명의 명칭이 일치하지 않은 청구항**

【청구항 1】
　　　　자동차에서,
　　　　상기 엔진룸의 하부에 결합하는 제1본체를 포함하되,
　　　　상기 제1본체에는, 상기 엔진룸 바닥을 흐르는 공기를 유입하기 위한 흡기부가 형성된 자동차 엔진룸의 언더 커버 시스템.

자동차에 사용되는 언더 커버 시스템을 청구하는 것이라 예상되나, 문언상의 구조로는 자동차를 청구하는 것인지 언더 커버 시스템을 청구하는 것인지 불명확하여 기재불비의 거절이유를 받을 수 있다.

(다) 그 밖의 문제 – 전제부에 대한 해석

① 젭슨 타입[84] 청구항 해석과 관련하여 전제부에 포함된 구성요소를 어떻게 해석할 것인지 문제된다.

첫째, 심사과정에서 전제부의 구성요소를 공지된 것으로 보고, 본문만의 구성요소를 기준으로 심사할 것인지와 둘째, 등록 후 전제부에 포함된 구성요소는 제외하고 본문에 포함된 구성요소만으로 침해 여부 판단을 할 것인지 문제이다.

---

[84] 젭슨 타입은 특허청구범위에 발명을 기재할 때, 발명의 일부 구성요소를 전제부에 포함시키고, 특징부를 본문에 기재하는 형식이다.

② 우리나라 판례에 따르면 신규성 또는 진보성을 판단하면서 필요한 고안의 기술적 요지를 파악하는데 전제부를 제외할 수 없으며[85], 특허청구범위에 기재된 구성요소가 특허청구범위의 전제부 또는 특징부의 어느 곳에 기재되어 있는지 여부, 등록고안에서 중요한지 여부, 이를 생략하는 것이 용이한지 여부 등과 무관하게 등록고안의 필수적 구성요소의 하나로 판단하고 있으며[86], 등록고안의 등록청구 범위에 포함되어 있음이 명백한 이상 당연히 이 사건 등록고안의 구성요소에 해당하는 것으로 보아야 하고, 그것이 전제부에 기재되었다는 이유로 이를 구성요소에서 임의로 제외할 수 없다[87]고 판시하였다.

다만, 전제부의 기재사항에 관해 항상 보호범위의 판단에 고려하여야만 하는 것은 아니며, 출원 과정에 있어서 전제부의 구성을 권리로 주장하지 않겠다는 의사로 볼 수 있는 경우에 권리의 보호범위로부터 제외하는 것은 가능하다.

③ 미국 실무의 경우 원칙적으로 청구범위의 전제부에 기재된 사항은 권리범위에 영향을 미치지 않으며, 전제부에 사용된 용어가 본문에서 선행사(Antecedent Basis)의 역할을 하게 되거나, 본문의 구성요소의 해석을 위해 필요한 경우에만 전제부가 권리범위의 해석에 참작된다.

그리고 심사관은 그 전제부의 용어가 권리범위에 영향을 미치는 것인지를 판단하여, 권리범위에 영향을 미치는 것이면 그 용어에 관한 선행기술을 제시하여야 하고, 그렇지 않은 경우에는 선행기술조사에 고려하지 않는다.

④ 전제부를 최소화하여 발생할 수 있는 권리해석 문제를 사전에 차단한다. 미국처럼 젭슨 타입으로 기재된 청구항에서 전제부에 기재된 구성요소는 공지기술로 자인한 것(Admitted Prior Art)으로 인정되어 배심원의 침해 여부 판단[88]에 영향을 줄 수 있다. 또한, 콤비네이션 타입의 전제부라도 이에 기재된 사항이 심사 과정에서는 특허성 판단에 고려되지 않아 선행기술의 범위를 넓히고 등록 후 보호범위 판단에는 고려되어 보호범위를 좁히게 되는 가능성이 있다. 따라서 가급적 전제부에 기재되는 사항을 최소화함으로써, 한국을 포함한 다수 국가 출원에 적합한 명세서를 작성하는 것이 바람직하다.

---

[85] 특허법원 2007.10.5. 선고 2007허2469 판결
[86] 특허법원 2005.3.31 선고 2004허4518 판결
[87] 득허법원 2004.11.19. 선고 2003허6012 판결
[88] 미국은 배심원(Jury) 재판 제도를 취하고 있고, 청구항의 보호범위를 해석하는 것은 법률문제(Matter of Law)로서 법관(Judge)의 문제이고 배심원은 확인대상 발명이 그 범위의 특허를 침해하였는가라는 사실문제(Matter of Fact)를 판단하도록 되어 있으나, 청구항의 기재에서 보이는 취지에 따라 배심원의 판단에 영향을 줄 수 있다.

| 사건번호 | 특허법원 2007. 10. 5. 선고 2007허2469 |
|---|---|
| 사건의종류 | 등록무효(실) |
| 관련 특허 | 실용신안등록 제125198호(1996. 8. 2.) |
| 발명의명칭 | 위생기용 조절대 |

【청구항】

금속제의 망체(102)가 씌워진 고무파이프(101)의 양쪽 끝에 둘레에 돌출편(6)이 형성되고 상기 돌출편(6)의 상부로는 돌출턱(4)이 형성되어 상기 돌출턱(4)에 패킹(9)에 패킹(9)이 삽착된 고정구(1)가 삽입되고, 상기 고정구(1)가 삽입된 고무파이프(101)의 양쪽 끝은 상단에 외측으로 걸림턱(3)이 형성된 금속재의 고정관(2)에 삽입되고, 상기 고정관(2)에는 체결너트(105)가 결합되어 상기 걸림턱(3)에 걸리도록 된 상태에서 상기 고정관(2)이 프레스에 의하여 가압되어 상기 고정구(1)와 상기 고정관(2)이 상기 고무파이트(101)의 양쪽 끝에 고정도록 된 공지의 위생기용 조절대에 있어서, 상기 돌출턱(4)은 동일한 굵기로 형성되어 그 상단에 외측으로 걸림턱(5)이 형성되고, 상기 패킹(9)은 상기 돌출턱(4)에 삽착되어 그 하단부는 상기 돌출편(6)에 걸리고, 그 상단부는 내측 일부가 상기 걸림턱(5)에 걸려서 빠지지 않토록 된 것을 특징으로 하는 위생기용 조절대.

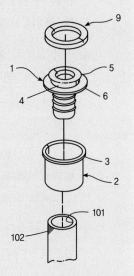

【법원의 판단】

청구항을 전제부와 특징부로 나누어 기재하는 경우{젭슨 형식(Jepson Type)}, 전제부의 의미는 ① 고안의 기술분야를 한정하는 경우 ② 고안의 기술이 적용되는 대상물품을 한정하는 경우 ③ 공지의 기술로 생각하여 권리의 보호범위에서 제외하는 경우 등 여러 가지 형태가 있을 수 있고, 그 중 위 ③의 경우로 해석되는 때에도, 출원과정에 있어서 전제부의 구성을 권리로 주장하지 않겠다는 의사로 볼 수 있는 경우에 침해 사건이나 권리범위확인 사건 등에서 권리의 보호범위로부터 이를 제외하는 것은 별론으로 하고, 고안의 신규성 또는 진보성을 판단함에 있어 필요한 고안의 기술적 요지를 파악하는데 이를 제외할 수 없으며, 어떤 구성요소가 공지인지 여부는 심판 또는 소송에서 확정하여야 할 역사적 사실로서, 심판 또는 소송에서 피고 스스로 공지임을 인정하지 않는 한, 단지 청구항에 '공지의'라고 기재하였다고 하여, '공지'라고 확정할 수 없다.

## (3) 연결어구

### (가) 의의

연결어구는 전제부와 본문을 연결하는 어구이며, 연결어구를 어떻게 사용하는가에 따라 권리범위가 매우 달라지게 된다.

### (나) 종류 및 기재방법

① **개방형 어구** : '~를 포함하는'으로 작성된다. 이 연결어구는 구성요소로 기재된 사항들을 단지 '포함하는' 발명이므로, 그 외의 구성요소를 재배하는 것이 아니라는 의미를 지닌다. 따라서 청구항에 기재된 구성요소 이외에 다른 구성요소를 가지는 확인대상 발명이라 하여도 특허청구범위에 속하는 것으로 해석할 수 있다.

② **폐쇄형 어구** : '~로 이루어지는'이나 '~로 구성되는'으로 표현된 어구이다. 이 연결어구의 의미는, 구성요소로 기재된 사항만으로 이루어진 발명이 보호범위라는 의미이다. 따라서 그 이외의 구성이 부가된 발명은 보호 대상이 아니다.

③ **반폐쇄형 어구** : '~를 필수적으로 이루어지는'이나 '~를 필수적으로 구성되는'으로 작성된다. 이 연결어구의 의미는, 별로 중요하지 않은 다른 구성이 부가될 수는 있지만, 구성요소로 기재된 사항이 핵심적이라는 것을 의미한다. 주로 마쿠시(Markush) 청구항[89]에서 군(Group)으로 묶인 선택 요소 중 선택된 요소를 강조하는 의미로 사용된다.

### (다) 작성전략

① 개방형 연결어구로 작성하는 것이 바람직하다. 통상적인 경우, 청구범위에 기재된 발명에 무엇인가를 부가하여 실시하는 것은 매우 쉬운 일이다. 때문에 '~로 구성되는' 등의 폐쇄형 어구의 청구범위는 실질상 권리행사가 곤란하게 되는 경우가 많아 실무상 이와 같이 작성할 필요가 있는 경우는 드물다.

② '~를 필수적으로 이루어지는'의 연결어구는 공정이나 이에 사용되는 재료를 표현하면서 사용되기도 한다. 그러나 일반적으로는 이러한 연결어구가 사용되는 예를 발견하기 어렵다. 연결어구는 '~를 포함하는'으로만 작성하여도 좋다. '~를 필수적으로 이루어지는'의 반폐쇄형 연결어구는 소재나 재료 등을 표현하면서 사용될 수 있으나 청구항 기재를 모호하게 할 우려가 있으므로 주의하여야 한다.

## (4) 본문

### (가) 의의

본문은 발명의 구성요소들과 그 유기적 결합 관계를 기재하는 부분이다. 본문은 특허청구범위에서 발명의 핵심 사상을 기술하는 주요 부분이라고 할 수 있다. 이를 어떻게 기재하는가에 따라 보호범위가 매우 달라지고, 기재요건의 충족 여부가 주로 거론되는 부분이므로 유의하여 작성할 필요가 있다.

---

[89] 마쿠시 청구항은 어떤 구성요소가 여러 가지 재질로 구성될 수 있는 경우 그 각각을 청구항으로 작성하면 비용이 과다하고 청구항을 좀 더 함축적으로 기재해야 할 필요가 있게 되는 등의 이유로 인정되게 된 방식이다.

## (나) 작성전략

### ① 발명이 명확히 특정되는가를 고려하며 작성

2007년 개정되기 전 특허법 제42조제4항제3호는 특허청구범위가 '발명의 구성에 없어서는 아니되는 사항만으로 기재될 것'을 요구하였는데, 이 규정은 삭제되고 제42조제6항에서 '특허청구범위를 기재할 때에는 보호받고자 하는 사항을 명확히 할 수 있도록 발명을 특정하는데 필요하다고 인정되는 구조·방법·기능·물질 또는 이들의 결합 관계 등을 기재하여야 한다.'고 하였다.

이는 기술이 다양화됨에 따라 물건(장치)의 발명에 대해서 물리적인 구조나 구체적인 수단보다는 그 장치의 작용이나 동작방법 등에 의하여 발명을 표현하는 것이 바람직한 경우가 있으므로, 발명이 명확하게 특정될 수 있다면 출원인의 선택에 따라 자유롭게 발명을 기재할 수 있다는 점을 명확히 한 것이다. 따라서 본문에는 발명을 명확히 특정하는 것이 주요한 기능이며, 이를 위하여 필요하다면 구조·방법·기능·물질 또는 이들의 결합 관계를 활용하여 기재하면 되는 것이다.

### ② 청구항을 가능한 짧게 작성

발명을 이루는 구성요소 상호간의 결합관계나 외형적 특징을 기재하다 보면 표현이 장황해지는 때도 있다. 그런데 실무는 구성요소 완비의 법칙을 기준으로 특허청구범위를 해석하므로 특허청구범위에 구성요소가 많을수록 즉, 청구항의 길이가 길수록 권리범위가 줄어들게 되므로 간단하고 명료하게 특허청구범위를 작성한다.

### ③ 구성요소 간의 유기적 결합관계를 고려하여 작성

단지 구성요소들을 나열하여서는 안되고, 그 구성요소들이 유기적으로 결합하게 되는 것이 충분히 기재되어야 한다. 즉, 하나의 구성요소라도 다른 구성요소와 아무런 관계없이 동떨어져 기재되어서는 안된다.

**[표 3-7] 유기적 결합 관계가 확실하지 않은 작성례**

【청구항 1】
　　　책상;
　　　의자; 및
　　　책꽂이;를 포함하는 가구.

책상, 의자, 책꽂이가 서로 간의 유기적인 결합 관계없이 단지 나열 형식으로만 기재되어 있다. 이러한 구성은 서로 별개의 구성요소들의 단순한 집합에 불과하다. 이러한 청구범위는 단지 책상, 의자, 책꽂이가 시장에서 각각이 알려졌다는 사실만으로도 신규성이 없다는 거절이유가 된다.

[표 3-8] 유기적 결합 관계가 분명한 작성례

> 【청구항 1】
>      책상;
>      상기 책상과 연결된 의자; 및
>      상기 책상 위에 배치된 책꽂이; 를 포함하는 가구.

의자는 책상과 연결이 되어 있으며, 책꽂이는 책상 위에 배치되어 있음을 한정하고 있다. 따라서 의자, 책상, 책꽂이는 서로 유기적으로 연결되어 있다. 따라서 단지 의자, 책상, 책꽂이가 세상에 알려졌다는 사실만으로는 신규성·진보성이 부정되지 않으며, 이들을 이처럼 결합한 것이 공지되었는지 그리고 그와 같이 결합하는 것이 당업자에게 용이한지가 신규성·진보성 판단의 기초가 된다.

## (5) 작성전략 십계명

### (가) 청구항을 압축하여 간결하게 작성

앞서 살핀 바와 같이 청구항을 작성할 때, 구성요소가 없으면 발명이 동작하지 않을 정도로 최소한의 구성요소만을 포함하여 작성하는 것이 바람직하다.

[표 3-9] **장황한 청구항 작성례**

> 【청구항 1】
>      ～한 로어 암;
>      ～한 스프링; 및
>      중앙부가 구부러져 양측에 편평부가 형성되어 상기 편평부가 상기 로어 암에 결합하여 상기 구부러진 중앙부가 융기됨으로써 상기 스프링의 일단이 상기 융기된 중앙부에 장착되는 브라켓;를 포함하는 자동차 서스펜션.

브라켓을 설명하면서 매우 구체적으로 많은 구성적인 표현이 기재되었으며, 브라켓을 통해 스프링이 로어 암에 장착되게 되는 구체적인 구성적 사항이 기재되었다. 이 많은 기재사항은 비록 브라켓 장착의 통상적인 구성이라, 통상적인 설계에 따르면 침해가 될 소지가 크다. 그러나 이러한 청구항을 확인하고 회피하려는 경쟁자는 이러한 청구항을 매우 쉽게 회피할 수 있을 것이다.

예를 들어, 중앙부가 아닌 말단에서 스프링이 결합하도록 한다거나, 브라켓의 중앙부가 융기되는 것이 아니라 로어 암이 오목해지도록 한다거나 하는 등의 회피설계 방안이 쉽게 도출되는 것이다.

[표 3-10] **장황한 청구항을 수정한 작성례**

> 【청구항 1】
> 　　～한 로어 암;
> 　　～한 스프링; 및
> 　　상기 스프링을 상기 로어 암에 연결하는 연결부;를 포함하는 자동차 서스펜션.
> 【청구항 2】
> 　　로어 암;
> 　　스프링; 및
> 　　상기 스프링을 상기 로어 암에 연결하는 브라켓;를 포함하는 자동차 서스펜션.

브라켓을 통해 로어 암과 스프링이 서로 연결되는 구체적인 구성이 특허받을 만한 것이 아니라면, 이는 생략하거나 최소한 압축적으로 기재할 필요가 있다. 위의 청구항 2에서는 브라켓이라는 구성요소의 명칭을 살려서 압축하였고, 브라켓을 사용하는 것이 특징적인 것이 아니라면 단순히 연결부라고 할 수도 있을 것이다.[90]

## (나) 기능적 구성요소 대신 기구적으로 표현

기능적 구성요소는 그 보호범위를 정함에 있어 발명의 상세한 설명을 참작하게 됨으로써 문언상 의미하는 범위보다는 좁은 의미로 해석될 가능성이 있다. 따라서 기능적 표현으로 구성된 구성요소는 가급적 구성적인 표현으로 대체할 수 있는 것이 있는지 검토하여야 한다. 또한, 구성요소를 기능적으로 표현하지 않도록 주의한다.

[표 3-11] **기능적 구성요소로 포함한 청구항 작성례**

> 【청구항 1】
> 　　～한 로어 암;
> 　　～한 스프링; 및
> 　　상기 스프링을 상기 로어 암에 연결하는 연결부;를 포함하는 자동차 서스펜션.

'로어 암에 연결하는 연결부'에서 연결부는 그 용어 자체가 기능적이고 그 한정 사항인 '연결하는'도 기능적이라 기능적인 구성요소로 이해된다. 이러면 연결부의 의미는 상세한 설명을 참조하여 해석되고, 상세한 설명에 기재된 구성이나 그와 균등한 범위로 인정될 소지가 많다.

[표 3-12] **구성적 표현으로 수정한 청구항 작성례**

> 【청구항 1】
> 　　～한 로어 암; 및
> 　　～하고, 상기 로어 암에 연결된 스프링;을 포함하는 자동차 서스펜션.

---

[90] 다만, 청구항 1과 같이 '～하는 연결부'라는 구성요소는 기능적 구성요소로 인정되어 그 범위를 정함에서 상세한 설명을 참작하게 될 가능성이 있다.

'스프링'은 구성적 표현이고, '연결된'은 그 스프링과 로어 암의 유기적 결합관계를 기재하는 구성적 표현으로 해석되며, 더 이상의 추상적인 표현은 보이지 않는다. 이러면 실시발명에서 로어 암이 존재하고 스프링이 존재하며 이들이 연결되기만 하면 보호범위에 속하는 것으로 인정될 가능성이 많다.

### (다) 용어 사용에 유의

① 표준어가 아닌 외국어나 조어를 사용하지 않도록 유의해야 한다. 일부 명세서에서는 일본에서 유래된 용어를 그대로 사용하는 경우가 있다. 삽설, 탄설, 탄지, 절첩 등의 표현을 예로 들 수 있다. 이러한 표현은 심사과정에서는 문제될 소지가 많지 않으나, 등록 후 권리행사 시 법원이 표현을 제대로 이해하지 못하거나, 난해한 경우가 있어 보다 순화된 표현으로 정리하는 것이 바람직하다.

② 발명자가 제공한 용어를 재검토해야 한다. 첫째, 발명자의 특성상 회사 내 관용적인 용어를 사용하여 발명제안서를 작성하는 경우가 많다. 그러므로 그 용어를 그대로 사용하는 경우 발명이 명확하지 않아 심사과정에서 거절이유가 발생할 수 있으며 차후 등록 후 권리행사 시 권리 범위 해석에 다툼이 발생할 수 있다. 둘째, 청구범위에 상품명을 사용하는 것은 설령 기재불비로 지적되지 않는다 하여도, 그 상품이 아닌 다른 상품을 사용하는 것에는 문언상 권리행사가 힘들어질 수 있다. 그러므로 해당 용어가 업계에서 일반명사화되었는가를 검토하여 사용할 필요가 있다.

---

**관련 사례**

**지능형 크루즈 컨트롤 시스템(Adaptive Cruise Control System)**

앞차와의 거리를 고려하여 차의 자동 주행을 제어하는 개선된 크루즈 컨트롤 시스템인데, 이것은 모 기업에서 명칭을 부여한 후 일반명사화 되고 있으나, 최근에는 Autonomous Cruise Control System이라는 명칭의 보급이 커지고 있다. 만약 Adaptive Cruise Control System이라는 용어가 한 회사의 크루즈 컨트롤 시스템을 말하는 것으로 인정되는 상태에서 청구범위에 발명의 명칭으로 이와 같이 표현한다면, 이는 곧 해당 상표를 사용하는 크루즈 컨트롤 시스템에 해당하는 발명으로 취급될 가능성이 있는 것이다.

---

또한, 서로 다른 구성요소를 지나치게 유사한 표현으로 작성하지 말아야 한다. 기계 금속 발명의 경우 많은 부품이 동원되므로 각 부품에 이름을 붙이는데 애로가 있다. 예를 들어, A와 B가 X로 연결되고, C와 D가 Y로 연결되는 경우, 양자를 구별하고 싶을 때에는 X와 Y를 구별하기 위하여 X는 결합 부재, Y는 체결 부재 등의 유사한 용어를 사용하여 구별할 수 있다.

그러나 이러한 명칭 부여는 발명이 상세한 설명을 기재하면서 오타 등에 의하여 전혀 엉뚱한 내용으로 설명이 흘러갈 수 있으며, 청구범위 작성 및 해석에서도 많은 오해를 불러일으키기도 한다. 이를 해결하기 위해 X는 제1체결 부재, Y는 제2체결 부재 등 서수를 이용하여 효율적으로 기재할 수 있다. 서수의 표현은 그 자체로는 발명의 보호범위를 제한하는 것이 아니다.

(라) 객관적인 사항만 기재

침해자가 특허발명의 보호범위에 해당하는 발명을 실시하고 있음은 특허권자가 주장 입증하여야 하므로, 침해의 주장 입증이 어렵게 되는 추상적인 내용이나, 설계자의 내심적 사항은 기재하지 않는 것이 바람직하다.

[표 3-13] **주관적 판단 기준이 기재된 청구항 작성례**

> 【청구항 1】
> 　　　브레이크 페달 스트로크를 검출하는 단계;
> 　　　상기 브레이크 페달 스트로크를 기초로 급제동이 필요한지 판단하는 단계;
> 　　　<u>급제동이 필요한 경우</u> 제동 유압을 증가시키는 단계;를 포함하는 브레이크 바이 와이어 시스템의 제어방법.

급제동이 필요한 경우에 제동 유압을 더 가해주자는 것은 발명자의 기술적 개념이었던 것으로 보이고, 내용을 읽으면 그러한 발명적 개념은 이해하기 쉽다. 그러나 침해품으로부터 얻을 수 있는 정보는 그 침해품이 작동하는 구체적 구성일 뿐 그 구성이 급제동이 필요해서였는지, 다른 이유에서였는지 알 수 없는 경우가 많다. 즉, 비록 침해품에서 브레이크 페달 스트로크를 검출하는 과정이 발견되고, 그 검출된 스트로크를 기초로 제동 유압이 증가되는 것이 발견되어도, 그것이 급제동이 필요한 때문이었는지를 입증할 수는 없게 된다.

[표 3-14] **객관적 판단 기준이 기재된 올바른 청구항 작성례**

> 【청구항 1】
> 　　　브레이크 페달 스트로크를 검출하는 단계;
> 　　　상기 브레이크 페달 스트로크가 설정된 범위인지 판단하는 단계;
> 　　　상기 브레이크 페달 스트로크가 상기 설정된 범위인 경우 제동 유압을 증가시키는 단계;를 포함하는 브레이크 바이 와이어 시스템의 제어방법.

(마) 피제조 물건을 제조장치의 구성요소로 하지 말 것

발명의 개념을 청구항에 이해하기 쉽게 담으려고 하다가 제조의 대상이 되는 물건을 구성요소로 작성하게 되는 경우가 있다. 이러한 경우에는 제조의 대상이 되는 물건도 포함하여 실시하여야 침해가 되므로, 직접침해의 주장이 곤란하게 되는 경우가 있다.

**[표 3-15] 피제조 물건이 제조 장치의 구성요소 기재된 청구항 작성례**

> **【청구항 1】**
> 　　도어 프레임;
> 　　차체를 고정하기 위한 고정부;
> 　　상기 도어 프레임을 상기 고정부에 이송하기 위한 이송부;
> 　　상기 이송부에 의하여 이송된 도어 프레임을 상기 차체에 조립하기 위한 조립부;
> 　를 포함하는 자동차 도어 프레임 조립장치.

위 청구항은 도어 프레임 조립 장치를 청구하면서, 조립의 대상이 되는 도어 프레임을 구성요소로 작성하였다. 따라서 도어 프레임은 공급하지 않고 도어 프레임 조립 장치만을 공급하는 생산 기계 제조 회사는 위 청구항 1을 직접침해하는 것이 아니게 된다.

**[표 3-16] 피제조 물건이 제조 장치의 구성요소에서 삭제하여 기재된 올바른 청구항 작성례**

> **【청구항 1】**
> 　　차체에 도어 프레임을 조립하기 위한 도어 프레임 조립장치로서,
> 　　상기 차체를 고정하기 위한 고정부;
> 　　상기 도어 프레임을 상기 고정부에 이송하기 위한 이송부;
> 　　상기 이송부에 의하여 이송된 도어 프레임을 상기 차체에 조립하기 위한 조립부;
> 　를 포함하는 자동차 도어 프레임 조립장치.

도어 프레임 조립장치를 전제부에 설명하면서 '차체' 및 '도어 프레임'의 용어를 도입하였다. 따라서 '차체'와 '도어 프레임'은 발명의 보호범위를 판단함에 있어서 참조는 될 것이나, 발명의 구성요소 자체로 해석되지는 않는다. 그 밖에 간단히 청구항 내 구성요소 중 '도어 프레임'을 삭제하여 해결할 수 있다.

**[표 3-17] 피제어 장치가 제어 시스템의 구성요소 기재된 청구항 작성례**

> **【청구항 1】**
> 　　차량의 휠을 구동시키는 모터;
> 　　상기 차량의 속도를 검출하는 차속 센서;
> 　　상기 차속 센서에서 검출된 차량 속도를 기초로 ～～하도록 상기 모터를 제어하는 모터 제어기;
> 　를 포함하는 전기자동차 모터 제어 시스템

위 청구항은 전기자동차 모터 제어 시스템 즉, 차량의 휠을 구동시키는 모터를 제어하기 위한 시스템인데, 그 시스템의 일부로 다시 모터를 구성요소로 작성하였다. 모터를 제어하기 위하여 모터가 필요하다는 문장구조로 작성한 셈이다. 만약 모터를 포함하는 시스템을 명칭화하려면 전기자동차의 구동 시스템이라는 등 모터가 포함되는 넓은 시스템을 명칭으로 잡아야 할 것이다.

【청구항 1】
　　　　전기자동차에서 차량의 휠을 구동시키는 모터를 제어하는 전기자동차 모터 제어 시스템으로서,
　　　　상기 차량의 속도를 검출하는 차속 센서;
　　　　상기 차속 센서에서 검출된 차량 속도를 기초로 ~~하도록 상기 모터를 제어하는 모터 제어기;
를 포함하는 전기자동차 모터 제어 시스템.

(바) 불필요한 선후 관계의 한정을 피할 것

방법청구항은 여러 개의 단계를 나열하는 방식으로 작성되는데, 실시례에서 이루어지는 순서가 필수적이지 않은 경우, 그러한 순서로 한정되도록 청구항이 작성되어서는 안된다.

[표 3-19] 기재된 순서대로 수행되는 것으로 한정되지 않는 청구항 작성례

【청구항 1】
　　　　차체 고정 지그로 차체를 고정하는 단계;
　　　　도어 프레임을 이송 지그에 배치하는 단계;
　　　　상기 이송 지그를 상기 차체 고정 지그로 이동시킴으로써 상기 도어 프레임을 상기 차체에 조립 위치에 배치하는 단계;
　　　　상기 도어 프레임을 상기 차체에 조립하는 단계;를 포함하는 도어 프레임 조립방법.

위 청구항에는 차체를 고정하는 것을 먼저 기재하고, 도어 프레임을 배치하는 것을 나중에 기재하였다. 그러나 그 기재 순서에 따라 방법청구항의 각 단계의 실시 순서가 고정되는 것은 아니다. 도어 프레임을 배치한 후 차체를 고정하는 것도 위 청구항의 범위에 포함된다.

[표 3-20] 방법 청구항에 단계의 수행 순서가 한정된 청구항 작성례

【청구항 1】
　　　　차체 고정 지그로 차체를 고정하는 단계;
　　　　상기 차체를 고정한 후 도어 프레임을 이송 지그에 배치하는 단계;
　　　　상기 이송 지그를 상기 차체 고정 지그로 이동시킴으로써 상기 도어 프레임을 상기 차체에 조립 위치에 배치하는 단계;
　　　　상기 도어 프레임을 상기 차체에 조립하는 단계; 를 포함하는 도어 프레임 조립방법.

위 청구항에는 차체를 고정한 후 도어 프레임을 배치하는 것으로 기재하였다. 따라서 단계의 기재 순서에 따라 그 수행 순서가 정해지는 것은 아니라 할지라도, 청구범위의 기재에서 차체를 고정한 후 도어 프레임을 배치한다고 하였으므로, 도어 프레임의 배치는 차체의 고정 이후에 수행되어야 하는 것이다. 따라서 이러한 청구항으로는 도어 프레임을 먼저 배치하고 차체를 고정하는 조립방법에는 문언상 권리행사가 곤란하다.

발명자의 구체적인 실시례로부터 청구항을 작성하면서 유의하지 않으면 이러한 상황이 발생되기 쉽다. 특히 그 발명의 전체적인 동작이나 각 단계의 기술적인 의미를 정확히 파악해두지 않는 경우 무심코 불필요한 순서를 청구항에 기재하기 쉽다.

그러므로 청구항에 불필요한 선후 관계가 기재되어 있으면, 그러한 기재를 삭제하면 된다. 다만, 그 삭제 과정에서 청구항에 필요한 다른 한정 사항이 누락되지 않도록 하여야 한다.

### (사) 모호한 표현을 피할 것

주로, 대략, 거의, 약, 많은, 실질적으로 등과 같이 명쾌한 판단 기준이 정의되지 않은 수식 어구를 말한다.

이러한 단어들을 사용하지 않고 청구항을 표현하면 그 수학적 배치 관계 따위가 너무 수학적으로 동일할 것을 요구하게 되는 것으로 생각되는 경우에, 완전히 동일하지는 않더라도 발명의 보호범위로 인정해야 한다는 요청을 담고 싶은 것이다. 예를 들어 '평행'하다고 하면 약간의 각도가 어긋나 있어도 문언침해가 아닌 것이 될 것이므로 명세서 작성자의 입장에서는 발명의 요지를 벗어나지 않는 한 약간의 각도가 어긋난 것이라도 실질적으로 평행한 것과 마찬가지로 이해되어야 한다는 취지인 것이다.

우리의 특허실용 심사지침서는 이러한 표현들은 청구항에 발명의 구성을 불명확하게 하는 표현이므로, 원칙적으로 발명이 명확하고 간결하게 기재되지 않은 유형으로 취급되는 것으로 하고, 다만 이러한 표현을 사용하더라도 그 의미가 발명의 상세한 설명에 의해 명확히 뒷받침되며 발명의 특정에 문제가 없다고 인정되는 경우에는 허용할 수 있는 것으로 하고 있다.

우리의 실무상으로는 과거에는 이러한 표현들에 관해 엄격히 청구범위에서 사용되지 않을 것으로 심사하였으나, 최근에는 실무상 이를 거절이유로 삼지 않는 경우가 많아지고 있다.

따라서 이러한 표현들은 비록 그 단어 자체로는 범위가 모호한 것이나, 그 구체적인 범위나 그 범위를 판단할 수 있는 기준이 상세한 설명에 충실히 설명되어 있다면 사용이 가능하다. 만약 모호한 표현의 구체적인 내용이 상세한 설명에 충실히 설명되지 않으면, 특허청구범위가 불명확한 것으로 해석되어 권리범위 자체를 부인 당하거나[91] 특허가 무효로 될 수 있다

### (아) 부정적 한정(Negative Limitation)

부정적 한정이란 '~~를 제외하고', '~~가 아닌' 등의 표현으로 청구항이 작성된 것을 말한다. 예를 들어 '제1항에서, 상기 로어 암과 스프링은 서로 연결되지 않은'과 같이 작성된 청구항이다.

---

[91] substantially의 사용으로 인해 보호범위가 불명확하다는 것에, Ecolab Inc. v. Envirochem Inc., 60 USPQ2d, 1173, CAFC, 9/6/01

부정적 한정이 필요한 경우를 살펴보건대 상위개념을 표현하다보면, 그 상위개념에 출원발명 이외에 공지기술도 포함하게 되고, 공지기술을 제외하고 출원발명만을 포함하는 상위개념을 표현하기 힘든 경우가 있다. 출원발명의 구성을 한정하였는데, 그 구성의 다른 변형례가 공지기술로 알려져 있는 경우도 마찬가지이다.

특실심사기준[92]에 따르면 부정적 표현이 사용된 경우 발명을 불명확하게 표현한 것으로 취급한다. 다만, 이러한 표현을 사용하더라도 그 의미가 발명의 설명에 의해 명확히 뒷받침되며 발명의 특정에 문제가 없다고 인정되는 경우에는 불명확한 것으로 취급하지 않는다.

부정적 한정과 관련하여 적절하게 청구항을 작성하기 위해서 최소한 상세한 설명에 그 부정적 한정에 관하여 의미를 충실히 기재하거나, 긍정적 한정으로 바꾸어 표현할 수 있는지 검토할 필요가 있다. 부정적 한정으로 한정된 범위를 나타내는 긍정적 표현이 존재할 수 있기 때문이다.

> **관련 사례**
>
> ▪ 공지기술로 공지기술1(로어 암과 스프링이 연결됨)과 공지기술2(스프링이 로어 암과 어퍼 암에 함께 연결된 구성)가 공지되어 있는 경우에, 발명자 甲이 스프링이 어퍼 암에는 연결되어 있지만 로어 암에는 연결되어 있지 않은 구성을 발명하였다고 할 때 어떻게 청구항을 작성하여야 하는가?
>
> 스프링이 어퍼 암에 연결되어 있다고만 청구하면 공지기술2에 의하여 공지된 범위를 포함하게 된다. 이 경우 공지기술2에 의하여 거절된다. 그러므로 다음과 같이 청구항을 작성할 수 있다.
> '상기 스프링은 어퍼 암에 연결되되 로어 암에는 연결되지 아니한 ……'

(자) 쉽게 회피 가능한 용어를 피할 것

쉽게 회피 가능한 용어가 청구항에 기재되면, 그 용어를 벗어나는 실시는 문언침해(Literal Infringement)를 구성하지 않는다. 이때 균등론으로 보호해 줄 것을 법원에 호소하거나[93], 침해를 주장할 수 없게 되는 상황에 처하게 된다. 따라서 청구항에 기재된 어떠한 용어도 쉽게 회피되기 힘든 용어들로 구성하는 것이 바람직하다.

[표 3-21] 회피가 쉬운 용어 모음과 작성전략

| 위치적 표현 | 방향과 위치를 특정하는 표현을 피함 |
| --- | --- |
| 형태·재질의 한정 | 형태·재질 표현을 재확인함 |
| 내재된 한정적 개념 | 용어 자체가 한정적인지 재확인함 |

---

[92] 특허 실용·신안 심사기준(2015. 9. 24. 개정) p. 2408
[93] 판례에 따르면 균등론 적용 기준은 명확하나, 구체적으로 적용함에 있어 '치환·변경이 당업자에게 자명할 것' 등 해석이 모호한 점이 있어 균등론에 따른 보호 대상인지 쉽게 판단하기 힘든 경우가 많다.

위치적 표현과 관련하여 기계장치의 경우 놓인 대로 또는 작동하는 대로 설명을 하고 그에 따라 청구범위를 작성하다 보면 상부·하부·좌측·우측 등의 위치를 나타내는 한정을 사용하게 되는 경우가 있는데, 많은 경우에 이러한 위치적 한정은 회피하기 쉬운 경우가 많다. 그 배치 관계를 바꾸기만 하면 되기 때문이다.

형태·재질의 한정과 관련하여, 불필요한 형태상 또는 재질상의 한정을 피하는 것이 좋다. 업계에서 널리 통용되는 표현이라 쉽게 청구항에 기재하게 될 수 있는데, 청구항에 기재된 용어는 다시 살펴보아야 한다. 원형 빔이라고 하면 원형이 아닌 다른 형태(예 타원형 빔)는 문언상 침해가 아닌 것이 된다[94].

내재적 한정적 개념과 관련하여, 단어에서 글자 자체로는 형태나 재질이 한정되어 있지 않으나, 단어 자체에 어떠한 한정적 개념이 내포된 경우도 많다. 파이프(Pipe), 빔(Beam) 등의 표현은 이들이 유연(Flexible)하지 않고 단단한(Rigid) 것으로 여겨질 수 있어, 호스로도 연결할 만한 구성요소에 이들 표현을 사용하는 것은 특허발명을 쉽게 회피할 수 있을지 모른다.

> **관련 사례**
>
> ▣ 변리사 甲은 발명자 乙로부터 자동차 윤활유(Lubrication Oil)와 관련된 발명의 명세서 작성을 의뢰받았다. 이 경우 회피가 쉽지 않는 용어를 사용하여 명세서를 작성하려고 한다. 이 때 변리사 甲은 어떻게 작성해야 하는가?
>
> 윤활유(Lubrication Oil)는 단어 자체에 오일(Oil)이라는 개념이 내포되어 있으므로 오일이 아닌 다른 윤활제는 문언상 침해가 아닐 수 있다. 때문에 '윤활제(Lubrication Agent)', '윤활액(Lubrication Fluid)' 등 상황에 맞는 다른 표현을 사용하는 방안을 검토하는 것이 좋다[95]. 브레이크 오일(Brake Oil) 역시 마찬가지로 브레이크액(Brake Fluid)의 표현을 사용하는 것이 좋을 것이다.

### (차) 청구항 구성요소의 인용방식

새로이 구성요소를 도입하는 것이라면 아무런 전치사나 수식어구 없이 그 구성요소의 명칭을 사용할 수 있다. 그러나 앞서 도입된 구성요소를 인용하는 것이라면 반드시 '상기'의 표현을 사용하도록 해야 한다.

[표 3-22] **구성요소의 인용관계가 명확한 청구항 작성례**

> 【청구항 1】
> 　　하우징 내에 진공을 형성하는 모터;
> 　　먼지를 포집하도록 (상기) 하우징 내에 배치된 포집기; 및
> 　　상기 모터를 구동하기 위한 휴대용 전원; 을 포함하는 휴대용 진공청소기

---

[94] 침해품이 특허발명과 비교하여 단지 빔의 단면의 형상만 바꾸어 별다른 효과를 구비하지 않는 경우에는 균등론이 인정되어 침해로 판단될 가능성도 있으니, 그 변경된 형상으로 인해 독특한 효과를 내는 경우에는 균등론이 인정되지 않고 침해가 아닌 것으로 판단될 수 있다.

[95] 물론 당해 기술분야의 특성상 오일이 아닌 다른 매질을 사용하는 것이 상상하기 힘든 경우에는, 새로운 조어를 만들기 보다는 업계에서 관행적으로 사용하는 용어를 사용하는 것이 보호범위를 쉽게 해석할 수 있는 장점이 있다.

만약 모터가 진공을 형성하는 하우징과 포집기가 배치된 하우징이 같다면 뒤에 도입되는 하우징에는 '상기'[96]를 붙여야 한다. 그렇지 않으면, 모터가 진공을 일으키는 하우징과 포집기가 배치된 하우징이 서로 다른 하우징인 것으로 이해되어 두 개의 하우징이 개입된 발명으로 오해될 수 있다.

이러한 오해의 가능성은 영문화하는 경우에 매우 심각해진다. 우리말에서는 a, the를 구분하지 않으나, 영어에서는 a, the를 구분하는데, 위의 예에서 두 하우징의 표현을 모두 a housing으로 표현한다면 이들은 서로 다른 것이기 때문에 a를 붙인 것이라고 해석되기 때문이다.

만약 위의 예에서 실제로 몸체가 2개인 경우, 같은 항 내에서 또는 종속항에서 '상기 하우징'이라고 하면, 그 하우징이 모터에 의하여 진공이 형성되는 하우징을 가리키는 것인지, 포집기가 배치된 하우징을 가리키는 것인지 불명확하게 된다. 이와 같이 복수의 구성요소에 같은 명칭을 사용할 필요가 있는 경우, 그 공통되는 명칭 앞에 최소한 제1, 제2 등의 서수를 붙여서라도 적당한 수식어를 부가하여 서로를 미리 구분해주어야 한다.

---

### 관련 사례

**대학원생 甲은 다음과 같이 청구항을 작성하였다.**

【청구항 1】
> A와 B를 연결하는 벨트;
> 상기 벨트에 장력을 가하기 위한 베어링;
> 상기 A를 회동 가능하도록 지지하는 베어링;
> 상기 B를 회동 가능하도록 지지하는 베어링;

이에 변리사 입장에서 적합한 인용관계를 맺도록 구성요소를 수정하여 청구항을 재작성해야 한다. 어떻게 작성할 것인가?

위 청구항에서는 3개의 베어링이 도입된다. 이 때 '상기 베어링'이라고 하면 어느 베어링을 말하는지 불명확해진다. 이에 다음과 같이 작성할 수 있다.

【청구항 1】
> A와 B를 연결하는 벨트;
> 상기 벨트에 장력을 가하기 위한 텐션 베어링;
> 상기 A를 회동 가능하도록 지지하는 볼 베어링;
> 상기 B를 회동 가능하도록 지지하는 볼 베어링;

이와 같이 작성하여, 텐션 베어링과 볼 베어링의 표현으로 두 가지 종류의 베어링이 사용됨을 구분할 수 있다. 더욱 바람직하게,

【청구항 1】
> A와 B를 연결하는 벨트;
> 상기 벨트에 장력을 가하기 위한 텐션 베어링;
> 상기 A를 회동 가능하도록 지지하는 제1 볼 베어링;
> 상기 B를 회동 가능하도록 지지하는 제2 볼 베어링;

와 같이 작성하여 두 개의 볼 베어링에 제1, 제2를 붙여 구분함으로써, 세 개의 베어링이 모두 구분할 수 있다.

---

[96] 上記는 일본의 前記라는 표현에서 유래된 것으로, '앞서 기재한'의 뜻이다. 상기란 표현 대신에 '앞서 기재한'으로 서술하는 것도 가능하나, 이 경우 청구항이 표현이 지나치게 길어지고 오히려 알아보기 힘들게 되는 경우가 많다.

## (6) 그 밖에 생각해 볼 문제 – 특허청구범위에서 도면번호

청구범위의 기재에 도면번호를 사용하는 경우가 있다. 특히 기계금속 청구범위에 도면번호를 병기하는 경우가 많이 발견된다. 특허법상 청구범위에 도면번호의 기재가 강제되거나 권장되는 것은 아니다. 다만, 명세서 작성자의 작성 시 편의와 작성된 청구범위를 파악하는 제3자의 편의를 고려하여 청구범위에 도면번호를 삽입하기도 한다.

### [표 3-23] 청구항에 도면번호를 사용하여 작성례

【청구항 1】
　　　　외주면으로 돌출된 마찰 돌기(4)를 형성함과 더불어, 안쪽으로 관통된 나사 홀(5)을 형성해 스크류(10)가 나사 체결되는 체결 단(2)과;
　　　　상기 체결 단(2)에 일체로 형성되면서 체결 단(2)을 관통한 스크류(10)의 전진으로 가하는 힘에 의해 밖으로 벌려 지도록, 그 안쪽으로 콘(Cone)형상의 가이드 홀(9)이 형성됨과 더불어 길이 방향으로 절개된 슬릿 단(8)이 형성된 조임 단(6);
　　　　으로 구성된 것을 특징으로 하는 목재 삽입 너트.

【도면】

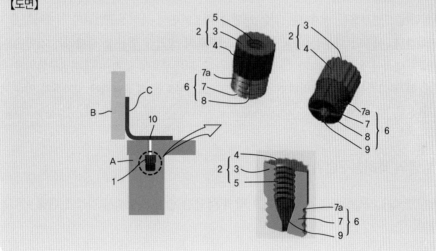

### (가) 문제점

보호범위의 해석은 특허청구범위에 기재된 사항에 의하여 정하여지므로, 특허청구범위에 도면번호가 기재된 경우에 그 도면번호에 의하여 보호범위가 제한되어 해석되는 것은 아닌지 즉, 그 도면번호가 지칭하는 도면상의 도시된 구성으로 권리범위가 제한되는 것이 아닌지의 문제가 있다.

## (나) 도면번호와 관련된 청구범위 해석

① 우리나라의 판례[97] : '등록청구의 범위에 기재된 도면의 인용부호는 특별한 사정이 없는 한 등록청구의 범위에 기재된 사항을 이해하기 위한 보조적인 기능을 가질 뿐 그러한 범위를 넘어 등록청구의 범위에 기재된 사항을 한정하는 것으로 볼 수 없다.'고 하였다. 다만, 이러한 판례에도 불구하고 특허청구범위에 기재된 도면부호는 그 도면부호가 지칭하는 도면상의 구성에 의하여 한정되는 것으로 해야 한다는 견해도 있다.

② 미국 : 특허청구범위에 기재된 여하한 기재라도 권리범위의 해석에 영향을 주는 것으로 이해하고 있으므로, 도면부호를 병기하는 것도 권리범위의 해석에 영향을 주는 것[98]으로 해석된다.

③ 기타 : 대부분의 국가에서 특허청구범위에 도면부호를 병기할 것을 요구하고 있지는 않으나, 유럽은 특허청구범위에 도면부호를 괄호로 병기할 것을 요구하고 있다.

## (다) 작성전략

청구범위에 도면부호를 병기하는 것은 도면과 대조하면서 특허청구범위의 기재사항을 파악하기 편리하다. 하지만 대부분의 국가에서 도면부호의 병기가 법률상 강제되는 것이 아니며 권리범위의 해석에서 도면부호가 문제되는 경우 그 도면부호에 의하여 특허청구범위가 축소 해석되게 될 것이라는 점을 고려하면 원칙적으로 도면부호를 청구범위에 병기하지 않는 것이 바람직하다.


# 2. 그 밖의 발명의 특허청구범위 작성방법

앞서 살펴본 명세서 작성방법을 바탕으로 그 밖의 다양한 발명의 명세서 작성에 대해 특이점 위주로 살펴본다.

## (1) 용도발명

후술할 화학, 생명공학 발명은 용도 발명이나 수치 한정 발명인 경우가 상당히 많다. 그러므로 먼저 용도발명의 특허청구범위 작성에 대해서 서술한다.

---

[97] 대법원 2001.9.18. 선고 99후857 판결【등록무효(실)】
[98] 청구범위에 도면부호가 기재되어 청구범위의 해석이 달라지는 경우 대부분 권리범위를 좁히게 된다.

## (가) 정의

본래 특허성이 없는 물(物)을 그 물에서 새로운 용도에 어떠한 특허성이 없는 방법 조건으로 이용하는 것에 대한 발명이다. 예를 들어, '중합체 X 및 중합체 Y를 포함하는 접착용 조성물' 발명과 같이 중합체 등을 접착용으로 사용하는 발명을 말한다.

## (나) 작성전략

① 특허법이 보호하는 발명의 카테고리 (특허법 제2조[99])

　　•물건　　　　•방법　　　•물건의 제조방법

용도발명은 세 가지 카테고리 중 하나를 선택하여 표현하여야 하며, '~ 용도'라는 청구항의 기재방법은 인정되지 않는다.[100]

② **의약분야** : 발명에 해당하는지는 특허청구범위에 의약으로서의 용도를 기재하고 있는지에 따라 판단된다. 비록 특허청구범위에서 의약으로서의 용도를 기재하고 있지 않은 경우에도 상세한 설명에 기재된 내용이 의약으로서의 용도를 포함하고 있고 이러한 사항들이 향후에 보정을 통해 의약으로서의 권리범위에 영향을 미칠 수 있으면 의약발명으로 취급하여야 한다.

③ **무기화학분야** : 용도발명의 표현은 '특정의 물을 특정의 용도로 사용하는 방법'과 같이 방법발명의 형태로 표현하는 경우와 '특정의 용도에 사용하는 물'과 같이 물건 발명의 형태로 표현하는 때도 있다.

④ **식품분야** : 식품으로서의 용도발명에서 그 요지가 명확하도록 식품으로서의 구체적 용도가 기재되어야 한다. 다만, 용도가 복수면 또는 그 용도가 식품 전체에 미치는 것이 자명한 경우 상위개념으로 기재할 수 있다.

⑤ **화장품분야** : 화장품에 해당하는지는 용도와 관련하여 생각하여야 하며, 특허청구범위에 화장품으로서의 용도를 기재하고 있는지에 따라 판단된다.

---

[99] 특허법 제2조제3호 '실시'라 함은 다음 각목에 해당하는 행위를 말한다.
　① 물건의 발명인 경우에는 그 물건을 생산·사용·양도·대여 또는 수입하거나 그 물건의 양도 또는 대여의 청약(양도 또는 대여를 위한 전시를 포함한다. 이하 같다)을 하는 행위
　② 방법이 발명인 경우에는 그 방법을 사용하는 행위
　③ 물건을 생산하는 방법의 발명인 경우에는 나목의 행위 외에 그 방법에 의하여 생산한 물건을 사용·양도·대여 또는 수입하거나 그 물건의 양도 또는 대여의 청약을 하는 행위
[100] 이를 위반하는 경우 특허법 제42조제4항제2호에 의해 거절이유에 해당하며, 착오 등록 시 무효사유가 된다.

[표 3-24] **구체적 청구항 작성례**

| 청구항 기재방법 | 작성례 |
|---|---|
| 단일화합물로 된 특정의 용도를 명시한 제제 | DDT로 된 살충제 |
| 단일화합물을 유효성분으로 하며, 보조성분에는 특징이 없는 용도를 명시한 조성물 | DDT와 담체로 된 살충용 조성물 |
| 단일화합물을 어느 특정용도에 사용하는 것만이 특징인 방법 | DDT를 이용하는 살충방법 |
| 단일화합물을 특정용도에 사용하는 것만이 특징인 제품의 제조방법 | 화합물A를 첨가하는 것을 특징으로 하는 곰팡이가 슬지 않는 간장의 제조방법 |
| 단일화합물을 특정용도에 사용한 것만이 특징인 물품 | DDT로 살충처리한 원예용 토양 |

## (2) 수치한정발명

### (가) 정의 및 취급

청구항에 기재된 발명의 구성에 없어서는 아니되는 사항의 일부가 수량적으로 표현된 발명으로 화학 및 생명공학발명의 청구항 작성에 빈번히 이용된다.

심사지침서는 어떤 기술적 수단에 대하여 그 수치를 한정하고 있을 때에는 그 한정 이유를 기재하여야 한다고 명시하고 있다. 수치를 한정한 점에만 선행기술과 구성상의 차이점이 있는 경우는 수치한정에 대해 명세서 중에 수치한정의 이유 내지 특이한 효과(개별의 기술적 과제에 의한 이질의 효과)가 명확하게 되어 있지 않으면 명세서의 기재불비에 해당 수치한정의 요건을 제외하고 남은 구성과 그것에 기초하는 효과에 의해서도 특허성이 있는 경우, 명세서 중에 수치한정의 이유 또는 수치한정의 효과의 기재가 없어도 기재불비는 아니다.

### (나) 작성전략

#### ① 조성물의 조성비의 기재

일반적인 조성물 발명의 경우에는 그 구성을 명확하게 하기 위해 그 구성성분의 조성비 등을 명확하게 기재하여야 한다. 조성비를 기재하는 경우 통상적으로 중량 % 또는 중량부로 표현한다.

중량 %로 기재하는 경우 조성비의 기술적인 결함이나 모순의 예로는 모든 성분의 최대성분량의 합이 100%에 미달하는 경우, 모든 성분의 최저성분량의 합이 100%를 초과하는 경우, 하나의 최대성분량과 나머지 최저성분량의 합이 100%를 초과하는 경우, 하나의 최저성분량과 나머지 최대성분량의 합이 100%에 미달하는 경우 등을 들 수 있다.

**관련 사례**

■ 폴리에틸렌(이하, PE) 파이프 기술분야에 있어서, 종래의 PE 파이프는 일반적으로 단모드형 또는 이모드형 PE로 제조되었으며, PE 파이프의 내압성을 증가시키기 위하여 PE 자체의 물리적 특성(밀도 또는 분자량 분포)을 개선하는 방안들이 제시되어 있었다. A사는 폴리프로필렌의 결정성을 증가시키기 위해서 통상적으로 사용되나, 일반적으로 PE 수지에는 사용되고 있지 않은 핵생성제가 PE 파이프의 내압성을 증가시킨다는 사실 및 종래의 PE 파이프 제조에 일반적으로 사용되는 단모드형 PE 및 이모드형 PE 중에서도 상기와 같은 핵 생성제의 효과는 이모드형 PE에서 보다 효과적이라는 사실을 밝혀서 '이모드형 PE 및 핵 생성제를 포함하는 조성물'을 청구범위로 출원한 경우 심사관이 조성비가 기재되어 있지 않다는 거절이유를 제시한 경우 대응은?

1. **조성비 한정 보정** : 상세한 설명에 기재되어 있는 조성비가 충분히 넓은 범위를 포함하고 있는 경우여서 권리범위가 과도하게 감소되지 않는다면 조성비를 한정하는 보정을 수행한다.

2. **조성비를 한정하기 어려운 경우** : 최초 명세서에 기재된 조성비로 한정할 경우 권리범위가 지나치게 축소되거나, 예상치 못하게 제3자가 명세서에 한정된 범위 외의 조성비를 사용하고 있거나 넓은 권리범위를 확보하여야 할 중요한 특허라면 하기와 같은 내용의 의견서를 제출한다.

   ① 본원발명의 기술적 특징은 조성성분 자체에 있다는 점을 강조
   ② PE 중합체에 대한 핵 생성제의 정확한 양은 종류 및 혼합되는 물질에 따라 상대적이므로 특정하기 어렵다는 점을 강조
   ③ 본원발명과 같이 조성성분 자체에 특징이 있는 경우 조성비를 한정하지 않고 등록받은 많은 사례가 존재한다는 점을 강조(등록공보 첨부)
   ④ 본원의 청구항 제1항을 조성성분의 조성비로 특정하여야만 한다면, 금반언의 원칙에 의해 특정된 조성비 이외의 조성비를 사용하는 제3자에게 권리행사가 제한될 수 있어 조성비를 한정하는 것은 출원인에게 가혹하다는 점을 강조

② 상한이나 하한을 기재하지 않는 수치한정의 경우

상한이나 하한을 기재하지 않은 수치한정의 경우, 일반적으로는 권리범위가 명확하지 않다는 이유로 거절된다.

다만, 예외적으로 병기할 필요가 없는 경우도 있다. 예를 들어 당업자가 명세서 및 도면의 기재 또는 기술상식에 입각해서 청구항에 명시되지 않은 상한 또는 하한을 의미하는 용어가 있다고 인정될 경우 또는 그 수치한정의 기술적 의미가 상한 또는 하한에만 존재하여 그 수치만을 특정해도 무방한 경우 등이다.

▣ 출원인 甲은 청구항에 기재된 '1%/℃ 이상의 중량 손실의 온도 기울기'는 불명료하다는 거절 이유를 받았다. 이에 대한 대응방안은?

1. 상세한 설명에 상한치가 기재되어 있는 경우 : 권리범위가 과도하게 감소되지 않는다면 상한치를 한정하는 보정을 수행한다. 마찬가지로 하한치 한정보정도 가능하다.

2. 상한치 또는 하한치를 한정하기 어려운 경우 : 하기와 같은 내용의 의견서 제출을 고려
① 본원발명의 기술적 특징은 상한치 또는 하한치에만 있다는 점을 강조한다.
② 상한치 또는 하한치는 이미 내재되어 있다는 점을 강조한다.
③ 상한 또는 하한치를 한정하지 않고 등록받은 많은 사례 및 판례를 강조한다.
④ 상한 또는 하한치를 한정하는 것은 출원인에게 가혹하다는 점을 강조한다.

③ 0을 포함하는 수치한정

심사실무의 태도는 0을 포함하는 수치한정의 경우에는 상세한 설명에 그것이 임의성분임이 이해될 수 있도록 기재되어 있는 경우에는 그러한 표현도 가능하다고 한다.

예외적으로 상세한 설명에 필수성분이라는 취지의 기재가 있는 경우에는 청구항의 용어가 상세한 설명과 모순이 되어 적법하지 않을 수 있다.

> **Tip** 일반적인 화학 관련 발명의 청구항 작성 기본전략
> 1. 화학물질은 화합물명 또는 구조식으로 특정하여 기재한다. 다만, 특정이 불가능한 경우에는 물리적 또는 화학적 성질, 제조방법 등을 추가하여 특정하여도 무방하다.
> 2. 고분자 물질의 경우, 고분자 물질의 구조를 나타내도록 특정한다. 분자량, 배열 상태, 부분적 특징, 입체적 특징 등. 결정성, 점도, 인장 강도, 경도 등의 추가 가능하다.
> 3. 용도의 기재는 별도의 청구항으로 기재하는 경우를 제외하곤 불필요하다.
> 4. 화학물질을 포함하는 조성물은 독립항으로 기재한다.
> 5. 단일 화합물로 된 특정용도(예 니트로 푸란으로된 방부제) 또는 단일 화합물을 어느 특정용도에 사용하는 방법(예 D.D.T.를 사용하여 살충하는 방법) 및 단일 화합물을 유효성분으로 하는 특정용도를 명시한 조성물(예 B.H.C와 담체로 된 살충용 조성물) 등의 용도발명도 인정된다.

**관련 사례** 📝

■ 출원인 甲은 제1수용액의 조성에 관한 기재가 최초 출원명세서에 없고, 제1수용액의 예시로서 카르복시산, 카르복시산의 염의 수용액을 들고 있을 뿐이며, 산화환원 전위값이 구체적으로 어떤 수치에서 어떠한 값으로 변화할 때까지 전기분해하는지 미기재된 상태에서 다음과 같이 청구항을 작성하여 출원하였다.

【청구항 1】

전극을 구비한 전해조 내에서 전해조 내의 전극 사이에 직류전압을 인가하여 제1수용액을 전기분해시켜, 상기 수용액 중에 전자가 부족한 상태의 산화필드를 형성하고, 카르복시산이 용해되어 있는 제2수용액을 상기 산화필드 상태의 제1수용액에 혼합함으로써 산화필드 상태의 제1수용액에 전자를 제공하여 환원시키고 카르복시산을 산화시킴으로써 수용액 중에 탄산가스를 발생시키는 것을 특징으로 하는 탄산가스 용해액의 제조방법.

【청구항 7】

제1항에 있어서, 제1수용액의 전기분해를 산화환원 전위가 마이너스 밀리볼트 수준의 값이 될 때까지 행하는 것을 특징으로 하는 탄산가스 용해액의 제조방법.

이에, 제1항에서 전기분해하면 산화필드를 형성하는 제1수용액을 청구하고 있으나, 제1수용액의 구성이 불명확하며, 제7항에서 산화환원 전위가 마이너스 밀리볼트가 될 때까지 전기분해한다고 기재하고 있으나 마이너스 밀리볼트의 의미가 불명확하다는 거절이유를 통지 받았다. 이에 대한 보정방안은?

---

【청구항 1】

(보정) 전극을 구비한 전해조 내에서 전해조 내의 전극 사이에 직류전압을 인가하여 제1수용액을 전기분해시켜, 상기 수용액 중에 전자가 부족한 상태의 산화필드를 형성하고, 카르복시산이 용해되어 있는 제2수용액을 상기 산화필드 상태의 제1수용액에 혼합함으로써 산화필드 상태의 제1수용액에 전자를 제공하여 환원시키고 카르복시산을 산화시킴으로써 수용액 중에 탄산가스를 발생시키되, 상기 제1수용액은 카르복시산, 카르복시산염 및 이들의 혼합물 중에서 선택하는 적어도 하나의 물질을 포함하는 것을 특징으로 하는 탄산가스 용해액의 제조방법.

【청구항 7】

(보정하지 않음) 제1항에 있어서, 제1수용액의 전기분해를 산화환원 전위가 마이너스 밀리볼트 수준의 값이 될 때까지 행하는 것을 특징으로 하는 탄산가스 용해액의 제조방법.

제1항은 제1수용액을 예시 물질로 한정함으로써 거절 이유 극복하고, 제7항의 경우, 전기분해 종료점 (마이너스 밀리볼트값)을 청구범위에 도입하면 신규 사항 추가가 유력 시 되었으며, 의견서로 산화환원 전위의 부호 변화가 가지는 의미를 주장하여 명확하다고 의견 피력하므로써 거절이유를 극복할 수 있다.

## (3) 생명공학발명

### (가) 최근 생명공학관련 심사경향

① 기능으로 한정한 공지의 유전자 또는 단백질에 대한 신규성 판단

공지의 유전자나 단백질은 새로운 용도를 찾아도 신규성을 불인정한다. 새로운 용도에 대한 명세서 기재 기준의 일례를 제시한 것으로 판단된다.

② 폴리뉴클레오티드 단편이나 안티센스의 진보성 판단

공지 유전자에 대한 일반적 프라이머나 프로브, 안티센스 물질 등은 효과가 매우 현저함을 입증하여야 진보성이 인정된다.

③ 공지된 다수의 유전자나 단백질을 마커로 청구하는 경우의 단일성 판단

구체적 예시의 추가를 통하여 동일하거나 상응하는 기술적 특징에 대해 구조적 기여도를 고려하여 판단한다.

④ 공지의 종이고 유용성이 알려진 다른 미생물과 동일속에 속하는 경우의 진보성 판단

출원인이 부여한 명칭이나 수탁번호로 공지의 미생물과의 구별이 모호한 경우, 신규성과 진보성 판단할 수 있도록 예시와 설명을 추가하도록 한다.

### (나) 특허청구 범위 작성전략

① 유전자, DNA 단편 및 SNP(Single Nucleotide Polymorphism) 등은 원칙적으로 염기서열로 특정하여 기재하여야 한다. 예를 들어, '서열번호 2의 DNA 서열로 구성된 폴리뉴클레오티드'와 같이 기재할 수 있다.

② 구조유전자의 경우에는 염기서열이 코딩(Coding)하는 단백질의 아미노산 서열로 특정하여 기재할 수도 있다. 예를 들어, '서열번호 2에 기재된 아미노산 서열을 코딩하는 OOO 유전자'와 같이 기재할 수 있다.

③ 단백질, 재조합 단백질은 아미노산 서열 또는 아미노산 서열을 코딩하는 구조유전자의 염기서열로 특정하여 기재한다.

**[표 3–25] 벡터, 재조합벡터, 형질전환체, 모노클로날 항체, 미생물 등 청구범위 작성**

| 보호대상 | 특허청구범위 특정 | 예 |
|---|---|---|
| 벡터 | DNA 염기서열, DNA의 개열지도(Cleavage Map), 분자량, 염기쌍수, 기원, 제법, 기능, 특성 등의 조합 | 슈도모나스 푸티다(Pseudomonas Putida) ATCC 0000으로부터 분리한 플라스미드 pSF52로 제1도에 기재된 개열지도를 갖는 벡터 |
| 재조합벡터 | 삽입되는 유전자 및 벡터(단, 유전자가 특허 요건을 만족하고 또한 그 발현을 위해 특정의 벡터를 필요로 하지 않는 경우에는 삽입되는 유전자로만 특정 가능) | 서열번호1의 유전자를 포함하는 재조합 벡터 |
| 형질전환체 | 미생물 또는 식물, 동물의 명명법에 의한 종명 또는 그의 속명으로 표시된 숙주와 도입되는 재조합 벡터(또는 유전자) | 서열번호 1의 유전자를 포함하는 재조합 벡터로 형질전환된 바실러스(Bacillus) 속 미생물 |
| 모노클로날 항체 | 항원과 모노클로날 항체를 생산하는 하이브리도마(단, 항원이 신규하고 진보성을 가지는 경우에는 항원만을 특정하는 것이 가능) | 서열번호 2의 아미노산 서열을 갖는 항원A에 대한 모노클로날 항체 |
| 안티센스 | 염기서열 및 그 기능으로 특정 | 단백질P의 생산을 저해하는 서열번호 1의 안티센스 뉴클레오티드 |
| 미생물 | 미생물의 명칭과 특성을 조합 | 물질 P를 생산하는 바실러스 서브틸리스(Bacillussubtilis) |
| 식물 | 식물의 명칭과 특성(또는 특징이 있는 유전자) 및 무성번식방법 | A, B, C, …인 특성을 가지며 지삽에 의해 무성번식되는 장미변종식물 |
| 동물 | 동물의 명칭과 특성(또는 특징이 있는 유전자) 및 제조방법 | 인간 인터페론 유전자가 도입되어 항 바이러스 활성을 가지는 형질전환 생쥐 |

### (다) 생명공학발명 관련 특이한 특허요건

#### ① 미생물기탁제도

출발물질이나 최종산물이 미생물 등 생물학적 물질(Biological Material)을 포함하는 발명은 살아 있는 생명체가 발명의 필수 구성요소로 되어 있으므로 명세서의 기재만으로 발명을 용이하게 실시할 수 없는 경우가 많다. 이에 특허출원에 관련되는 미생물을 공인기탁기관에 기탁하여, 공개 후에는 제3자가 분양 받아 실시할 수 있도록 함으로써 명세서 기재사항을 보완하기 위해 마련된 제도이다.

미생물과 관련된 발명에 대하여 특허출원을 하고자 하는 자는 특허청장이 정하는 기탁기관 또는 국제기탁기관에 그 미생물을 기탁하고 기탁기관 또는 국제기탁기관의 명칭, 수탁번호, 수탁년월일을 출원당초의 명세서에 명시함과 함께 ㄱ 사실을 증명하는 서면 (수탁증 사본)을 해당 출원의 출원서에 첨부해야 한다. 단, 그 발명이 속하는 기술분야에서 통상의 지식을 가진자가 그 미생물을 용이하게 입수할 수 있는 경우는 이를 기탁하지 아니할 수

있다. (특허법시행령 제2조 및 제3조)

국제기탁기관은 우리나라의 경우 생명공학연구소 유전자은행(KCTC), 한국종균협회(KCCM) 등 3개가 있고, 국제적으로는 미국의 ATCC(American Type Culture Collection), 일본의 NIBH 등 총 31개가 있다.

② 서열목록제출제도

서열목록제출제도란 핵산염기 서열 또는 아미노산 서열을 포함한 특허출원의 증가에 대처하여 신속한 심사처리 및 서열 데이타의 원활한 공개를 목적으로 특허출원 시에 서열목록과 함께 이의 컴퓨터 판독이 가능한 형태의 전자파일을 제출토록 하는 제도이다.

서열목록제출제도의 적용대상은 4개 이상의 직쇄상 아미노산 서열 또는 10개 이상의 직쇄상 핵산염기 서열이며, 그 서열을 특허청 고시 제99-6호의 '핵산염기 서열 또는 아미노산 서열을 포함한 특허출원의 서열목록 작성 및 제출 요령'에 따라 작성하고 발명의 상세한 설명의 끝에 첨부하여야 한다.

선행기술에 해당하는 서열도 목록에 포함시켜야 하나, 공개된 D/B의 고유번호로 확인할 수 있는 경우에는 그 D/B의 고유번호를 기재하는 것으로 대체할 수 있다.

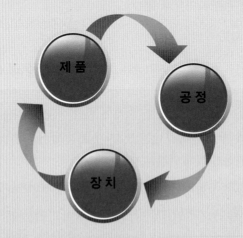

**Tip** 제품청구항·공정청구항·장치청구항의 관계

1. **제품청구항** : 침해 입증이 용이하므로 가장 중요한 청구항이 된다. 그러므로 공정·장치청구항보다 우선시 되어야 한다.
2. **공정청구항** : 노하우의 노출 가능성이 있으므로 가능한 제품 청구항으로부터 공정입증 가능하게 특허청구항을 작성하는 것이 바람직하다.
3. **장치청구항** : 장치회사 이외에 외부에서 설비관찰이 불가능하므로, 설비공급사를 제어하는 용도로 사용될 수 있다. 특히, 설비공급사와 기밀유지 협약(Non-disclosure Agreement)을 하는 것이 바람직하다.

그러므로 특허침해 탐지 용이 여부에 따라, 제품 → 장치 → 공정청구항 순서대로 작성하는 것이 타당하며, 특히 공정청구항을 작성하는 경우 유출될 노하우는 없는지 각별히 주의한다.

## (4) BM 발명

### (가) 정의

비즈니스 발명이라 함은 정보기술을 이용하여 구축된 새로운 비즈니스 시스템 또는 방법발명을 말하며, 이에 해당하려면 컴퓨터상에서 소프트웨어에 의한 정보 처리가 하드웨어를 이용하여 구체적으로 실현되고 있어야 한다.

### (나) 구분

특허법에서는 발명이 어떠한 형태로 구체화되고 있느냐에 따라 물건의 발명과 방법의 발명으로 구분되는데, 비즈니스 방법이 컴퓨터상에서 수행되어지게 하는 처리나 조작에 해당하는 작용을 하는 수단을 구성요소로 하여 구성요소간의 관계를 특정하여 물건발명으로 청구할 수 있다.[101]

비즈니스 방법도 컴퓨터상에서 수행되어지게 하는 시계열적으로 연결된 일련의 처리나 조작의 절차를 특정함으로써 방법발명으로 청구할 수 있다.[102] 비즈니스 모델의 다수가 이 단순방법 발명에 해당한다.

### (다) 작성전략

#### ① 작성할 발명의 종류 선택

BM 발명은 다양한 형태로 표현이 가능하므로, 출원인은 자신이 보호받고자 하는 BM 발명이 적절히 보호될 수 있는 발명의 종류를 선택하여 청구항을 작성한다.

- **방법발명** : 컴퓨터 관련 발명은 시계열적으로 연결된 일련의 처리 또는 조작, 즉 단계로서 표현할 수 있을 때 그 단계를 특정하는 것에 의해 방법의 발명으로서 청구항에 기재할 수 있다.

- **물건발명** : 컴퓨터 관련 발명은 그 발명이 완수하는 복수의 기능으로 표현할 수 있을 때 그 기능으로 특정된 물건의 발명으로 청구항에 기재할 수 있다.

- **프로그램 기록 매체 청구항** : 프로그램 기록 매체, 즉 프로그램을 설치하고 실행하거나 유통하기 위해 사용되는 '프로그램을 기록한 컴퓨터로 읽을 수 있는 매체'는 물건의 발명으로서 청구항에 기재할 수 있다.

- **데이터 기록 매체 청구항** : 데이터 기록 매체, 즉 기록된 데이터 구조로 말미암아 컴퓨터가 수행하는 처리 내용이 특정되는 '구조를 가진 데이터를 기록한 컴퓨터로 읽을 수 있는 매체'는 물건의 발명으로서 청구항에 기재할 수 있다.

---

[101] 장치, 시스템, 컴퓨터프로그램을 저장한 기록매체 등
[102] 전자거래 관련 발명심사기준 참조

② 주의 사항(불명확한 청구항을 피할 것)

특허법 제42조제4항제2호는 '발명이 명확하고 간결하게 기재될 것'을 규정하고 있다. 그러므로 BM 발명 청구항 작성 시 발명이 명확하지 않는 것으로 인정될 수 있다.

- 청구항의 기재 자체가 명확하지 않은 경우

- 발명을 특정하기 위한 사항의 기술적 의미를 이해할 수 없는 경우

- 발명을 특정하기 위한 사항 사이에 기술적인 관련성이 없는 경우 (예 특정 컴퓨터프로그램을 전송하고 있는 정보 전송 매체)

- 특허를 받고자 하는 발명이 속한 범주가 명확하지 않은 경우 (예 프로그램은 '물건의 발명'인지 '방법의 발명'인지를 특정할 수 없다. 따라서 특허를 받고자 하는 발명이 속한 범주가 명확하지 않으므로 발명이 명확하지 않다. 또한 프로그램 신호, 프로그램 신호열, 프로그램 제품, 프로그램 산출물 등도 발명이 속한 범주가 명확하지 않다.

- 범위를 애매하게 하는 표현이 있는 경우

- 발명을 특정하기 위한 사항에 달성해야 할 결과가 포함되어 있을 때 '청구항에 기재된 적인 것을 상정할 수 없는 경우 (예 구체적인 수단, 구체적인 물건, 구체적인 공정 등)

---

[103] 1997년 일본 컴퓨터 관련 발명에 관한 심사지침

## 3  작성형식에 따른 특허청구범위 작성방법

앞서 일반적인 특허청구범위 작성방법과 더불어 화학발명에 자주 이용되는 용도발명과 수치한정발명과 생명공학발명 및 BM 발명의 특허청구범위 작성법에 대해서 알아보았다. 이제 발명 자체의 내용이 아닌, 청구항 작성형식에 따른 청구항 작성요령에 대해 검토한다.

### 1. 기본적인 작성형식 – 내용기술형·요건열거형·특징추출형

Product by Process 청구항이나 젭슨 청구항과 같이 특이한 형태의 청구항을 설명하기 전에, 청구항 작성의 기초가 되고 일반적인 작성형식인 내용기술형, 요건열거형 및 특징추출형 청구항 작성에 대해서 알아본다.

#### (1) 내용기술형

방법발명에서 일반적으로 사용되는 기재형식으로 시간적 경과나 위치관계에 따라 시계열적으로 기재하는 형식이다.

[표 3-26] **내용기술형 청구항 작성례**

> 【청구항 1】
>     A와 B를 반응시켜 C를 만들고, 상기와 같은 방법으로 얻은 C에 D를 반응시켜 E를 만든 후, 다시 E를 F에 반응시켜 G를 만드는 것을 포함하는 G의 제조방법

#### (2) 요건열거형

내용기술형을 단계별 개조식으로 하여 각 공정단계 또는 구성요소로서 정리해 기재하는 형식이다.

[표 3-27] **요건열거형 청구항 작성례**

> 【청구항 1】
>     (1) A와 B를 반응시켜 C를 만드는 공정
>     (2) C와 D를 반응시켜 E를 만드는 공정
>     (3) E와 F를 반응시켜 G를 만드는 공정의 3공정으로 이루어지는 (구성된) G의 제조방법

### (3) 특징추출형

개량발명에서 공지기술을 전제부에 기재하고 개량된 특징적 부분을 특징부에 기재하는 젭슨 타입 등의 기재 형식이다.

[표 3-28] **특징추출형 청구항 작성례**

【청구항 1】
기재 A와 B를 반응시켜 C를 제조하는 방법에 있어서,
(1) 촉매 X를 사용하는 것과
(2) 용매로서 D를 사용하는 것과
(3) 반응온도를 100℃ 및 반응압력을 50기압으로 하는 것을 특징으로(포함) 하는 C의 제조방법

## 2. Product by Process 청구항

### (1) 의의 및 기능

Product by Process 청구항이란, 물건에 관한 청구항으로서 제조 방법이나 수단에 관한 표현을 사용하여 하나 이상의 구성이 표현된 것을 말한다.

주로 화학 발명 물질 청구항 등에서 발명된 물질의 구체적인 성분은 알지 못하여 그 물질의 구성 자체를 표현할 수는 없더라도 그 제조방법에 의하여 그 물건을 특정함으로써 그 물건에 관한 보호를 구하는 방식으로 주로 이해된다.

### (2) 해석

#### (가) 심사단계

방법적 형식으로 기재한 물건에 관한 청구항에 있어서 보호받고자 하는 대상은 방법이나 제조 장치가 아니라 물건 자체로 해석되므로 진보성 등에 대한 판단 대상은 물건이다. 따라서 심사관은 신규성이나 진보성 판단 등에 있어 그 방법이나 제조 장치가 특허성이 있는지 여부를 판단하는 것이 아니라 그러한 방법으로 제조된 '물건 자체'의 구성이 공지된 물건의 구성과 비교하여 진보성 등이 있는지 여부를 판단하여 특허 여부를 결정한다. 이 경우 방법적 기재에 의해 물성·특성·구조 등을 포함하여 특정되는 물건이 판단의 대상이 된다.[104]

즉, 심사 과정에서 Product by Process 청구항이 청구하는 것은 '물건 자체'로 해석된다. 따라서, Product by Process 청구항은 그 기재된 제조방법에 구해되지 않고 심사를 하므로 발명의 범위가 넓게 이해되어 그만큼 선행기술의 범위도 넓어진다.

---

[104] 특허청 특실 심사지침서 4122-5

### (나) 특허등록 후

우리나라의 경우, Product by Process 청구항은 그 권리범위를 확정함에 있어서는 물건의 생산방법에 관한 기재를 구성요소로 포함하여 청구항을 해석해야 할 것으로 판단한 바 있다.[105]

이러한 판례에 따르면[106] 특허성의 심사를 위해서는 한정된 방법적 한정 사항에 구애되지 아니하고 심사를 하여 등록이 어려운 반면, 등록된 후에는 생산방법에 관한 기재를 포함하여 권리범위를 판단하므로 범위가 좁게 되는 것이다.

## (3) 작성전략

이러한 세계적인 동향을 고려하면, 특히 기계금속분야의 Product by Process 청구항은 심사과정에서는 등록이 어려운 불이익을 받고, 등록 후 권리범위의 해석에서는 좁게 해석될 위험이 있는, 다소 유익하지 못한 청구범위 표현 방식으로 이해하여야 할 것이다.

따라서 비록 실시례에서 특정한 부품이 특정한 제조방법에 따라서 제조된다고 하여도, 그러한 제조방법적 표현 이외에는 다른 표현을 찾을 수 없는 등 특수한 사정이 있는 경우에만 그러한 표현을 청구범위에 도입하도록 하고, 이러한 제조방법적 표현을 도입하여 청구범위를 기재하는 것은 피하는 것이 바람직하다.

### (가) 명세서 작성자의 자세

① 그 제조방법에 의하여만 물건을 특정할 수 밖에 없는 상황이 아니면 청구범위에서 구성요소를 한정하면서 생산방법적 표현을 사용하지 않는다.

② 생산방법 자체가 특징적이라면 그 생산방법을 별도의 청구항으로 작성한다.

### (나) 명세서 검토 시

① 청구범위에서 생산방법적 표현이 있는지 확인한다.

② 생산방법적 표현이 있다면 그 방법에 의하여만 물건을 특정할 수 있는지 검토한다.

③ 그 방법에 의하여만 특정할 수 있는 것이 아니라면 그 생산방법적 표현은 삭제하거나, 구성에 관련된 다른 표현으로 수정한다.

> **Tip** PBP 청구항 작성 대신 방법발명 자체를 청구하자.
> PBP 청구항 작성 중 제조방법적 특징에 기술적 의미가 있어 진보성이 인정될 수 있을 정도이면, 별도의 제조방법 청구항을 작성하여 독립한 권리로 보호받도록 하는 것이 좋을 것이다.

---

[105] 이 사건 제4항 발명은 물건을 생산하는 방법을 포함하고 있는 청구항으로서 이른바 생산 방법을 한정한 물건에 관한 청구항(Product by Process Claim)이라고 힐 깃인바, 특허법 제42조제4항제3호기 청구항은 발명의 구성에 없어서는 아니 되는 사항만으로 기재될 것을 요구하고 있으므로 이러한 청구항도 그 권리범위를 확정함에 있어서는 물건의 생산방법에 관한 기재를 구성요소로 포함하여 청구항을 해석하여야 할 것이지만 [특허법원 2004.11.05 선고 2004허11 판결]

[106] 아직 판례가 축적되지 아니하여 일관된 판례의 태도로 속단할 수는 없다.

## 3. 기능식 청구항

### (1) 의의 및 기능

기능식 청구항이란, 청구범위의 전부 또는 일부 구성요소를 기능식 표현으로 기재한 청구항을 말한다. 특허법 제42조제6항은 '특허청구범위를 기재할 때에는 보호받고자 하는 사항을 명확히 할 수 있도록 발명을 특정하는데 필요하다고 인정되는 구조·방법·기능·물질 또는 이들의 결합관계 등을 기재하여야 한다.'[107]고 규정, 구조 외에도 기능이나 방법 등의 한정을 함으로써 구성요소를 표현할 수 있는 것으로 하고 있다. 기술이 다양화됨에 따라 물건(장치)의 발명에 대하여 물리적인 구조나 구체적인 수단보다는 그 장치의 작용이나 동작방법 등에 의하여 발명을 표현하는 것이 바람직한 경우가 있으므로, 발명이 명확하게 특정될 수 있다면 출원인의 선택에 따라 자유롭게 발명을 기재할 수 있도록 하기 위한 것이다.

### (2) 해석

#### (가) 심사단계

청구항에 기능적 표현이 기재된 경우, 발명의 목적을 달성할 수 있는 범위에서 그 기능을 구현하는 모든 수단을 포괄하는 발명을 해당 청구항의 발명으로 인정하여 진보성 등을 판단한다. 즉, 청구항의 일부가 기능적으로 표현됐다고 하여 그 기능적 표현을 뒷받침하는 상세한 설명의 수단만으로 청구항의 발명을 한정하여 진보성 등을 판단하지 않는다. 결국 기능식 청구항은 등록이 힘들다.

청구항 전체의 기재로부터 파악할 때 해당 기능적 표현의 의미가 명확하지 않아 특허법 제42조제4항제2호[108]의 거절이유에 해당하는 경우에는 상세한 설명의 기재에 의해 뒷받침되는 수단 또는 그와 동등한 수단으로 청구항의 발명을 인정하여 진보성 등을 판단할 수 있다.

#### (나) 특허등록 후

청구항의 기능적 표현은 그러한 기재에 의하더라도 발명의 구성이 전체로서 명료하다고 인정되는 경우에만 허용된다[109]. 이 때 기능적 표현에 의하더라도 발명의 구성이 전체로서 명료하다고 인정되는 경우라 함은 ① 종래의 기술적 구성만으로는 발명의 기술적 사상을 명확하게 나타내기 어려운 사정이 있어 청구항을 기능적으로 표현하는 것이 필요한 경우 ② 발명의 상세한 설명과 도면의 기재에 의하여 기능적 표현의 의미 내용을 명확하게 확정할 수 있는 경우를 말한다[110].

---

[107] 2007.1.3 개정 전 법에 따르면 특허법 제42조제4항제3호에 '발명의 구성에 없어서는 아니되는 사항만으로 기재할 것'이라고 한 것에 비하여, 방법·기능·물질 또는 이들의 결합 관계를 기재하는 것을 허용하고 있는 것이다.

[108] 발명이 명확하고 간결하게 기재될 것

[109] 대법원 1998. 10. 2. 선고 97후1337 판결

[110] 특허법원 2006.11.23. 선고 2005허7354 판결

기능적 표현을 사용함으로써 이와 같이 발명의 구성이 전체로서 명료하다고 인정되지 않는 경우에는, 발명이 명확하게 기재되지 아니한 것으로 되어 거절이유와 무효사유가 된다.

기능적 표현을 사용한 청구항에서 발명의 구성이 전체로서 명료하다고 인정되는 경우라도, 기능적 표현으로 된 청구항의 권리범위는 청구항에 기재된 기능을 수행하는 모든 구성을 포함하는 것이 아니라, 청구항의 기재와 발명의 상세한 설명 및 도면에 의하여 명확히 확정할 수 있는 구성만을 포함하는 것으로 한정하여 해석된다[111]. 따라서 문언상의 표현보다는 좁은 범위로 축소해석되는 것이다.

---

**관련 사례**

■ **기능식 청구항은 인정한 판례**

| 사건번호 | 특허법원 2005.12.2. 선고 2005허1042 판결 |
|---|---|
| 사건의 종류 | 권리범위확인(실) |
| 관련특허 | 실용신안등록 제156881호(1999. 6. 18.) |
| 발명의 명칭 | 벌꿀 채밀기 |

### 특허청구범위

**【청구항 1】**

상부가 트여진 형상으로 벌꿀의 채밀 시 이를 저장하며 저장되어 있는 벌꿀을 배출하기 위한 배출구(12)가 구비되어 있고, 저면판(11)은 꿀의 배출을 원활히 하기 위하여 소정의 경사각으로 되어있는 채밀통(10)와; 《중략》으로 구성되는 것에 있어서; 상기 봉소판(33)을 수용하는 수용틀체(30)는 벌꿀의 채밀 후 회전 정지될 때 수용틀체(30)의 봉소판(33)을 교환 및 분리하기 위하여 각각의 수용틀체(30)의 선단이 중앙으로 자동 정렬되도록 한 자동정렬수단(40)이 구비됨을 특징으로 하는 벌꿀 채밀기.

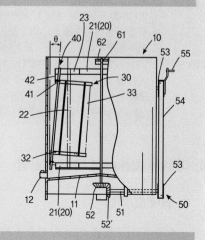

### 법원의 판단

이 사건 제1항 고안의 청구범위에서는 자동정렬수단(40)이 어떻게 이루어져 있는지 그 구성에 대하여 전혀 기재를 하지 않은 채 회전틀체(20)의 회전이 정지되었을 때 수용틀체(30)의 선단이 자동으로 채밀통(10)의 중앙으로 정렬되도록 한다고 그 기능만을 기재하고 있는바, 이와 같이 등록고안의 청구범위의 기재가 기능적 표현인 경우에는 고안의 상세한 설명과 도면의 기재를 참고하여 실질적으로 그 의미 내용을 확정하여야 하므로, 《중략》라고 각 기재되어 있고, 자동정렬수단이 나와 있는 별지 제1의 그림 3에는 이와 같이 수용틀체가 기울어진 구성이 도시되어 있어서, 이 사건 제1항 고안의 자동정렬수단은 수용틀체가 회전틀체에 설치될 때 회동축이 하단보다 상단을 채밀통의 중앙부로 기울어지도록 한 구성이라고 해석하여야 한다.

---

[111] 대법원 1998. 10. 2. 선고 97후1337 판결 및 특허법원 2006.11.23. 선고 2005허7354 판결

### (3) 작성전략 − 기능식 청구항 작성을 자제할 것

#### (가) 구성요소의 한정에 기능적인 표현을 최소화한다

청구범위에서 구성요소를 설명하면서 실시례에 의하여 뒷받침되는 기구적인 결합 관계를 상위개념의 언어로 표현하고자 할 때, 구성에 관련된 표현들로 선정하는 것이 바람직하다. 다만, 그 구성적인 표현을 찾을 수 없거나 구성적으로 표현하면 지나치게 어려운 경우에 한하여 제한적으로 기능식 청구항을 작성하는 것이 바람직하다.

#### (나) 기능적 표현으로만 된 구성요소의 명칭을 피한다

'자동정렬수단'과 같은 구성요소의 명칭에는 '자동정렬'이라는 기능적 기재와 '수단'이라는 포괄적인 용어로 구성되어 아무런 구성적인 표현이 포함되어 있지 않다. 마찬가지로, '연결부'라는 명칭에는 '연결'이라는 기능적 기재와 '부'라는 포괄적인 용어로 구성되어 있으며, 구성에 관한 표현이 포함되지 않는다. '완충기' 역시 마찬가지이다.

이와 같이, 구성요소의 명칭에 구성에 관련된 표현이 전혀 없이 기능적이거나 포괄적인 용어로만 조합된 명칭은 피하는 것이 바람직한 것으로 보인다.

> **Tip** 기능식 청구항 남용금지
>
> 명세서를 작성할 때에는 청구범위의 구성요소의 표현에서 기능적 표현으로 기재할 수밖에 없는 경우가 아니라면, 기능적 표현을 남용하지 않도록 하여야 한다. 기능적 표현을 사용해야 할 때에는 그 구체적인 구성을 상세한 설명에 충분히 설명하도록 한다. 이 때, 그 기능을 구현하는 구성의 다양한 형태를 풍성하게 기재하는 것이 등록 후 보호범위를 확대하는 길이다.
>
> 예를 들어, 청구범위에 'A와 B를 탄력적으로 연결하는 연결부'라고 기재한 경우, 상세한 설명에 '연결부'에 관한 구체적인 구성(예) 코일 스프링)을 설명하고, 단지 하나의 예만 설명하는 것보다는 대체될 수 있는 다른 예를 충실히 기재하는 것이 추후 '연결부'의 권리범위 해석에 도움되는 일이다.

## 4. 마쿠쉬(Markush) 타입 청구항

### (1) 형태 및 기능

마쿠쉬 청구항은 어떤 구성요소가 여러 가지 재질로 구성될 수 있는 경우 그 각각을 청구항으로 작성하면 비용이 과다하고 청구항을 좀 더 함축적으로 기재해야 할 필요가 있게 되는 등의 이유로 인정되게 된 방식이다.[112]

일반적으로 마쿠쉬 청구항은 물체의 선별적 선택 또는 공정에서 선택적 단계, 조성 또는 화합물에 사용되어 질 수 있는 선택적 화학성분을 한정하는데 이용되며 생산물에 사용되는 선택적 자료를 기술하는 데 이용될 수 있다.

---

[112] 마쿠시 청구항은 청구항 전체의 형식에 대한 정의라기보다는, 청구항에 기재된 특정한 구성요소의 표현방식에 관한 형태이다.

## (2) 작성전략

청구항이 마쿠쉬 형식으로 기재된 경우 그 선택요소 중 어느 하나를 선택하여 인용발명과 대비한 결과 진보성이 인정되지 않으면 그 청구항에 기재된 발명 전체에 진보성이 없는 것으로 판단된다.

그러므로 마쿠쉬 청구항 작성을 통해 얻어질 전체 청구항 수 감소에 따른 경제적 이익과 거절이유 발생 가능성 등을 형량하여 마쿠쉬 타입 청구항의 작성전략을 세우는 것이 바람직하다.

[표 3-29] **마쿠쉬 타입 청구항 작성례**

> 【청구항 2】
> 　　제1항에 있어서,
> 　　화합물 입자가, 티타늄, 지르코늄, 하프늄 및 텅스텐으로 이루어지는 그룹으로부터 선택된 하나 이상의 원소의 탄화물, 질화물 또는 탄질화물로 필수적으로 구성되는 초경합금.

## 5. 젭슨 타입 (Jepson Type; Two-part Form)

### (1) 형태 및 해석

젭슨 타입은 특허청구범위에 발명을 기재할 때, 발명의 일부 구성요소를 전제부에 포함시키고, 특징부를 본문에 기재하는 형식이다. 젭슨 타입 청구항의 본문에는 특징부가 기재되는데, 이 특징부는 구성요소의 열거 형태로 작성되거나, 특징의 열거로 작성되어도 무방하고, 하나의 구성요소나 특징만 기재되어도 무방하다.

우리나라와 미국에서는 젭슨 타입 청구항의 전제부에 기재된 구성요소라도 특허성을 심사할 때나 등록 후 보호범위를 판단할 때 모두 고려된다. 유럽에서는 심사 과정에서는 본문을 위주로 신규성과 진보성을 판단하며, 등록 후에는 전제부의 구성요소와 본문의 구성요소를 합하여 무효 여부 및 침해 여부를 판단한다.

[표 3-30] **장치발명의 젭슨 타입 청구항 작성례**

> 【청구항 1】
> 　　A; B; 및 C를 포함하는 장치에 있어서,
> 　　상기 A는 a를 포함하고;
> 　　상기 B는 b를 포함하며;
> 　　상기 C는 c를 포함하는 것을 특징으로 하는 장치.

[표 3-31] **방법발명의 젭슨 타입 청구항 작성례**

【청구항 1】
　　　　엔진회전수와 흡입공기량을 검출하는 단계;
　　　　상기 엔진회전수와 상기 흡입공기량을 기초로 연료분사량을 제어하는 단계;를 포함하는 엔진 제어
방법에 있어서,
　　　　상기 연료분사량을 제어하는 단계는,
　　　　상기 흡입공기량이 설정값 이상인지 판단하는 단계;
　　　　상기 흡입공기량이 설정값 이상이면 상기 엔진회전수를 기초로 상기 연료분사량을 계산하는 단계;
　　　　상기 계산된 연료분사량으로 상기 엔진에 연료를 분사하도록 인젝터를 제어하는 단계;를 포함하는
엔진 제어방법.

## (2) 보정 시 젭슨 타입 청구항 작성

젭슨 타입 청구항은 반드시 출원 시부터만 작성되는 것은 아니다. 콤비네이션 타입의 청구항이라
도 독립항을 삭제하면서 종속항을 독립항으로 보정하면서 자연스럽게 그 청구항의 형태가 젭슨
타입으로 수정되게 되는 경우도 많다.

[표 3-32] **보정에 의한 젭슨 타입 청구항 작성례**

| 보정 전의 청구항 | 제1항 삭제 후 제2항을 독립항으로 쓴 경우 |
|---|---|
| 【청구항 1】<br>　　　　책상;<br>　　　　상기 책상과 연결된 의자; 및<br>　　　　상기 책상 위에 배치된 책꽂이;<br>　　　　를 포함하는 가구.<br>【청구항 2】<br>　　　　제1항에서,<br>　　　　상기 책상에는 다리가 형성되고,<br>　　　　상기 의자는 상기 책상의 다리와 연결된 가구. | 【청구항 1】<br>　　　　〈삭제〉<br>【청구항 2】<br>　　　　책상;<br>　　　　상기 책상과 연결된 의자; 및<br>　　　　상기 책상 위에 배치된 책꽂이;<br>　　　　를 포함하는 가구에 있어서,<br>　　　　상기 책상에는 다리가 형성되고,<br>　　　　상기 의자는 상기 책상의 다리와 연결된 가구. |

위의 예시처럼 제1항과 그 종속항인 제2항이 있는 경우, 제1항은 거절이유로 인하여 삭제하고 제
2항을 독립항으로 보정하는 경우를 들 수 있다. 이럴 경우 제1항의 기재사항은 전제부에, 제2항
의 기재사항은 특징부에 기재하는 형식으로 작성되기도 한다.

> **Tip** **미국 출원 시 젭슨 타입 청구항 취급**
>
> 미국에서는 전제부에 포함된 구성요소들의 해석이 출원인·특허권자에게 불리하게 작용하는 면이 있어[113], 젭슨
> 타입의 청구항은 거의 사용되지 않는다. 특허출원의 심사에서는 전제부에 포함된 구성요소가 공지된 것으로 보고
> 본문에 기재된 구성요소들을 기재한 선행기술을 찾아 거절하게 되는 경향이 있어 특허로 등록받기가 힘들어지게
> 되는 면이 있기 때문이다.

---

[113] 특허출원의 심사에서는 전제부에 포함된 구성요소가 공지된 것으로 보고 본문에 기재된 구성요소들을 기재한 선행기
술을 찾아 거절하게 되는 경향이 있어 특허로 등록받기가 힘들어지게 되는 면이 있다.

## 6. 개조식 청구항

청구항의 구조를 바꾸어 발명의 명칭을 발명의 구성요소보다 먼저 기재한 청구항 기재방식으로 발명의 이해에 도움이 되는 경우에는 청구항을 개조식으로 작성하는 것이 허용된다.

[표 3-33] **개조식 청구항 작성례**

> 【청구항 1】
> 다음의 각 공정으로 이루어지는 금속재료 가공방법
> (가) 금속재료를 800~850에서 가열하는 제1공정
> (나) 가열된 재료를 단조하는 제2공정
> (다) 단조된 재료를 600으로 재가열하는 제3공정
> (라) 재가열된 재료를 소입 처리하는 제4공정

## 7. 기록매체 청구항

소프트웨어를 기록한 컴퓨터로 읽을 수 있는 기록매체를 물건발명으로서 청구하는 형태이다. 컴퓨터 관련 발명에서 유래한 것으로 프로세스를 알고리듬화한 컴퓨터 프로그램 자체는 논리집합으로서 특허로서의 보호대상이 아니나, 그러한 프로그램을 저장한 기록매체는 물건의 발명으로서 특허의 대상이 된다.

[표 3-34] **기록매체 청구항 작성례**

| 방법 청구항 | 기록매체 청구항 |
|---|---|
| 【청구항 1】<br>　　~하는 A단계 ~하는 B단계 및 ~하는 C단계를 포함하는 ~방법.<br>【청구항 2】<br>　　제1항에서, 상기 A단계는 a1단계 a2단계를 포함하는 ~방법.<br>【청구항 3】<br>　　제1항에서, 상기 B단계는 b1단계 b2단계를 포함하는 방법.<br>【청구항 4】<br>　　제1항에서, 상기 C단계는 c1단계 c2단계를 포함하는 ~방법. | 【청구항 5】<br>　　제1항 내지 제4항 중 어느 한 항의 방법을 수행하기 위한 일련의 명령어 집합이 기록된 컴퓨터로 판독할 수 있는 기록매체. |

## 8. 표준특허

### (1) 의의

표준특허란 표준에 채택된 기술을 구현하는데 반드시 사용할 수 밖에 없는 특허로서 글로벌 시장을 선점하고 로열티 수입을 확대할 수 있어 주요 선진국들은 표준 특허 확보에 많은 시간과 노력을 기울이고 있다.

### (2) 판단 및 특징

표준특허인지는 일반적으로 청구항의 구성요소가 규격서에 있는지 여부로 판단한다. 즉, 표준의 기술을 실시하면 특허의 침해가 되는지 여부를 판단하는 것이다.

표준특허는 일반 특허와 달리 표준 특허에 관하여 소요된 자금이나 시간, 기술적 가치, 권리 범위의 광협은 고려되지 않으며, 오로지 기술 표준 규격서를 커버하는 불가결성(Essentiality) 여부만이 중요하다.

### (3) 작성전략

표준특허는 표준으로 채택된 기술을 모두 포함할 수 있게 최대한 상위 개념의 구성요소를 이용하여 청구항을 작성하여야 한다. 그러므로 명세서에 기재된 실시례 내용에 국한하지 말고, Concept(상위개념)을 표현하도록 염두한다.

[표 3-35] **표준특허 작성례**

| 최초 청구항 | 표준특허 청구항 |
|---|---|
| 【청구항 1】<br>　　　　소정의 픽셀 정밀도에 따라서 각 계층의 비용 함수가 최소가 되는 가변 블록 크기 및 모션 벡터를 검색하는 단계;<br>　　　　상기 픽셀 정밀도가 픽셀 크기 미만인 경우에 원 프레임을 업샘플링하고, 원 프레임보다 작은 해상도를 갖는 계층에서의 모션 벡터를 검색하는 경우 원 프레임을 상기 작은 해상도를 갖도록 다운샘플링하는 단계;<br>　　　　상기 각 계층별로 검색된 모션 벡터의 차분값을 계산하는 단계 및;<br>　　　　상기 검색된 모션 벡터의 차분값 및 가변 블록 크기 정보를 검색된 하위 계층의 중요도 정보를 이용하여 재배열하는 단계를 포함하는 모션 추정방법. | 【청구항 1】<br>　　　　입력된 비디오 프레임에 대하여 모션 벡터들을 검색하는 단계.<br>　　　　상기 프레임에 대응되는 하위 계층의 정보를 기초로 상기 검색된 모션 벡터의 중요도를 결정하는 단계.<br>　　　　상기 중요도에 따라 상기 모션 벡터에 관한 데이터를 재배열하는 단계를 포함하는 모션 추정방법. |

앞의 작성례와 같이, 최초 청구항은 도면의 블록도를 참조하여 그림을 그리듯 표현을 하였다면, 표준특허 청구항은 발명의 개념인 하위 계층을 이용한 모션 벡터의 Scalability를 구현하는 점을 고려하여 상위개념으로 작성되었다.

# 4  다항제와 독립항 및 종속항

## 1. 다항제

### (1) 다항제의 개념 및 연혁

발명의 보호범위를 정하는 특허청구범위에 한 개의 청구항만이 있는 경우는 드물며, 오히려 여러 개의 청구항으로 특허청구범위를 채운다.

현재 특허명세서의 특허청구범위에 여러 개의 항을 작성하는 것이 당연하다고 생각하겠지만, 다항제 제도가 처음부터 존재했던 것은 아니며, 1980년 특허청구범위의 기재방법의 국제화 추세에 발맞추어 특허청구범위 다항제가 채택되었다. 기술이 날로 복잡하고 고도화되면서 하나의 항으로 관련된 기술을 모두 청구하는 것이 곤란해지고, 또한 외국에서 들어오는 인커밍 출원건들이 다항제를 바탕으로 하고 있기 때문에 다항제를 도입하게 되었다.[114]

### (2) 역할 및 기능

이러한 다항제를 채택하는 취지는 발명을 여러 각도에서 다면적으로 기재하여 발명을 충실히 보호할 수 있도록 하고, 발명자의 권리범위와 일반인의 자유 기술영역과의 한계를 명확하게 구별하여 특허분쟁의 경우 특허침해 여부를 명확하고 신속하게 판단할 수 있도록 하기 위한 것이다.[115]

### (3) 관련 법규정

특허법 제42조제4항에서 '특허청구범위에는 보호를 받고자 하는 사항을 기재한 항(이하 청구항이라 한다)이 1 또는 2이상 있어야 하며'라고 언급하여, 특허청구범위에 여러 개의 청구항을 작성할 수 있다고 명시하고 있다. 다만, 한 개의 청구항만을 작성하였다고 하여 거절이유나 무효사유에 해당하는 것은 아니며, 몇 개의 청구항을 작성할지는 출원인의 자유이다.

---

[114] 1980년 특허법 제8조제4항
[115] 대법원 2001.5.29. 선고 98후515 판결

## 2. 독립항과 종속항

### (1) 개념

종속항은 독립항을 한정하거나 부가하여 구체화하는 항을 말한다[116]. 따라서 독립항은 특허발명으로 보호되어야 할 범위를 넓게 포섭하기 위하여 발명의 구성을 광범위하게 기재하고 종속항은 그 범위 속에서 구체화된 태양을 제시하여 주어 그 독립항을 기술적으로 한정하고 구체화한 사항을 기재하여야 한다.

물론 어떠한 항을 부가하거나 한정하는 항이더라도 반드시 다른 항을 인용하는 종속항 형식으로 기재할 필요는 없으며, 독립항 형식으로 작성할 수 있다. 그러나 일반적으로 효율적인 청구범위 작성, 청구범위의 요지 분석 등 여러 가지 면에서 편리한 점이 있으므로, 종속적 범위의 청구항은 대개 종속항으로 작성되고 있다.

### (2) 다중종속항

#### (가) 의의와 작성 규정

종속항은 그 인용하는 항이 하나일 필요는 없으며, 둘 이상을 인용하는 항을 다중종속항이라 한다. 다중종속항은 인용되는 항을 택일적으로 기재하여야 한다[117]. 다중종속항은 다른 다중종속항을 직접 또는 간접으로 인용할 수 없다[118].

#### (나) 역할 및 기능

대부분의 국가에서 다중종속항을 허용하고 있다. 여러 항을 동시에 인용하여 하나의 항으로 작성하게 되므로, 이들을 모두 풀어서 청구하는 것에 비하여 청구범위 체계를 이해하기 쉽다. 또한, 여러 항을 인용한 다중종속항은 미국을 제외하고는 청구항 수를 계산할 때 하나의 항으로 계산하므로, 여러 개의 종속항을 작성하는 것에 비하여 출원수수료를 절감할 수 있다. 만약 4가지 독립적인 특징들의 가능한 모든 조합을 청구하려면 16개(24)의 청구항이 필요하게 되나, 다중종속항을 무제한 활용할 수 있다면 5개의 청구항으로 족하다.

#### (다) 작성전략 – 미국출원 시

미국은 청구항 수를 따질 때[119], 다중종속항에 대하여는 그 다중종속항이 인용하는 항의 개수만큼 계산하고, 다중종속항을 사용하는 자체에 추가료를 납부해야 한다. 따라서 미국에 출원될 예정인 발명의 청구항은 다중종속항을 가급적 작성하지 않거나, 최소한으로 하는 것이 바람직하다.

---

[116] 특허법시행령 제5조제1항
[117] 특허법시행령 제5조제5항
[118] 특허법시행령 제5조제6항
[119] 청구항 수에 따라 심사청구료 등 특허청에 납부하는 비용이 달라진다.

(라) 관련 규정 – 특허법 제42조 및 특허법시행령 제5조

독립항과 종속항은 기본적으로 특허법시행령 제5조를 준수하여 작성하면 된다. 기본적인 작성법과 더불어 자세한 종속항 작성법은 후술한다.

[표 3-36] **특허청구범위의 기재방법 관련 규정**

| 특허법 | 특허법 제42조 (특허출원) <br> ④ 제2항에 따른 청구범위에는 보호받으려는 사항을 적은 항(이하 '청구항'이라 한다)이 하나 이상 있어야 하며, 그 청구항은 다음 각 호의 요건을 모두 충족하여야 한다. <br>　　　1. 발명의 설명에 의하여 뒷받침될 것 <br>　　　2. 발명이 명확하고 간결하게 적혀 있을 것 <br> ⑧ 제2항에 따른 청구범위의 기재방법에 관하여 필요한 사항은 대통령령으로 정한다. |
|---|---|
| 특허법 시행령 | 특허법시행령 제5조 (청구범위의 기재방법) <br> ① 법 제42조제8항에 따른 청구범위의 청구항(이하 '청구항'이라 한다)을 기재할 때에는 독립청구항(이하 '독립항'이라 한다)을 기재하여야 하며, 그 독립항을 한정하거나 부가하여 구체화하는 종속청구항(이하 '종속항'이라 한다)을 기재할 수 있다. 이 경우 필요한 때에는 그 종속항을 한정하거나 부가하여 구체화하는 다른 종속항을 기재할 수 있다. <br> ② 청구항은 발명의 성질에 따라 적정한 수로 기재하여야 한다. <br> ③ 삭제 <br> ④ 다른 청구항을 인용하는 청구항은 인용되는 항의 번호를 적어야 한다. <br> ⑤ 2 이상의 항을 인용하는 청구항은 인용되는 항의 번호를 택일적으로 기재하여야 한다. <br> ⑥ 2 이상의 항을 인용한 청구항에서 그 청구항의 인용된 항은 다시 2 이상의 항을 인용하는 방식을 사용하여서는 아니 된다. 2 이상의 항을 인용한 청구항에서 그 청구항의 인용된 항이 다시 하나의 항을 인용한 후에 그 하나의 항이 결과적으로 2 이상의 항을 인용하는 방식에 대하여도 또한 같다. <br> ⑦ 인용되는 청구항은 인용하는 청구항보다 먼저 기재하여야 한다. <br> ⑧ 각 청구항은 항마다 행을 바꾸어 기재하고, 그 기재하는 순서에 따라 아라비아 숫자로 일련번호를 붙여야 한다. |

## 3. 작성의 일반 – 종속항의 표현 형식

특허법시행령 제5조와 관련하여, '부가'는 독립항의 구성요소에 새로운 구성요소를 추가한다는 의미이고, '한정'이란 독립항의 구성요소에 새로운 특징을 더한다는 의미이다.

제1항에 있어서[120], 제1항에서, 제1항에 따른 장치로서, 청구항 1에 있어서, 청구항 1에서 등 어느 형식을 취하여도 무방하다. 제1항, 제2항과 같이 인용하여도 무방하고, 청구항 1, 청구항 2와 같이 인용하여도 무방하다. ~에 있어서, ~에서 등의 표현도 문제 되지 않는다.

---

[120] 이러한 표현은 일본어의 '~において,'에서 유래된 것이라 한다.

다중 종속항을 작성할 때에, '제1항 또는 제2항에서, 제1항, 제2항, 또는 제3항에서, 제1항 내지 제5항 중 어느 한 항에서'와 같은 형식을 이용하는 것이 일반적이다. 주의해야 할 점은 특허법시행령 제5조에 따라, 종속항은 인용되는 항들을 선택적으로 표시하여야 한다. '제1항 및 제2항에서'와 같이 인용하거나, '제1항 내지 제3항에서'와 같이 인용하는 것은 언급한 청구항 전체를 인용하는 것이라 적절하지 않다.

그 밖에 일반적으로 종속항의 말미에 들어가는 연결어구는 '~~를 더 포함하는 장치, 상기 A는 ~~를 더 포함하는 장치, 상기 A는 ~~한 장치' 중 어느 것을 이용하여도 무방하다.

## 4. 작성전략

### (1) 부가하는 종속항 작성전략

[표 3-37] 부가하는 종속항 작성 기본형식

| 장치청구항 | 방법청구항 |
|---|---|
| 【청구항 1】<br>　A; B; 및 C;를 포함하는 장치.<br>【청구항 2】<br>　제1항에서, D를 더 포함하는 장치.<br>【청구항 3】<br>　제1항에서, 상기 A는 a를 포함하는 장치.<br>【청구항 4】<br>　제3항에서, 상기 A는 b를 더 포함하는 장치. | 【청구항 1】<br>　A하는 단계; B하는 단계; 및 C하는 단계;를 포함하는 ~방법.<br>【청구항 2】<br>　제1항에서, D하는 단계를 더 포함하는 방법.<br>【청구항 3】<br>　제1항에서, 상기 A하는 단계는 a하는 단계를 포함하는 방법.<br>【청구항 4】<br>　제3항에서, 상기 A하는 단계는 b하는 단계를 더 포함하는 방법. |

부품을 단순히 추가하여 부가하는 종속항은 일반적으로, '제x항에서, D를 더 포함하는'과 같이 작성할 수 있다. '~를 포함하는'과 '~를 더 포함하는'은 지칭된 구성요소가 이미 어떠한 세부 부품을 포함하고 있는지에 따라 구분된다. 지칭된 구성요소가 이미 어떠한 세부 부품을 포함하고 있는 경우에는 '더 포함하는'으로 기재하고, 그 구성요소의 세부 부품을 처음 기재하는 경우에는 '포함하는'으로 기재한다.

그 외 기본 구성요소로 기재된 부품이 그 세부 부품을 포함하는 것으로 언급하고자 하는 경우에는 '상기 A는 a를 포함하는'과 같이 그 기본 구성요소가 세부 부품을 포함하는 것으로 명확히 언급하여야 한다. 그렇지 않고, 단지 '제1항에서, a를 포함하는'이라고만 기재하는 경우, a는 독립항의 기본 구성요소로서 더 포함되는 것으로 의미되어 청구범위 작성자의 내심에 부합하지 않게 된다. 이 경우, 비록 a가 A의 구성으로 포함되지 않고 단지 포함된 선행기술에 의하여 출원발명은 신규성이 없게 된다.

구성요소가 세부 구성을 포함하는 경우 어느 구성요소가 그 세부 구성을 포함하는지 명확히 해야 한다.

**[표 3-38] 구성요소의 포함관계가 명확한 청구항 작성례**

> 【청구항 1】
> 　　차체에 연결된 로어 암;
> 　　상기 로어 암에 연결된 너클; 및
> 　　상기 차체와 로어 암을 연결하는 스프링; 을 포함하는 자동차의 서스펜션.
> 【청구항 2】
> 　　제1항에서, 상기 차체와 너클을 연결하는 어퍼 암을 더 포함하는 서스펜션.
> 【청구항 3】
> 　　제1항에서, 상기 너클은 휠을 장착하기 위한 장착부를 포함하는 서스펜션.
> 【청구항 4】
> 　　제3항에서, 상기 너클은 구동축이 삽입되는 베어링을 더 포함하는 서스펜션.

작성례의 제4항과 같이 '제3항에서, 상기 너클은 구동축이 삽입되는 베어링을 더 포함하는 서스펜션'이라고 하면, 너클에 베어링이 장착되지 않고 다른 곳에 있는 베어링에 구동축이 삽입된 선행기술이 있으면 등록받을 수 없게 되는 것이다.

---

**관련 사례**

▣ 변리사 甲은 방법발명 청구항을 기재하여 명세서를 풍부하게 하려고 한다. 종속항을 어떻게 부가하여 작성할 것인가?

> 【청구항 1】
> 　　로어 암을 차체에 연결하는 단계;
> 　　너클을 상기 로어 암에 연결하는 단계;
> 　　상기 차체와 로어 암을 스프링으로 연결하는 단계; 를 포함하는 자동차의 서스펜션 조립방법.
> 【청구항 2】
> 　　제1항에서, 상기 차체와 너클을 어퍼 암으로 연결하는 단계; 를 더 포함하는 조립방법.
> 【청구항 3】
> 　　제1항에서, 상기 로어 암을 차체에 연결하는 단계는, 상기 로어 암을 차체에 거치하는 단계를 포함하는 조립방법.
> 【청구항 4】
> 　　제3항에서, 상기 로어 암을 차체에 연결하는 단계는, 상기 거치된 로어 암을 차체와 조립하는 단계를 더 포함하는 조립방법.

## (2) 한정하는 종속항 작성전략

선행하는 항을 인용하고, 그 항에서 한정의 대상이 되는 구성요소를 언급 한 후 그 구성요소가 가지는 특징을 기재하면 된다. 영문청구항에서는 대개 연결어구로 'wherein'이 사용된다.

[표 3-39] **한정하는 종속항 작성 기본형식**

| 장치청구항 | 방법청구항 |
|---|---|
| 【청구항 1】<br>　　　　A; B; 및 C;를 포함하는 장치.<br>【청구항 2】<br>　　　　제1항에서, 상기 A는 ~~한 장치. | 【청구항 1】<br>　　　　A하는 단계; B하는 단계; 및 C하는 단계;를 포함하는 ~방법.<br>【청구항 2】<br>　　　　제1항에서, 상기 A하는 단계는 a하는 방법. |

방법청구항의 특정 단계를 세부적으로 한정하는 것은, 그 단계를 올바르게 지칭한 후 세부 특징을 기재하면 된다. 여기에는 다양한 표현이 사용될 수 있다. '상기 ~~단계는 ~~하다'고 표현하거나, '상기 ~~ 단계에서 ~~하다'고 표현하거나 할 수 있다.

단계를 짧게 나타내는 작성방법을 이용한다. 앞서 살펴본 예에서 느낄 수 있는 바와 같이, 방법의 각 단계들을 종속항에서 인용할 때 종속항의 길이가 길어져 이해하기 힘들게 되는 면이 있다. 이러한 점을 해소하고 보다 청구범위를 간명하게 작성하기 위하여 단계들을 다른 방식으로 표현하기도 한다.[121]

[표 3-40] **번호를 이용한 청구항 작성례**

【청구항 1】
　　　　로어 암을 차체에 연결하는 제1단계;
　　　　너클을 상기 로어 암에 연결하는 제2단계;
　　　　상기 차체와 로어 암을 스프링으로 연결하는 제3단계;를
　　　　포함하는 자동차의 서스펜션 조립방법.
【청구항 2】
　　　　제1항에서, 상기 제1단계는, 브라켓을 통하여 상기 로어암을 차체에 거치하는 조립방법.
【청구항 3】
　　　　제1항에서, 상기 제1단계에서 상기 로어 암은 브라켓을 통하여 상기 차체에 거치되는 서스펜션.
【청구항 4】
　　　　제1항에서, 상기 제1단계는, 상기 로어 암을 차체에 거치하는 제4단계를 포함하는 조립방법.
【청구항 5】
　　　　제3항에서, 상기 제1단계는, 상기 거치된 로어 암을 차체와 조립하는 제5단계를 더 포함하는 서스펜션.

독립항에 포함되는 각 단계에 제1단계, 제2단계 등과 같이 번호를 붙여두고 종속항에서는 그 번호를 사용하여 단계를 인용하는 방식이다.

---

[121] 단계를 짧게 나타내는 다른 방식의 방법청구항 표현은 한국에만 출원되는 것이라는 등 예외적인 경우에만 사용하는 것이 좋다. 영문 표현에서 알 수 있듯이 종속항에서 이러한 단계를 인용할 때 문맥상 'Step'이라는 표현을 사용하여야 하게 되는데, 이 경우 미국에서는 'Step Plus Function'의 형식을 갖추게 되어 설령 내용상 그 요건에 해당하지 않는 경우라도 'Step Plus Function' 청구항으로 오인 해석될 소지가 있기 때문이다. 'Means Plus Function', 'Step Plus Function' 청구항은 문언상 표시되는 권리범위로 해석되는 것이 아니고 실시례에 기재된 사항 및 그 균등물의 범위로 해석되므로(미국특허법 제112조제6문), 문언보다 좁게 해석된다.

**[표 3–41] 단계 서두에 괄호 붙인 청구항 작성례**

> 【청구항 1】
> (a) 로어 암을 차체에 연결하는 단계;
> (b) 너클을 상기 로어 암에 연결하는 단계;
> (c) 상기 차체와 로어 암을 스프링으로 연결하는 단계;
> 를 포함하는 자동차의 서스펜션 조립방법.
> 【청구항 2】
> 제1항에서, 상기 (a)단계는, 브라켓을 통하여 상기 로어 암을 차체에 거치하는 조립방법.
> 【청구항 3】
> 제1항에서, 상기 (a)단계에서 상기 로어 암은 브라켓을 통하여 상기 차체에 거치되는 서스펜션.
> 【청구항 4】
> 제1항에서, 상기 (a)단계는,
> (d) 상기 로어 암을 차체에 거치하는 단계;
> 를 포함하는 조립방법.
> 【청구항 5】
> 제3항에서, 상기 (a)단계는,
> (e) 상기 거치된 로어 암을 차체와 조립하는 단계;
> 를 더 포함하는 서스펜션.

위와 같이 단계의 서두에 (a), (b), (c) 등과 같은 표식을 사용할 수도 있다. 종속항에서 인용할 때에는 '상기 (a)단계'와 같이 인용하면 된다. 단계의 서두에 표식이 사용되므로, 단계마다 줄을 바꾸어 기재하는 것이 바람직하고, 종속항에서 새로운 단계를 작성할 때에도 마찬가지이다.

**[표 3–42] 단계에 이름을 붙인 청구항 작성례**

> 【청구항 1】
> 로어 암을 차체에 연결하는 로어 암 연결단계;
> 너클을 상기 로어 암에 연결하는 너클 연결단계;
> 상기 차체와 로어 암을 스프링으로 연결하는 스프링 연결단계;
> 를 포함하는 자동차의 서스펜션 조립방법.
> 【청구항 2】
> 제1항에서, 상기 로어 암 연결 단계는, 브라켓을 통하여 상기 로어 암을 차체에 거치하는 조립방법.
> 【청구항 3】
> 제1항에서, 상기 로어 암 연결 단계에서 상기 로어 암은 브라켓을 통하여 상기 차체에 거치되는 서스펜션.
> 【청구항 4】
> 제1항에서, 상기 로어 암 연결단계는,
> 상기 로어 암을 차체에 거치하는 단계; 를 포함하는 조립방법.
> 【청구항 5】
> 제3항에서, 상기 로어 암 연결단계는,
> 상기 거치된 로어 암을 차체와 조립하는 단계; 를 더 포함하는 서스펜션.

각 단계가 작용하는 기능을 참고하여 언어적인 이름을 붙여두고, 종속항에서는 이 단계의 이름을 인용하는 방식이나.[122]

---

[122] 한국어의 언어적 면에서는 종속항의 표현이 매끄럽게 되는 경우가 많으나, 영어로 표현할 때에는 단계의 내용을 중복하여 쓸 수밖에 없는 경우가 많아 자주 사용되지 않는다.

### (3) 그 밖의 주의 사항 – 독립항과 종속항 간의 구성요소의 인용

다른 항들 사이에서 구성요소를 인용하는 방식은 하나의 항에서와 마찬가지이다. 앞서 기재된 구성요소를 뒤에서 인용할 때 '상기'를 붙이면 된다. 그런데 주의할 점은 인용되는 항에 나온 구성요소를 인용하면서 '상기'를 붙이는 것이지, 단지 청구항 번호가 앞선 청구항에 나온 구성요소라 하여 '상기'를 붙이는 것은 아니라는 점이다. 예를 들어, 제3항은 제1항을 인용하고 있는 경우, 제1항에서는 기재되지 아니하였고 제2항에 처음 기재된 구성요소는, 제3항에서 '상기'로 인용할 수 없다.

## 5. 그 밖에 생각해 볼 문제

### (1) 독립항에서 다른 항을 인용

#### (가) 개념 및 기능

우리 심사지침서[123]는 '독립항의 경우에도 동일한 사항의 중복 기재를 피하기 위하여 발명이 명확하게 파악될 수 있는 범위 내에서 다른 청구항을 인용하는 형식으로 기재할 수 있다.'고 하고 있어 이러한 형식의 청구항이 인정된다. 즉, 이와 같이 다른 독립항을 인용하는 형식으로 작성되는 항은 독립항으로 취급된다.

이와 같은 청구항 형식을 활용하면 서로 다른 카테고리의 발명을 청구하기가 편리하다.

**[표 3-43] 독립항에서 다른 항을 인용한 예**

> **【청구항 1】**
> 　　차체에 연결된 로어 암;
> 　　상기 로어 암에 연결된 너클; 및
> 　　상기 차체와 로어 암을 연결하는 스프링; 을 포함하는 자동차의 서스펜션.
> **【청구항 2】**
> 　　제1항에 따른 자동차의 서스펜션을 조립하는 방법으로서,
> 　　상기 로어 암을 상기 차체에 연결하는 단계;
> 　　상기 너클을 상기 로어 암에 연결하는 단계;
> 　　상기 차체와 상기 로어 암을 상기 스프링으로 연결하는 단계; 를 포함하는 자동차의 서스펜션 조립방법.

#### (나) 작성 시 유의할 점

다만, 이때에는 인용된 다른 독립항에서 이미 기재된 구성요소는 해당 청구항 내에서 이미 기재된 것과 마찬가지이므로, '상기'로 표시하여 이미 기재된 구성임을 나타내는 것이 바람직하다[124].

---

[123] 특실 심사지침서 2009년 6월 개정본 4134p
[124] 그렇지 않으면 이중 포함(Double Inclusion)의 문제가 발생될 수 있다.

다른 독립항이나 종속항을 인용하면서 다중종속항의 형태를 사용할 수 있다. 그런데 다른 독립항이나 종속항을 인용하는 경우, 그 독립항이나 종속항이 다중종속항으로 작성되어 있는 경우가 많다. 우리 법에서는 다중종속항을 다중 인용하는 것은 허용되지 않으므로, 다른 독립항이나 종속항을 인용하는 경우 이러한 종속항의 작성 요건에 부합하는 것인지 확인해보아야 한다.[125]

**[표 3-44] 그 밖의 독립항 작성례**

> 【청구항 6】
> 　　제1항 내지 제4항 중 어느 한 항에 따른 베어링; 및
> 　　제5항에 따른 스티어링 휠; 을 포함하되
> 　　상기 스티어링 휠은 상기 베어링을 통하여 장착되는 스티어링 시스템.
>
> 【청구항 6】
> 　　제1항 내지 제4항 중 어느 한 항에 따라 제조된 라디에이터; 및
> 　　상기 라디에이터에 연결되는, 제6항 또는 제7항에 따른 라디에이터 팬;
> 　　을 포함하는 냉각 시스템.

## (2) 구성요소의 치환 및 제외

### (가) 개념 및 취급

우리 특실 심사지침서에서는 구성요소를 치환하거나 삭제하는 형태의 청구항 표현을 허용하고 있다. 즉, 인용되는 항의 구성요소를 감소시키는 형식으로 기재하거나, 인용되는 항에 기재된 구성을 다른 구성으로 치환하는 형식으로 기재된 청구항을 허용하는 것이다. 다만 이러한 청구항은 종속항이라 볼 수 없으며 독립항으로 취급하고 있다.

**[표 3-45] 구성요소 치환례**

> 【청구항 1】
> 　　기어 전동 기구를 구비한 … 구조의 동력전달장치.
> 【청구항 2】
> 　　청구항 1에 있어서, 기어 전동 기구 대신 벨트 전동 기구를 구비한 동력전달장치..

### (나) 작성전략 – 이용을 자제

이러한 형식의 청구항을 인정하는 것은 세계적으로 널리 받아들여지고 있는 것은 아니며, 특히 미국은 이러한 청구항에 관하여 불명확한 것으로 하여 거절하고 있다. 따라서 해외출원을 고려하는 경우 이러한 방식의 청구항 형식은 고려하지 않는 것이 좋을 것이다.

---

[125] 미국에서도 이와 같이 다른 청구항의 한정사항을 이용하는 것이 가능한 것으로 하고 있다. 'The product produced by the method of claim 1'과 같은 기재가 가능한 것으로 심사기준은 언급하고 있으며, 미국 판례는 'the nozzle of claim 7'이라고 청구항에 기재된 표현이 불명확하지 않은 것으로 보았다.

## 1. 정의 및 역할

서로 기술적으로 밀접한 관계를 가지는 발명들에 대하여 그들을 하나의 출원으로 출원할 수 있도록 함으로써 출원인, 제3자 및 특허청의 편의를 도모하고자 하는 것이다. 다항제와 더불어 그 기능을 한다.

[표 3-46] 1특허출원의 작성례

| 유형 | 청구항 | 설명 |
|---|---|---|
| 카테고리 유형이 같은 경우 | 【청구항 1】<br>　　램프용 필라멘트 A<br>【청구항 2】<br>　　필라멘트 A가 있는 램프 B<br>【청구항 3】<br>　　필라멘트 A가 있는 램프 B와 회전테 C로 구성되는 서치 라이트(Searchlight) | 필라멘트 A를 통해 [1], [2], [3] 사이에 단일성 존재함 |
| 물건과 제조방법 | 【청구항 1】<br>　　다공성 합성수지에 공극부를 보유하는 골판지<br>【청구항 2】<br>　　골판지의 공극부에 발포성 합성수지를 충진하는 공정과 이적층체를 가열하는 공정으로 이루어지는 골판지의 제조방법 | [2]의 제조방법은 [1]의 골판지의 생산에 적합하므로 [1] 및 [2]는 단일성을 만족 |

## 2. 관련 법규정 – 특허법 제45조 및 특허법시행령 제6조

특허법 제45조는 '하나의 총괄적 발명의 개념을 형성하는 1군의 발명'에 대하여는 1특허출원으로 할 수 있다.

1출원에 포함될 수 있는 발명이 어디까지인가에 관하여는 특허법시행령[126]이 정하고 있는데, ① 청구된 발명 간에 기술적 상호 관련성 ② 동일하거나 상응하되 선행기술에 비하여 개선된 기술적 특징을 갖출 것이 요구된다.

---

[126] 특허법시행령 제6조

## 3. 판단기준

심사 진행 중에 보정된 청구항을 기초로 판단한다. 그러므로 어떤 특정한 독립항을 기준으로 하여 단일성을 판단한 결과 단일성의 요건이 만족되었을 경우에도 보정에 의하여 그 기준이 되었던 특정한 독립항이 삭제되거나 또는 발명의 내용이 변경된 결과 단일성의 요건이 만족되지 않게 될 수 있다. 따라서 이와 같은 경우에는 단일성의 요건에 대한 판단을 다시 하여야 한다.

인용하는 항과 인용되는 항 사이에는 단일성이 만족되는지 판단한다. 우리 심사 실무는 어떠한 독립항이 다른 독립항을 인용하는 형식으로 기재된 경우에, 이들 사이에는 하나의 청구항 내에 1군의 발명 범위를 넘는 발명들이 포함되어 있는 경우 등과 같이 특별한 사정이 있는 경우가 아니라면, 단일성이 만족된 것으로 보고 있다.

구체적인 예로, 물건 또는 방법에 관한 독립항에 관하여 ① 그 물건을 생산하는 방법에 관한 독립항, ② 그 물건을 사용하는 방법에 관한 독립항, ③ 그 물건을 취급하는 방법에 관한 독립항, ④ 그 물건을 생산하는 기계·기구·장치 기타의 물건에 관한 독립항, ⑤ 그 물건의 특정 성질만을 이용하는 물건에 관한 독립항, 그리고 ⑥ 그 물건을 취급하는 물건에 관한 독립항은 요건에 해당하는 것으로 보았다. 또한 ⑦ 방법에 관한 독립항에 관하여 그 방법의 실시에 직접 사용하는 기계·기구·장치 기타의 물건에 관한 독립항도 요건에 해당하는 것으로 보고 있다.

## 1 발명의 설명

발명의 설명은 특허법상[127] 명세서의 일부에 해당하나, 실무상 명세서에서 청구범위를 제외한 나머지 부분을 의미하는 것으로 사용되기도 한다.

[표 3-47] 출원 시 필요한 서류−요약서, 명세서, 도면

| 종류 | 서류에 포함될 내용 | 설명 |
|---|---|---|
| 요약서 | 【요약서】<br>【요약】<br>【대표도】 | 요약서에는 ① 요약, ② 대표도가 기재된다. |
| 명세서의 일부 | 【발명의 설명】<br>【발명의 명칭】 | |
| 명세서의 일부 | 【기술분야】<br>【발명의 배경이 되는 기술】<br>【발명의 내용】<br>【해결하고자 하는 과제】<br>【과제의 해결 수단】<br>【발명의 효과】<br>【도면의 간단한 설명】<br>【발명을 실시하기 위한 구체적인 내용】 | 발명의 설명에는 ① 기술분야, ② 배경기술, ③ 발명의 내용이 기재되고, 발명의 내용에는 ① 과제, ② 과제해결 수단, ③ 효과, ④ 구체적인 내용이 기재된다. |
| 명세서의 일부 | 【특허청구범위】<br>【청구항 1】 | |
| 도면 | 【도면】<br>【도 1】 | 작성된 도면이 첨부된다. |

---

[127] 특허법 제42조제2항제1호의 규정은 의해 특허출원서에는 다음 각호의 사항을 기재한 명세서와 필요한 도면 및 요약서를 첨부하여야 한다. ① 발명의 명칭, ② 도면의 간단한 설명, ③ 발명의 상세한 설명, ④ 특허청구범위

## 1. 기술분야

### (1) 작성전략 - 간략하게 작성

발명의 기술분야(Field of the Invention)는 특허를 받고자 하는 발명이 속하는 기술분야를 기재하는 것이다. 이 항목은 산업상 이용가능성을 확인하기 위하여 필요하고, 발명의 진보성을 판단하기 위한 당업자의 범위를 정하는 데 참고된다.

때문에 발명의 명칭을 참고하여 그 발명이 속하는 분야만을 명확하고 간결하게 기재하면 된다. 예를 들어, '본 발명은 자동차의 서스펜션에 관한 것이다.'라거나, '본 발명은 프레스 장치에 관한 것이다.'라는 등으로 기재하면 된다.

### (2) 유의 사항

기술분야를 지나치게 자세히 기재하는 경우가 있다. 예를 들어, 본 발명의 목적이나 효과를 옮겨와 기재하거나, 발명의 구성을 요약하거나, 심한 경우에는 청구항 1항을 옮겨 적는 경우도 있다. 이는 보통의 경우에 큰 문제가 되지는 않으나, 그러한 구성이나 목적 등을 가지는 물건에 대하여 발명한 것이라는 셈이 되어 최선의 방식은 아니다.

**[표 3-48] 장황하게 작성된 기술분야의 작성례**

> 본 발명은 레일 차륜 장치의 고정 시스템에 관한 것으로서, 더욱 상세하게는 레일을 따라 이동할 수 있도록 하단부에 레일 차륜이 장착되는 레일 차륜 장치를 레일상에 고정시키기 위한 레일 차륜 장치의 고정 시스템에 관한 것이다.

발명의 요지와 목적 등 기술분야와 상관없는 내용이 기재되어 있다. '더욱 상세하게는' 이하에 기재된 내용은 삭제하는 것이 좋으며, '본 발명은 레일 차륜 장치의 고정 시스템에 관한 것이다.'로 간략하게 작성하는 것이 바람직하다.

> **Tip** **장황하게 작성된 기술분야의 문제점**
> 청구범위는 출원 후 고정되어 있는 것은 아니며, 추후 보정에 의하여 독립항의 권리범위를 확대하거나, 기술분야에 기재되지 않은 다른 독립항을 작성하는 등의 넓은 범위의 청구항을 작성할 수 있다. 그런데 발명의 분야 자체가 좁게 기재되면, 이러한 문언상 넓은 범위의 청구범위가 기술분야에 포함된 한도로만 해석될 수 있어, 특허발명의 보호범위를 좁히는 결과를 초래할 수 있다. 특히 미국의 경우에는 명세서(Written Description)를 참고하게 되는 경우에 발명의 기술분야를 벗어난 범위로 인정되기는 쉽지 않을 것이다.

## 2. 배경기술

### (1) 작성전략

기본적으로 배경기술의 히스토리를 친절히 설명할 필요는 없다. 배경기술은 AAPA[128]로 인정되어 선행기술의 지위를 가질 수 있음을 항상 염두에 두고, 간단히 기술분야 정도를 설명하는 정도만 기재하는 것이 바람직하다.

#### (가) 기술의 트랜드를 기재

본 발명과 관련된 기술의 트랜드를 기재하는 것은 비교적 안전한 사항이다. 환경문제로 전기자동차의 연구가 활발해지고 있다거나, 폐기물 처리방법의 중요성이 증가하고 있다는 등의 기재를 하는 것은 발명의 중요성을 부각하면서 별다른 문제도 예상되지 않는다.

#### (나) 발명의 방향성을 기재

어느 발명이나 바라는 방향성을 기재하는 것도 비교적 안전하다. 자동차에서 연료 절감 문제는 늘 추구의 대상이 되고 있다거나, 교량의 안전성을 확보하는 방향으로 연구가 진행되고 있다는 등의 예를 들 수 있다.

#### (다) 효과를 부각

본 발명에서 피스톤 링의 내구성 향상이 주안점이면, 피스톤 링의 내구성이 향상되면 얻을 수 있는 장점을 기재하고 본 발명이 그 방향으로 연구되고 있음을 설명하는 것이다. 발명의 목적을 기재하기에 앞서 문맥을 매끄럽게 할 수도 있다.

#### (라) 종래기술과 구체적인 비교는 피할 것

구체적인 종래기술을 설명하거나, 특히 종래기술의 도면까지 준비하여 구체적으로 설명하는 것은 조심하여야 한다. 그 구체적인 사항이 본 발명의 진보성 부족 주장에 사용될 수 있기 때문이다.

#### (마) 종래기술이라는 표현 자체를 쓰지 말 것

어떠한 사항을 설명하면서, '종래에는 ~~하고 있었다.'라는 등으로, 특정한 기술적 특징이 이미 종래기술이라는 것을 암시하는 기재는 지양하는 것이 바람직하다. 'X의 강도를 높이는 것은 늘 연구 과제인데, 이를 위해서는 ~~할 수도 있다.'는 정도로 단지 가능성만을 알려주는 것으로 족한 경우가 많다.

---

[128] Applicant's Admitted Prior Art

## (2) 유의 사항 – 무관한 주변기술을 설명하지 말 것

특정 분야의 발명은 대량생산을 위한 준비에 많은 시간이 걸리고, 여러 가지 만족해야 할 설계 요건을 만족하고 있는지의 검토가 필요한 등의 이유로 실제 제품이 출시되기 전까지는 많은 설계 변경이 이루어지게 된다. 이 과정에서 아이디어 단계에 있거나 테스트 단계에 있는 기술을 바탕 으로 개량기술이 개발되는 경우도 허다하다. 이러한 경우 아직 세상에 알려지지 아니한 기술을 종래기술이라고 할 위험이 있다.

그러므로 내가 예전부터 알았다고 해서 종래기술이 되는 것은 아니며, 당업자가 알 수 있었어야 종래기술이다.

> **Tip 제조물책임법에 대비**
>
> 예를 들어, ABS의 오작동 가능성과 위험성에 관해 비판하고, 그 종래 기술의 ABS를 달린 차량이 이미 여러 대 판매되어 운행 중인데, 그 중 사고가 나서 운전자가 이러한 명세서의 설명을 보게 된다고 하자.
> 이러한 명세서가 작성되어 출원될 정도로 그 기업은 자신의 ABS 장치의 문제점을 알고 있었다는 셈이 되는 것이 고, 그렇다면 제조물책임법에 의한 책임을 면하기 힘들게 될 수 있는 것이다. 또한, 이 회사는 이러한 문제가 있음 을 알고 있었음에도 구매자에게 충분히 설명하지 아니한 고지의무도 위반하게 되는 셈이다.
> 제조물책임법에 따른 면책사유를 상실한 만한 기재를 배경기술의 설명에 포함시키지 않는 것이 바람직하다. 종래 기술의 문제점을 설명하면서 비판하기 보다는, 더 우수한 작동을 하는 구성을 개발하여 차량의 안전성을 높이고 자 하는 것이라는 등의 긍정적인 표현을 사용하는 것이 바람직하다.
>
> | 위험한 배경기술 작성례 | 안전하게 수정된 배경기술 작성례 |
> |---|---|
> | ~~한 방법으로 금속을 제련해왔는데, 이런 식으로 제련하면 금속의 표면강도가 약해 분자성 물질이 쉽게 배출되고 따라서 이러한 금속을 사용하여 숟가락 등 식기를 사용하게 되면 중금속 오염 및 질병 우려 가 있다. | 금속의 표면강도를 강화하는 것은 여러 가지 산업상 및 실용상의 장점을 얻을 수 있다. 이러한 장점을 더 강화하기 위하여 본 발명은, ... |

## 3. 해결하고자 하는 과제 및 효과

### (1) 개념

'해결하고자 하는 과제'란 발명의 목적에 대응하는 부분이다. 과제와 효과는 원칙적으로 서로 대 응관계에 있다. 과제란 발명의 목표를 도출하게 되는 것이고, 발명이란 목적한 대로의 효과를 내 는 것이라야 충실한 발명일 것이기 때문이다.

### (2) 작성전략

#### (가) 실시례에 따른 효과를 기재

효과를 기재하면서 본 발명에 따른 것으로 기재하지 말고, 발명의 실시례에 따른 것으로 기재 하는 것이다. 본 발명에 따른 효과인 것으로 기재하면, 그러한 효과를 구현하지 않는 확인대상 발명은 설령 그 구성이 특허발명과 동일하다고 하여도 특허발명의 보호범위에 포함되지 않는 것으로 해석될 가능성이 있음[129]은 위에서 언급한 바 있다.

### (나) 청구항 기재로부터 직접적인 효과만 기재

청구항을 특정하면서 그 효과를 언급하고자 하는 경우에는 청구항에 기재된 구성요소 및 이들의 결합 관계로부터 직접적인 효과만 기재하는 것이 바람직하다. 그 청구항 자체가 아닌 종속항에 기재된 구성요소에 의하여 얻어지는 효과를 기재하는 경우 그 청구항 자체의 범위는 좁은 것으로 해석될 수 있다.

### (다) 청구항 기재로부터 자명하지 않는 효과를 언급

청구항의 기재로부터 자명한 효과는 등록 후 명세서에 없어도 주장할 수 있다. 그러나 청구항의 기재로부터 자명하지 아니한 효과는 등록 후 주장할 수 없다. 심사, 무효심판, 침해는 청구항별로 판단한다. 이 때 명세서에 기재되지 아니한 효과로서 명세서의 기재로부터 자명하지 않은 효과를 주장하여 진보성의 참고로 삼을 수는 없게 된다.

### (라) 청구항 기재로부터 자명한 세세한 효과까지 기재할 필요는 없음

우리 판례[130]는 '명세서의 상세한 설명란에 직접 기재되어 있지 아니한 고안의 효과라도 그 기술분야에서 통상의 지식을 가진 사람이 그 상세한 설명이나 도면에 기재된 고안의 객관적 구성으로부터 쉽게 인식할 수 있는 정도의 것이라면 그 고안의 작용효과로 인정하여 진보성 판단에 참작할 수 있다.'고 하였다. 즉, 발명의 구성으로부터 자명한 효과는 기재할 필요는 없다.

**[표 3-49] 과제 및 효과의 작성례**

| 해결하고자 하는 과제 | 【해결하고자 하는 과제】<br>　　본 발명이 이루고자 하는 기술적 과제는 마찰이 감소되는 ~을 제공하는 것이다. |
|---|---|
| 효과 | 【효과】<br>　　본 발명의 실시례에 따르면, A와 B는 서로 X로 연결되어 속도 차가 줄어들므로, 이들 사이의 마찰저항과 발열양이 줄어든다. 또한 X가 ~~한 구성에 의하여 마찰음도 감소하게 된다. 더욱이 X가 ~한 x1을 포함하므로 마찰 감소 효과가 더욱 향상된다. |

---

[129] 특히 미국의 경우에 이러한 경향이 있다.
[130] 대법원 2004.2.13. 선고 2003후113 판결 등

## 4. 과제 해결 수단

### (1) 개념

【발명의 내용】 중 일부로서 해결해야 할 과제를 어떻게 해결할 수 있는지를 설명하는 부분이다. 해결해야 할 과제를 해결하는 주요 구성으로서 보호의 가치가 있는 것은 대개 청구범위로 작성되게 마련이다. 때문에 이 부분에는 대개 청구범위를 압축적으로 기재하거나 정리하는 형식으로 작성된다.

### (2) 작성전략

#### (가) 실시례에 관한 것으로 작성

발명이 취하고 있는 해결수단으로 기재하는 것보다는 '취할 수 있는 일 형태'의 입장에서 설명하는 것이 바람직하다. 청구항에 기재된 사항을 압축적으로 재정리하면서 다른 표현이 도입되는 등의 경우에 청구항의 보호범위가 그에 기재된 것으로 한정될 수 있기 때문이다.

#### (나) 가능성 나타내는 표현을 이용

종속항에 해당하는 부분을 옮겨와 작성할 때에는 확언적으로 기재하지 말고, 할 수 있다고 기재한다. 확언적으로 기재함으로써 독립항의 범위를 제한적으로 해석될 가능성을 막기 위함이다[131].

#### (다) 작성 정도

실무상 독립항만을 옮겨와 기재하는 경우가 있고, 종속항의 모든 사항을 옮겨와 작성하는 경우가 있다. 실무상 어느 쪽이 바람직하다고 단언하기 힘드나 청구항 전체를 그래도 옮겨 적는 경우가 일반적이다. 이때 도면의 부호를 넣을 필요는 없다.

**[표 3-50] 과제 해결 수단 작성례**

【과제 해결 수단】
　상기 기술적 과제를 달성하기 위하여, 본 발명의 일 형태에 따른 ~~는 A; B; 및 C;를 포함한다.
　상기 A는 a1; a2; 및 a3;을 포함할 수 있다.
　상기 B는 b1; b2; 및 b3;을 포함할 수 있다.
　상기 a1과 b1은 서로 x로 연결될 수 있다.

독립항의 구성 A+B+C를 일 형태에 따른 것으로 표현하였다. 종속항의 구성 A=a1+a2+a3는 '포함한다.'로 표현하지 않고 '포함할 수 있다.'로 표현하여, 그러한 구성이 가능한 예인 것으로 작성하였다.

---

[131] 이러한 취지의 표현은 특히 미국 실무에서 두드러진다.

## 5. 발명의 실시를 위한 구체적인 내용 – 실시례

### (1) 개념 및 중요성

【과제 해결 수단】이 과제를 해결하는 원리적 수단이나 구성을 작성하는 부분이라면, 【발명의 실시를 위한 구체적인 내용】부분, 특히 '실시례'는 그러한 수단이 실제로 구현되는 구체적인 내용을 담는 부분이다.

이 부문은 당업자가 용이하게 실시할 수 있도록 상세히 기재하여야 하며 청구범위로 작성된 발명을 뒷받침하는 역할을 하게 되며, 이러한 역할에 충실하지 못하는 경우 청구범위의 발명에 대하여 특허성을 인정받을 수 없게 된다. 또한 일단 등록된 특허라도 그 보호범위를 해석함에 있어서 발명의 상세한 설명을 참고하는 경우가 많은데, 이 때 가장 중요한 참고가 되는 부분이 '발명의 실시를 위한 구체적인 내용', 즉 '실시례' 부분이다.

> **Tip** 발명 자체는 조연, 주연은 실시례이다
> 이 부분은 '구체적인 내용', 즉, '실시례'를 담는 부분이므로, 발명을 설명하는 것으로 시작하는 것보다는, 발명의 실시례를 설명하는 것으로 시작하는 것이 바람직하다. 예를 들어, '이하에서 본 발명을 첨부된 도면을 참고로 설명한다.'라기 보다는, '이하에서 본 발명의 실시례를 첨부된 도면을 참고로 설명한다.'라고 시작하는 것이 바람직하다.

### (2) 작성정도

일반적으로 발명은 도면을 확인하면 발명의 내용을 확연하게 이해할 수 있는 경우가 많기에 도면이 매우 중요시되나 실시례의 상세한 설명이 누락되어서는 안된다. 그러므로 도면에 기재된 사항이라도 실시례에는 언어적으로 이를 표현해두는 것이 바람직하다. 특히 청구항에서 사용된 용어는 모두 실시례에 옮겨와 그 구체적인 표현을 기재해 두어야 한다.

### (3) 작성전략

기본적으로 구성을 설명하면서 이러한 구성에 의해 어떠한 효과가 나타나는지 자연스러운 흐름을 갖도록 쓰는 것이 중요하다. 나아가 소위 '끈적끈적'한 느낌이 나도록 명세서 전반이 기재되어야 심사관 및 출원인에게 좋은 인상을 줄 수 있다. 즉, 종래기술로 시작하여 그에 따른 과제, 그리고 이를 해결하기 위한 기술적 구성과 이로부터 발휘되는 유리한 효과가 매끄러운 흐름을 가질 수 있도록 작성한다.

### (가) 청구항을 뒷받침

① 기본적으로 청구범위에 사용된 구성요소는 모두 상세한 설명에 충실하게 설명되어야 하며, 설명이 누락되어서는 안 된다[132]. 이를 위하여 실무상 안전한 방식은 청구범위를 모두 실시례에 옮겨 놓고 이를 풀어가는 것이다.

② 모호한 표현을 보충할 수 있다록 작성하는 것이 바람직하다. 모호한 표현이란, 주로 '대략, 거의, 약, 많은, 실질적으로' 등과 같이 명쾌한 판단 기준이 정의되지 않은 수식어구를 예로 들 수 있다. 이러한 모호한 표현이 청구범위에 사용되는 경우 그 구체적인 기준을 상세한 설명에 부연하여 두는 것이 안전하다.

[표 3-51] 청구범위의 모호한 표현이 상세한 설명에서 보충된 작성례

| 청구항의 표현례 | 【청구항 1】<br>A; A와 거의 평행하게 배치되는 B; 및 C;를 포함하는 물건. |
| --- | --- |
| 상세한 설명의 예 | A와 B는 거의 평행하게 배치된다. 이들이 수학적으로 평행하게 배치되어야만 하는 것은 아니며, A와 B에 의하여 투영된 사물이 육안으로 구분할 수 없는 정도이면 본 발명의 실시례에 적용됨에 있어 충분하다. |

③ 그 외 기능적인 표현에 대하여 구체적인 설명을 부가한다. 청구범위에 'A를 탄력적으로 지지하는 탄성 부재', 'A와 B를 연결하는 연결부'와 같은 기능적 표현이 기재된 경우, 탄성 부재, 연결부 등의 기능적 표현의 구체적인 실시형태를 기재하는 것이다[133].

이러한 기능적 구성요소에 대응하여 상세한 설명에서는 포괄적인 용어 대신 실제의 구체적인 부품명을 이용하여 설명한다. 예를 들어, 'A는 탄성 부재에 의하여 탄력적으로 지지된다. 상기 탄성 부재는 여러 가지로 구현될 수 있는데, 일례로 코일스프링으로 구현될 수 있다.'라거나, '상기 연결부는 일례로 연결막대나 파이프로 연결될 수 있다.'는 등으로 구체적인 실시형태를 기재하는 것이다.

[표 3-52] 청구범위의 기능적 표현이 상세한 설명에서 보충된 작성례

| 청구항의 표현례 | 【청구항 1】<br>A; A를 탄력적으로 지지하는 탄성 부재; 및 C;를 포함하는 X. |
| --- | --- |
| 상세한 설명의 예 | A와 탄성 부재에 의하여 탄력적으로 지지된다. 상기 탄성 부재는 여러 가지로 구현될 수 있는데, 일례로 코일스프링으로 구현될 수 있다. |

[132] 나만, 스프링이 사용되는 것과 같이 그 구성요소가 자명한 것인 경우 그 구성요소 자체에 관하여는 상세히 기재할 필요가 없다 할지라도, 그 구성요소와 다른 구성요소와의 유기적 결합 관계는 충실히 기재되어야 한다.
[133] 그 기능을 구현하는 구체적인 구성이 당업자에게 자명하지도 않고 상세한 설명에 구체적으로 기재되어 있지도 않은 경우, 상세한 설명을 참조하여도 발명의 보호범위를 정할 수 없는 것이 되어 무효되거나 권리행사가 곤란하게 될 수 있다.

④ 유익한 기재를 풍부하게 할 필요가 있다. 예를 들어, 특정한 구성요소를 설명하면서 상세한 설명을 참조[134]하여 그 구성요소가 그 설명된 것으로만 한정해석되지 않도록 보호범위를 넓히는 표현들은 대개 유익하다. 에를 들어, 청구범위의 '탄성 부재'를 설명하면서, '상기 탄성 부재는 본 실시례에서는 코일 스프링으로 형성되는데, 본 발명의 보호범위가 코일 스프링으로 한정되는 것으로 이해되어서는 안 된다. 판스프링 등 다른 다양한 형태의 탄성 부재도 사용될 수 있다.'는 등으로 기재하는 것이다.

⑤ 보정·정정을 대비해 다른 표현들도 준비해 놓을 필요가 있다. 즉, 출원 후 심사관이 명세서 작성자의 의도와 전혀 다른 의미로 해석하려고 하는 경우, 심사관의 해석과 달리 해석될 수 있는 다른 표현으로 청구항을 수정하고 싶을 때가 있다. 상세한 설명에 청구범위에 기재된 용어와 유사한 다른 표현들이 함께 사용되어 있는 경우 이를 활용하여 청구범위를 수정하기에 용이하다. 예를 들어, A 전체를 덮는다는 의미로 청구범위에 'A를 덮는 B'라고 기재하였는데, 심사관은 A의 표면 일부에만 B가 걸쳐있는 종래기술을 인용하면서 이것도 덮는 것이라 주장하는 경우가 있다. '덮는'의 의미에 관해 해석상의 견해차가 생기는 것이다.

[표 3-53] 풍부한 상세한 설명에 의한 보정례

| 청구항의 표현례 | 【청구항 1】<br>A; A를 덮는 B; 및 C;를 포함하는 X. |
|---|---|
| 상세한 설명의 예 | X는 A와 B를 포함하는데, B는 A를 덮도록 형성된다. |
| 심사관의 거절이유 | 선행기술 ~에는 A와 겹치는 B가 공지되어 있고, 이는 B가 A를 덮는 것으로 볼 수 있어, 'A를 덮는 B'는 공지된 것이다. |
| 풍성한 설명의 예 | X는 A와 B를 포함하는데, B는 A를 덮도록 형성된다. 즉, B는 A를 감싸게 되어 A가 B 속으로 배치되게 되는 것이다. |
| 거절이유에 대한 보정 | 【청구항 1】<br>A; A를 감싸도록 덮는 B; 및 C;를 포함하는 X. |

이러한 경우, '덮는'의 뜻은 감싸는 것으로 해석해 줄 것으로 주장해 볼 수는 있으나, 넓은 의미로 용어를 해석[135]하려는 심사관의 해석을 객관적으로 부정하기는 힘든 경우가 있다. 다른 대안으로는 '감싸는' 등의 다른 표현으로 수정하는 것인데, 이 때 '감싸는'이라는 표현을 미리 상세한 설명에 기재하여두었다면 쉽게 보정할 수 있으나, 정작 '감싸는'이라는 표현을 상세한 설명에 사용해두지 않으면 보정이 힘들어지게 되는 경우도 있다.

---

[134] 청구항의 기능적 표현, 모호한 표현, 상세한 설명에서 새로이 정의한 표현 등은 청구범위를 해석할 때 상세한 설명을 참조하게 된다.

[135] 일단 등록된 후에 부당하게 넓은 의미로 해석되는 것을 막기 위하여, 심사관은 청구범위에 기재된 용어를 넓은 의미로 해석하여 선행기술을 찾는 경향이 있다.

따라서 상세한 설명에 구성요소나 그 유기적 결합 관계를 기재할 때에는 특히 그 표현에 곤란성을 겪은 표현일수록, 단지 하나의 표현만을 사용하는 것보다는 같은 의미의 여러 표현들을 사용해두는 것이 좋은 경우가 있다. 또한 용어를 사용하면서, 그 용어가 최대한 넓게 이해되면 어느 정도까지 심사관이 곡해하여 주장할 수 있을 것인가를 생각하여, 발명의 개념에 부합되는 다른 용어들을 주변적으로 사용해둘 필요가 있다.

⑥ 각 청구항별로 이를 뒷받침하는 실시례를 별도로 기재하여야 하는 것은 아니며, 각 청구항의 모든 특징을 뒷받침하는 실시례를 기재할 수 있다면 하나의 실시례를 설명하는 것으로 모든 청구항을 뒷받침하게 된다[136]. 다만, 변형예가 있는 경우나 하나의 실시례로 모든 청구범위를 뒷받침할 수 없는 경우 별개의 실시례를 작성하여 설명해야 할 것은 당연하다.

> **Tip** 청구범위를 벗어나는 실시례는 제3자를 위한 회피설계방안?!
>
> 특허청구범위를 풍성하게 해석할 수 있도록 하기 위하여는, 원칙적으로 상세한 설명에는 가급적 다양한 실시형태를 기재하는 것이 바람직하다. 그러나 청구된 구성으로부터 벗어나는 전혀 다른 실시례(즉, 청구 발명의 대안이 될 수 있는 실시례)를 설명하는 것은 금물이다. 발명의 보호범위에는 포함되지 않으면서도, 경쟁자에게는 회피설계의 안을 제공해주는 것과 마찬가지인 상황이 생길 수 있기 때문이다.
>
> 상세한 설명에 기재한 구성으로서 특허청구범위로 청구하지 않은 발명은 보호대상이 아니며 자유실시 발명에 해당하는 것으로 볼 수 있다. 이는 미국에서는 판례[137]로 이미 굳어진 사항이다.
>
> 따라서 발명의 상세한 설명에 다양한 구성을 기재하고 대안을 제시하여 두고서 특허청구범위에는 그 일 형태만을 청구한 경우(⑩ 상세한 설명에 코일스프링, 판스프링, 압축공기 스프링 등 탄성을 부여하는 것이면 특정 부재로 사용될 수 있다고 기재하고, 특허청구범위에 코일스프링이라 기재한 경우)에는 그 청구범위에 대하여 균등론을 적용하여 확장해석하는 것이 제한된다.

### (나) 청구항 용어와 통일

특허청구범위와 상세한 설명에서 반드시 동일한 용어를 사용할 필요는 없으나, 청구범위의 용어에 대응되는 구체적 구성이 상세한 설명에 기재되어야 하는 것은 당연한 이치이다. 따라서 가급적 청구범위(독립항 및 종속항)와 상세한 설명의 용어를 통일하거나, 최소한 그 대응관계가 명확하도록 설명을 기재하는 것이 바람직하다[138].

---

[136] 이 사건 등록고안의 청구범위는 1개의 독립항과 7개의 종속항으로 구성하여 총 8개항으로 되어 있고, 독립항 제1항은 각 실시례를 모두 포함할 수 있도록 상위개념으로 형성하고, 제2항 내지 제8항은 구체적인 실시례에 의하여 하위개념으로 형성하고 있는 사실을 인정할 수 있는 바, 위 인정 사실에 의하면 청구항 제1항에 대한 기술사상이 고안의 상세한 설명에 기재되어 있는 것이므로 비록 청구항 제1항에 대한 독립된 실시례가 없다고 하여도 고안의 상세한 설명으로부터 뒷받침되는 것이라고 할 것이다(특허법원 2004.3.25. 선고 2003허2102 판결).

[137] Johnson & Johnson Associates Inc. v. R.E. Service Co., 62 USPQ2d 1225, CAFC 3/28/02

[138] 상세한 설명을 먼저 기재하고 청구범위를 작성한다면, 청구범위를 작성하는 과정에서 상위개념의 용어를 구상하게 되는데, 이 상위개념 용어와 상세한 설명의 용어의 대응관계가 상세한 설명을 읽어서는 쉽게 드러나지 않는 경우가 많다. 따라서 상세한 설명을 작성한 후 청구범위를 작성하는 과정에서 도입되는 상위개념의 용어는 상세한 설명에 추가하여 수정함으로써 그 대응 관계가 명확해지도록 하는 것이 바람직하다.

### (다) 필요한 경우 용어를 정의

청구범위에 사용하고자 하는 용어가 다소 좁은 의미로 사용될 가능성이 있는 용어인 경우가 있다. 이 때 정의되지 않은 용어는 각별한 의미로 해석되지 아니하고[139], 사전적 의미 등 통상의 의미에 따라 해석된다[140]. 따라서 좁은 의미와 넓은 의미로 통용되어 사용되는 용어이거나, 넓은 의미에 대응되도록 새로운 용어를 정의하는 것이 편리할 때가 있다.

예를 들어, 전기자동차의 모터에 관한 발명의 경우, '전기자동차'라고 하면 넓은 의미로는 전기모터가 동력으로 사용되는 여러 형식의 자동차(즉, 하이브리드 자동차를 포함)를 의미할 수 있으나, 좁은 의미로 해석하면 전기모터만을 동력원으로 사용하는 순수 전기자동차(Pure Electric Vehicle)를 의미하는 것으로 해석될 수 있다.

이 경우 넓은 의미로 해석되기를 바란다면, 발명의 상세한 설명에 '이 명세서에서 사용되는 전기자동차의 용어는 전기모터의 동력을 동력원으로 사용하는 임의의 형태의 자동차를 포함하는 것으로 해석되어야 한다.'고 정의해 두는 것이 바람직하다. 반대로 하이브리드 자동차가 선행기술에 포함되어 선행기술의 범위가 넓어지는 것을 막기 위하여는 '이 명세서에서 사용되는 전기자동차의 용어는 내연기관의 동력을 사용하지 않고 전기모터의 동력만을 동력원으로 사용하는 자동차를 의미하는 것으로 해석되어야 한다.'는 등으로 정의하는 것이 유용하다.

### (라) 독소적 기재를 피할 것

발명의 상세한 설명이 특허청구범위의 해석에 참고가 될 수 있다는 점을 감안하면, 발명의 보호범위를 좁힐 가능성이 있는 독소적 기재를 상세한 설명에 기재하지 않는 것이 바람직하다. 원론적으로만 본다면 독소적인 기재를 쓰고자 하는 명세서 작성자는 없을 것이다. 그러나 발명의 효과와 기술적 우위를 강조하고자 하는 취지에서 문장을 작성하다보면 그러한 독소적인 기재가 무의식중에 도입될 수 있으므로 주의하는 것이 필요하다.

---

[139] 피고는 이 사건 특허발명의 상세한 설명에서 폭발용 수분이라고 기재된 것은 '폭발(暴發)'이 아니라 '발포(發泡)'를 의미하는 것이라고 주장하나, 특허출원서의 명세서에 기재되는 용어는 그것이 가지고 있는 보통의 의미로 사용하고 동시에 명세서 전체를 통하여 통일되게 사용하여야 하나, 다만 어떠한 용어를 특정한 의미로 사용하려고 하는 경우에는 그 의미를 정의하여 사용하는 것이 허용된다고 할 것인바(대법원 1998.12.22. 선고 97후990 판결 참조), 이 사건 특허발명의 상세한 설명에서 별도로 '폭발'에 관하여 정의한 바 없으므로 '폭발'의 의미는 앞서 살펴본 바와 같은 통상적인 의미로 해석되고, '발포'는 기포를 발생시키는 것으로서 폭발과는 그 의미가 달라서 이 사건 특허발명의 상세한 설명의 폭발을 발포라고 볼 수는 없다.(특허법원 2000.10.20. 선고 99허7728 판결)

[140] 이 사건 출원발명의 명세서에서는 스래그시멘트라는 용어를 사용하면서 그 용어에 대하여 특별한 한정을 하고 있지 아니한바, 그렇다면 이러한 용어와 그 청구범위의 해석은 앞서 본 바와 같이 한국산업규격 등이 정하는 바에 따라 거래계에서 통용되는 통상의 의미에 따라 파악되어야 할 것이다.(특허법원 2000.12.29. 선고 99허8578 판결)

**[표 3-54] 상세한 설명에서 피하는 것이 좋은 독소적 기재의 예**

| 국문 표현 | 본 발명의 실시례에서는 '~해야 한다.', '~하는 것이 중요하다.', '~하는 것이 필수적이다.', '~만이 가능하다.', '~가 필요하다.', '~하는 것이 최선이다.' |
|---|---|
| 구체적인 표현 예 | • 에칭의 효과가 제대로 발생되기 위하여는 온도가 50도 이상이어야 한다.<br>• 재질이 금속이 아니라면 강도가 떨어져서 사용하기 힘들게 된다. |

## (마) 오탈자에 유의

보통의 경우 오탈자는 문맥에 따라서 그 오기가 쉽게 구분되거나, 어떻게 수정되어야 하는 것인지 명확하게 이해할 수 있는 경우가 대부분이다. 그러나 어떤 경우에는 오탈자로 인하여 발명이 불명확해지고 당업자가 발명을 실시할 수 없게 되는 경우가 있다. 단위의 오탈자, 수치한정의 오탈자 등이 그 대표적인 예이다.

판례는 단위를 잘못 표시한 경우에 당업자가 용이하게 실시할 수 없는 것으로서 무효로 한 예가 있으며, 심한 경우에는 당업자가 명확하게 이해할 수 있는 오기라도 기재불비라고 한 예도 있다는 점에 유의하여야 한다.

> **관련 사례**
>
> ▣ **오탈자에 의해 기재불비고 한 예 [대법원 1986.2.11. 선고 85후77 판결]**
>
> 압력 단위는 단위면적에서 수직으로 작용하는 힘의 크기의 단위이고, 마력 단위는 힘이 단위시간에 하는 일의 양을 나타내는 단위로서 별개 단위이며, 서로 환산이 불가능하여 특허에 압력 단위를 1마력/cm²로 표시하였다면 이는 결국 특정 압력을 산정할 수 없는 것이므로 위 특허는 당업자가 용이하게 실시할 수 없는 것으로서 구 특허법(1980.12.31. 법률 제3325호로 개정되기 전의 것) 제69조제1항제5호 및 제6호의 규정에 의하여 무효이다.

## (바) 실시례를 명확히 구분

실시례의 호칭은 다른 실시례, 또 다른 실시례와 같이 표현할 수 있으나 바람직하지 않다. 실시례가 2개인 경우에는 기본 실시례, 다른 실시례로 구분할 수 있으나, 3개 이상의 실시례를 설명하고 있는 경우에 실시례, 다른 실시례, 또 다른 실시례.. 등과 같이 설명하는 경우, 설명 중의 내용이 어느 실시례를 말하는 지 혼동이 되는 경우가 많다. 이때에는 제1·2·3실시례와 같이 구분하는 것이 바람직하다.

실시례의 구분은 발명 전체를 두고 구분한다. 다른 구성요소를 설명하기 시작하면서 다른 실시례라고 하는 것은 적절치 않다. 예를 들어, 'A; B; C를 포함하는 X를 설명하는데, 본 발명의 실시례에 따른 A는 이러저러하다.'고 설명한 후, '이하에서는 본 발명의 다른 실시례에 따른 B에 관하여 설명한다.'로 B의 설명을 시작하는 것은 적절치 않다.

특정한 실시례의 X를 모두 설명한 후 즉, A, B, C를 모두 설명한 후에 A가 A′로 대체된 X2이나 B가 B′로 대체된 X3을 설명할 때 제2실시례, 제3실시례라고 하여야 한다.[141] 예를 들어, '이하에서는 본 발명의 제1실시례에 따른 X를 도면을 참고로 상세히 설명한다. 제1실시례에 따른 X는 A; B; 및 C;를 포함하고 있다. A는 ~~하고, B는 ~~하고, C는 ~~하다. 이하에서는 본 발명의 제2실시례에 따른 X2를 상세히 설명한다. 제2실시례에 따른 X2는 제1실시례에 따른 X에 대비하여, A와 B는 동일한 것이 사용되고, 다만 B 대신 B′를 사용하고 있다. B′는 ~~하다.'는 등으로 설명하는 것이다.

### (사) 당업자가 용이하게 실시할 수 있을 정도로 기재

당업자란 그 발명이 속하는 기술분야[142]에서의 통상의 지식을 가진 자를 뜻한다. 매우 인접한 분야의 전문가라면 쉽게 이해할 수 있는 수준으로 작성되는 것이 바람직할 것이다. 실무상, 당업자가 그 발명을 용이하게 이해할 수 있는가를 실무상 판단하기 위하여는 그 발명을 한 연구실의 동료가 아닌 다른 부품의 연구실의 연구원이 읽어도 발명의 내용을 명확히 이해하고 쉽게 실시할 수 있을 것인가를 검토하는 것이 편리한 경우가 많다.

기재의 정도는 명세서 외의 다른 문헌을 적극적으로 참고하지 아니하여도(즉, 다른 문헌을 통하여 특수한 지식을 부가하여 습득하지 않고서도), 그 명세서의 상세한 설명만으로 발명을 정확하게 이해하고 재현할 수 있는 정도로 기재되어야 한다.

그 밖에 공지된 부품은 압축적으로 기재 가능하므로 그 부품의 상세 내역까지 구체적으로 설명할 필요는 없으며 단지 어떠한 부품이 사용될 수 있다고만 기재하여도 충분하다.

**관련 사례**

▣ **단지 구성만 기재하고 그 작용효과가 달성되는 사유를 충실히 기재하지 않은 경우 기재불비에 해당한다고 본 사례**
**[대법원 2006.10.13. 선고 2005후780 판결]**

명칭을 '파이프용 연결관'으로 하는 이 사건 특허발명(등록번호 제334599호) 명세서의 발명의 상세한 설명에 기재된 '엠보싱 형상의 소음 방지 요철을 파형으로 다수 개 형성'한다는 기재만으로는 이 사건 특허발명이 목적으로 하는 소음 방지라는 효과가 달성된다고 볼 수 없어, 이 사건 특허발명의 특허청구범위 제1,2항에는 그 명세서의 발명의 상세한 설명에 이 사건 기술분야에서 통상의 지식을 가진 사람이 용이하게 실시할 수 있을 정도로 그 발명의 목적·구성 및 효과가 기재되어 있지 않은 기재불비가 있다는 취지로 판단하였음은 정당하다.

비록 특정 부품은 공지된 것이라고 하여도 그 부품이 다른 부품과의 결합 관계에서 새로운 작용효과가 발생되는 경우가 있다. 이러한 경우 해당 부품의 다른 부품과의 결합 관계에 의하여 그 작용효과가 발생되는 인과관계를 충실히 설명할 필요가 있다.

---

[141] 실무상, 제1실시례, 제2실시례로 구분하는 경우, 미국에서 한정요구가 지적될 가능성이 더욱 높아지므로 '또 다른 실시례'와 같은 표현을 쓰기도 한다.
[142] 열차의 분야에서의 발명에 관하여 선박의 기술자까지 용이하게 이해할 수 있도록 작성되어야 하는 것은 아니다.

> **Tip** 외부 문헌을 참조하자
>
> 아주 쉬운 내용이거나 널리 알려진 내용은 아니지만, 공지된 문헌에 이미 기재된 원리나 구성을 반복 기재하는 것이 명세서 전체에서 발명의 요지 파악을 어렵게 하는 경우가 있다. 예를 들어, 발명이 자기부상 열차의 차륜에 관한 것인데 특정 자기 부상 방식이 널리 알려져 있는 것은 아니라도, 그에 관한 상세한 내용이 이미 논문으로 알려져 있는 경우를 들 수 있다. 이러한 경우, 외부 문헌을 모두 명세서의 내용으로 담게 되면 발명의 요지나 구체적인 실시례에 해당하는 분량보다 원리 따위를 설명하는 내용이 방대해져 발명의 요지 파악을 오히려 힘들게 하는 경우가 있다. 이러한 경우에는 그 논문 등 외부 문헌을 언급하고 그 언급된 문헌의 내용이 이 명세서의 일부인 것으로 언급[143]하는 기재를 부연하는 것이 편리하다.

## 6. 발명의 명칭

### (1) 중요성 및 일반적인 작성방법

특허청구범위를 작성하기 위하여는 발명의 명칭을 먼저 선정하여야 한다. 이 발명의 명칭은 발명의 분야와 대상을 정하는 것이므로 그 발명의 보호범위에 영향을 미친다. 따라서 특허청구범위를 작성할 때 발명의 명칭을 적절히 선정하는 것이 중요하다. 발명의 명칭은 특허 청구항의 말미와 일치되거나 이를 포함할 수 있도록 작성하는 것이 일반적이다.

### (2) 심사규정[144]과 실무

#### (가) 심사규정상 발명의 명칭 작성 요건

발명의 명칭은 막연하거나 장황한 기재를 피하고 발명의 내용에 따라 간명하게 기재하여야 하여야 하며 불필요한 미사여구는 자제하여야 한다. 개인명, 상표명, 상품의 애칭, 극히 추상적인 성능만을 나타내는 표현 또는 '특허'라는 용어를 발명의 명칭에 포함하여서는 안 된다. 예를 들어, 'XX(주)'와 같은 회사명이나, 개량된, 개선된, 최신식 등의 추상적 성능을 나타내는 표현은 발명의 명칭이 불명확한 것이 되어 적합하지 않다.

특허청구범위 각각은 하나의 발명 카테고리에 해당하여야 한다[145]. 다만 다양한 카테고리의 명칭을 별개의 독립항으로 작성할 수 있다. 이렇게 2 이상의 카테고리의 청구항(예 물건, 제조방법, 제조장치, 사용방법 등)을 기재하는 경우에는 이들 복수의 카테고리를 모두 포함하는 간단명료한 명칭으로 기재하여야 한다. 예를 들어, 연필과 그 제조방법을 개발하고 그 제조방법에 따라 그 연필을 제조할 수 있는 장치를 개발한 경우 연필에 대한 청구항, 제조방법에 대한 청구항, 그리고 제조장치에 대한 청구항들이 각각 명세서에 포함될 것인데, 이 때 명세서 전체의 청구항은 '연필, 그 제조방법, 및 제조장치'와 같이 기재할 수 있다.

---

[143] 영문명세서에서 이와 같이 외부 문헌을 인용하여 그 내용을 명세서의 일부인 것으로 언급하는 것을 Incorporation by Reference라고 한다.

[144] 특허실용신안 심사지침서 제4부제1장제3.1절

[145] 물건이면서 방법인 청구항은 있을 수 없다.

발명의 명칭은 그 발명이 무엇을 청구하는지 명확히 알 수 있도록 기재하여야 한다. 예를 들어, 발명의 내용이 자동제어장치로서 다방면의 산업분야에 응용되는 경우에는 발명의 명칭을 '자동제어장치'로 기재하여도 무방하지만 온도 제어에만 사용되는 경우에는 '자동 온도 제어장치'라고 하는 것이 적절하다.

### (나) 실무의 태도

위와 같은 발명의 명칭에 관한 위와 같은 요건에 부합하지 않는 경우, 심사관은 출원서와 명세서 모두를 적절하다고 인정되는 발명의 명칭으로 직권 보정[146]할 수 있다. 이러한 직권 보정에 대하여 전부 또는 일부를 받아들일 수 없으면 특허료를 납부할 때까지 그 직권 보정 사항에 대한 의견서를 제출하면 되고, 이 때 해당 직권 보정 사항의 전부 또는 일부는 처음부터 없었던 것으로 본다.

다만, 명백히 잘못 기재된 내용이 아니거나 청구범위에 변동이 생길 가능성이 있는 것이라면 직권 보정을 하지 않는다. 이 때 명칭의 잘못된 기재가 거절이유에 해당하는 경우에는 의견제출통지를 하고 보정서에 의하여 보정되도록 한다.

## (3) 작성전략

### (가) 상위개념을 도출

당연한 원리이지만 청구항에 사용된 발명의 명칭에 지나치게 좁고 구체적인 표현이 포함되면 권리범위가 축소된다. 예를 들어, '안전벨트 착용 홍보 장치'는 안전벨트 착용을 홍보하는 장치이므로, 그 구성요소를 동일하거나 균등하게 사용하는 장치라도 다른 목적의 홍보에 사용한다면 이는 문언상 침해를 구성하지 않게 된다.

### (나) 사업의 범위를 고려

발명의 명칭을 수정하여 보호범위를 확대하다 보면, 전혀 향후 사업의 관심이 없는 분야까지 범위를 확대시키고, 그에 따라 선행기술의 범위가 넓어져 거절될 가능성이 커지게 되는 수가 있다. 예를 들어, 자동차를 주력으로 하는 회사에서 발생된 발명에서 청구범위의 발명을 명칭을 설계할 때 '자동차'로 하지 아니하고 '운송 수단'이라고 하는 경우 선박, 항공기 등 다양한 다른 운송 수단이 선행기술에 포함[147]되게 된다.

---

[146] 특허법 제66조의2(직권에 의한 보정 등)
[147] 따라서 해당 기술사상과 유사한 개념을 이미 채용한 전혀 다른 분야의 기술에 의하여 출원이 거절될 수 있다.

이와 같이 향후의 사업 전망에서 전혀 관심의 대상이 아닌 분야에 걸쳐서 권리범위화 하는 것은 기업의 입장에서는 권리화의 실효성이 적은 반면, 선행기술의 범위를 넓혀 거절될 가능성을 크게 하는 것이다[148][149]. 따라서 발명의 명칭을 선정할 때에는 향후의 사업 전망을 고려하여 예상되는 사업 범위에 적합한 권리범위로 발명의 명칭을 설계하는 것이 바람직하다.

(다) 과다한 범위를 포함하지 말 것

발명의 보호범위를 확대하려고 지나치게 넓은 표현을 사용하는 것은 오히려 등록조차 되지 않게 되는 우려가 생기게 된다. 보호범위나 기술분야가 넓어지는 만큼 이에 대응하는 선행기술의 범위도 넓어지게 되어 이미 공지된 발명을 포함하는 청구범위가 될 수 있기 때문이다.

[표 3-55] **잘못된 발명의 명칭 작성례**

| 발명의 명칭 | 해설 |
|---|---|
| 자동차 룸미러 부착 위치 변경 | • 특정한 부착 위치에 룸미러가 부착된 자동차를 권리범위로 청구하는 것인지 아니면 다른 무엇을 청구하는 것인지 불명확하다.<br>• 종래의 것과 비교하는 방식의 명칭이므로, 객관적인 표현이 아니어서 설령 등록된다고 하여도 권리행사가 곤란할 수 있다. |
| 층간 두께를 줄이기 위한 온돌 난방 시공 방법 | 발명의 목적이 명칭으로 기재되어 있다. 동일하거나 균등한 구성이라도 그러한 목적으로 사용되는 발명이 아니라면 권리행사가 곤란할 수 있다. |
| 안전벨트 착용 홍보 장치 | • 발명의 명칭에 지나치게 구체적인 용도가 기재되어, 그 용도가 아니라면 권리행사가 곤란하게 된다.<br>• 동적 요소를 구비한 홍보 장치 등 용도를 대신하여 발명의 특징을 나타낼만한 다른 표현을 구상하는 것이 바람직하다. |
| 신개념 주차 시스템 | 무엇이 신개념인지 불명확하고, 객관적인 표현이 아니어서 등록되어도 권리행사가 곤란할 수 있다. |
| 영구자석을 이용한 무한동력 발생기 원리 | • 무한 동력이라는 표현 자체에서 산업상 이용가능성이 부정될 수 있다.<br>• 무한 동력 발생기는 청구의 대상이 될 수 있으나, 원리는 자연법칙 그 자체라 특허의 대상이 되지 않는다. |
| 메모지 지킴이 | • 기술분야의 용어가 아닌 문학적 표현(지킴이)이 사용되었다<br>• 메모지 고정 장치 등으로 수정하는 것이 바람직하다 |

---

[148] 다만, 다른 분야에서도 공지되지 않았을 것으로 보이는 원천기술의 경우에는 전략적으로 넓은 범위로 명칭을 구성할 수 있다. 이 경우에는 그 범위의 특허권은 직접 실시와 같은 적극적 사용에 더하여, 해당 기술분야의 제3자에게 라이센싱을 추진할 계획이 세울 수 있다.
[149] 체물을 다루는 발명의 경우 방향을 특정하여 표현하는 경우가 많다.

## 7. 도면의 설명

### (1) 작성전략

[표 3-56] **도면의 설명 작성전략**

| 관련 표현 | 작성 예시 |
|---|---|
| 기본 | • 도 1은 ~~한 도면이다.<br>• 도 1은 본 발명의 실시례에 따른 X의 사시도이다.<br>• 도 2은 도 1의 A의 상세도이다.<br>• 도 1은 X의 블럭도이다. |
| 방향 | • 도 1은 X의 사시도이다.<br>• 도 1은 X의 정면도이다.<br>• 도 1은 X의 평면도이다.<br>• 도 1은 X의 배면도이다.<br>• 도 1은 X의 측면도이다.<br>• 도 1은 X의 저면도이다. |
| 단면 | • 도 1은 X의 단면도이다.<br>• 도 4는 도 3의 IV-IV 선에 따른 단면도이다.<br>• 도 2는 도 1의 X의 절개도이다. |
| 확대 | • 도 2는 도 1의 A 부분을 확대한 도면이다.<br>• 도 2는 도 1의 A 부분의 확대 사시도이다.<br>• 도 2는 도 1의 X를 확대한 도면이다. |
| 분해 | • 도 3은 X의 분해 도면이다.<br>• 도 3은 X의 분해 사시도이다. |
| 부분 | • 도 1은 X의 부분 단면도이다.<br>• 도 1은 X의 부분 사시도이다.<br>• 도 2는 X의 내부를 도시하는 부분 단면도이다. |
| 실시례 | • 도 1은 본 발명의 제1실시례에 따른 X의 구성도이다.<br>• 도 2는 본 발명의 제2실시례에 따른 X의 구성도이다.<br>• 도 3은 본 발명의 제2실시례에 따른 X에서 A의 다양한 변형예를 도시한 도면이다. |
| 순서도 | • 도 2는 본 발명의 실시례에 따른 ~~방법을 도시한 흐름도이다.<br>• 도 3은 도2의 S110단계를 구체적으로 도시한 흐름도이다. |

### (2) 도면의 주요 부분에 대한 부호 설명

기계금속 관련 발명은 도면을 확인하는 것이 설명을 읽는 것보다 발명의 내용 파악에 더 편리할 때가 많다. 이 때 도면번호에 해당하는 명칭을 파악하면서 도면을 검토하면 실시례의 구성과 동작이 더욱 쉽게 이해될 수 있다. 명세서를 뒤지지 않아도 도면번호에 해당하는 명칭을 쉽게 파악할 수 있도록 도면의 간단한 설명 바로 아래에 기재하면 편리하다.

도면에 사용된 모든 도면번호를 기재해야만 하는 것은 아니며, 주요 부분에 관한 도면번호와 그 명칭을 기재하면 된다. 도면 순서대로 기재해야 하는 것은 아니며 유사한 기능별, 명칭별로 묶어서 기재하여도 무방하다.

**[표 3-57] 도면의 주요 부분에 대한 부호의 설명 작성례**

150 : 분리벽
h1 : 스프링의 길이
h2 : 스프링과 벽 사이의 거리
114a, 114b, 134a, 134b : 스프링
25a 내지 25d : 리브
θ : 막대의 중심축의 경사각

**Tip 무심코 작성한 도면의 설명이 권리범위를 줄일 수 있다**

도면을 설명하면서, 본 발명에 따른 도면으로 표현하기 보다는 본 발명의 실시례에 따른 도면으로 표현하는 것이 바람직하다. 발명의 범위가 도면에 나타난 구체적인 사항으로 한정되어 해석되는 것을 막을 수 있다.
우리나라의 경우에는 도면의 간단한 설명의 기재에 지나치게 구속되어 특허발명의 보호범위를 판단하는 예를 찾기는 힘들지만, 미국 등에서 상세한 설명을 참고하는 경우 도면에 기재된 구체적인 사항이 발명의 필수 사항으로 해석될 소지가 있다.

## 1. 중요성

일반적으로 도면은 중요하다[150]. 도면의 기재가 적절한가에 따라 발명의 파악이 쉽기도 하고, 도면과 설명이 과다하게 불일치되는 경우 기재불비로 인정되기도 한다[151]. 특히 유체물이 등장하는 발명의 경우 도면은 더욱 중요하다. 대개 청구범위와 도면만을 대비하여 보아도 발명의 요지의 대부분을 파악할 수 있는 경우가 많기 때문이다.

## 2. 법률의 규정

우리 특허법시행규칙에서 보이는 도면 작성의 일반 요건을 정리하면 다음과 같다.

**[표 3-58] 도면 작성방법(특허법시행규칙 제21조 참고; 별지 제17호 서식)**

1. 제도법에 따라 평면도 또는 입면도를 흑백으로 선명하게 도시하며, 필요한 경우에는 사시도 및 단면도를 사용할 수 있다. 다만, 발명의 내용을 표현하기 위하여 불가피한 경우에만 그레이 스케일 또는 칼라이미지의 도면을 사용할 수 있다. (예 발명의 효과를 표현하기 위하여 필수적인 조직 표본의 현미경 사진, 특수 섬유 등의 직조 상태를 설명하기 위한 그레이스케일 이미지 등)

2. '도면' 내용의 설명에 사용되는 부호는 아라비아 숫자 등을 사용하고 크기는 가로 3mm × 세로 3mm 이상으로 하며 다른 선과 명확히 구별할 수 있도록 인출선을 그어야 한다. 같은 부분에 대하여 2 이상의 '도면'에 부호가 표기될 경우에는 같은 부호를 사용한다. 발명의 상세한 설명에 부호가 적혀 있는 경우에는 반드시 도면에도 해당 부호가 표시되어야 하며, 반대의 경우에도 같다.

3. 선의 굵기는 실선은 0.4mm 이상(인출선의 경우에는 0.2mm 이상), 점선 및 쇄선은 0.2mm 이상으로 표시한다.

4. '도면' 내용 중 특정 부분의 절단면을 도시할 경우에는 하나의 쇄선으로 절단 부분을 표시하고, 그 하나의 쇄선의 양단에 부호를 붙이며, 화살표로써 절단면을 도시한 방향을 표시한다.

---

[150] 도면은 특허출원서에 반드시 첨부되어야 하는 것은 아니고 도면만으로 발명의 상세한 설명을 대체할 수는 없는 것이지만, 도면은 실시례 등을 구체적으로 보여줌으로써 발명의 구성을 더욱 쉽게 이해할 수 있도록 해주는 것으로서 도면이 첨부되어 있는 경우에는 도면 및 도면의 간단한 설명을 종합적으로 참작하여 발명의 상세한 설명이 청구항을 뒷받침하고 있는지 여부를 판단할 수 있다(대법원 2006.10.13. 선고 2004후776 판결).

[151] 명세서에서 출원서에 첨부된 도면을 들어 당해 발명의 특정한 기술 구성 등을 설명하고 있는 경우에 그 명세서에서 지적한 도면에 당해 기술 구성이 전혀 표시되어 있지 않아 그 기술 구성이나 결합 관계를 알 수 없다면, 비록 그러한 오류가 출원서에 첨부된 여러 도면의 번호를 잘못 기재함으로 인한 것이고, 당해 기술분야에서 통상의 지식을 가진 자가 명세서 전체를 면밀히 검토하면 출원서에 첨부된 다른 도면을 통하여 그 기술 구성 등을 알 수 있다 하더라도 이를 가리켜 명세서의 기재불비가 아니라고 할 수 없다(대법원 1999. 12. 10. 선고 97후2675 판결).

5. 절단면에서는 평행사선을 긋고 그 절단면 중 다른 부분을 표시하는 절단면에는 방향을 달리하는 평행사선을 긋는다. 그것으로 구분이 되지 아니할 때에는 간격이 다른 평행사선을 긋는다.

6. 요철(凹凸)을 표시할 경우에는 절단양면 또는 사시도를 그리고, 음영을 나타낼 필요가 있을 때에는 0.2mm 이상의 실선으로 선명하게 표시한다.

7. '도면'에 관한 설명은 '도면' 내용 중에 적을 수 없으며, 명세서에 적는다. 다만, 도표, 선도 등에 꼭 필요한 표시, 골조도, 배선도, 공정도 등의 특수한 '도면'에 있어서 그 부분 명칭이나 절단면을 표시하는 것은 무방하다.

8. '도면'은 가로로 하나의 '도면'만을 배치할 수 있으며, 식별항목을 제외한 '도면' 내용의 크기는 가로 165mm × 세로 222mm를 초과할 수 없고, '도면' 내용 주위에 테두리선을 사용할 수 없다.

9. '도면' 내용의 각 요소는 다른 비율을 사용하는 것이 그 '도면' 내용을 이해하기 위하여 꼭 필요한 경우 외에는 '도면' 내용 중의 다른 요소와 같은 비율로 도시한다.

10. 2 이상의 용지를 사용하여 하나의 '도면'을 작성하는 경우에는 이들을 하나로 합쳤을 때 '도면' 중의 일부분이라도 서로 겹치지 않고 완전한 '도면'을 구성할 수 있도록 작성한다.

## 3. 작성전략

### (1) 대상이 되는 제품을 가급적 구체적으로 표현

부품으로 파이프가 사용되면 파이프의 형상으로, 코일 스프링이 사용되면 코일 스프링을 현실적으로 도시화하는 것이다. 이와 같이 함으로써 발명의 요지 파악에 쉽게 된다.

아울러 기구적 발명의 경우 미처 상세한 설명에 기재하지 않은 사항이라 하여도 도면에 도시된 사항이라면 이를 언어로 표현하여 상세한 설명이나 청구범위에 추가할 수 있다. 심사 과정에서 뜻하지 않게 발견된 선행기술과 대비하여, 문언상으로 기재된 구성은 유사하나 실제 구체적인 구성은 차이점이 있는데 이 차이점이 도면상에 표현된 경우도 많이 발생한다.

### (2) 발명과 무관한 복잡한 세부 구성은 단순화

발명의 요지와 전혀 무관한 세부 구성을 지나치게 상세하게 도시하는 것은 도면 작성의 노고가 많이 들 뿐만 아니라, 도면 파악이 곤란하여 발명의 요지 파악을 어렵게 하는 것이다.

### (3) 청구범위에 기재된 모든 구성요소를 도면에 도시

우리 법에서는 상세한 설명에서 도면부호가 사용된 구성요소는 도면에서도 도면부호를 표시하여야 하고, 그 반대도 마찬가지이다. 그러나 미국법에서는 청구범위에 기재된 모든 구성요소는 도면에 도시되어야 할 것으로 규정하고 있다[152].

---

[152] 비록 우리 법에 따라서는 청구범위에 기재된 모든 구성요소를 도면에 도시할 필요는 없다 할지라도, 간혹 이를 요구하는 의견제출통지서가 발생되기도 한다.

### (4) 가능한 설명에 기재된 모든 구성요소를 도면에 도시

더욱 바람직한 것은 상세한 설명에 기재된 모든 구성이 도면에 도시되는 것이다. 예를 들어, A와 B는 볼트로 연결된다고 기재된 경우 볼트까지를 도면에 도시해두는 것이다.

도면에 도시된 특징을 언어로 표현하여 상세한 설명에 추가하는 것[153]은 어렵지 않고 법률상 문제의 소지가 별로 없다. 그러나 상세한 설명에만 언어로 표현되고 도면에는 도시하지 않은 사항을 후발적으로 도면에 도시하려고 하면 문제가 발생되는 경우가 있다. 언어보다는 도면이 더욱 구체적으로 표현되게 되기 마련이기 때문이다.

예를 들어, 상세한 설명에는 단지 'A와 B는 볼트로 연결된다.'고 하였는데 이를 도시화하려고 볼트를 도면에 그려 넣는 경우, 그 볼트가 피스 볼트(Piece Bolt)인지, 육각 볼트인지 등의 구체적인 형상을 그리게 되면, 그 볼트의 형상 자체는 상세한 설명에 기재된 것이 아니므로 신규 사항이 추가[154]된 것으로 취급되게 될 수 있다.

이러한 도면 보정이 신규 사항 추가에 해당하게 되는 경우, 우리 법에서는 이를 해소하기가 매우 곤란하고, 미국법에 따라서는 계속출원을 해야 하는 부담이 따를 수 있다[155].

### (5) 도면번호를 충분히 크게 표시

우리 법에는 도면부호를 가로 3mm × 세로 3mm 이상으로 할 것을 규정하고 있으나[156], 이보다 다소 작게 표시하였다고 하여 거절이유가 발생되는 경우는 많지 않다. 그러나 미국의 경우 높이가 3.2mm 이상일 것을 요구하고 있는데, 이러한 규정이 지켜지지 않으면 거절이유가 되거나 도면 보정 명령이 발생된다. 대개 한국에 출원한 후 이를 우선권 주장하여 해외출원을 진행하는 과정에서 한국출원 도면을 그대로 사용하는 경우가 많으므로, 한국출원 때부터 도면부호를 충분히 크게 표시해두는 것이 바람직하다.

### (6) 사진·이미지 사용의 검토

우리 법에 따르면, '발명의 내용을 표현하기 위하여 불가피한 경우에만' 그레이 스케일 또는 칼라 이미지의 도면을 사용할 수 있는 것으로 하고 있어, 사진이나 이미지 도면을 사용하는 것은 불가피한 경우에 한하는 것으로 규정하고 있다. 실무상으로는 사진 또는 이미지 도면을 불가피하지 않다는 이유로 거절하는 경우는 드물다.

---

153) 예를 들어, 도면에 볼트와 그 결합 관계가 도시되어 있는 경우, 상세한 설명에 그 볼트와 그 결합 관계를 추가하는 것은 별로 문제가 발생되지 않는다.
154) 이러한 신규 사항 추가는 우리의 실무에서는 다소 너그러운 면이 있으나, 미국의 실무에서는 엄격히 적용되고 있다.
155) 신규출원에 준하는 비용이 수반되는 것은 물론이다.
156) 특허법시행규칙 제21조 참고; 별지 제17호 서식

다만, 나라에 따라서는 사진이나 이미지 도면을 제출하기 위해 특허청에 별도의 허가 신청을 하여야 하는 경우[157]가 있으므로 해외출원을 고려한다면 이러한 사진·이미지 도면을 남용하는 것은 바람직하지 못하다.

## 4. 세부작성전략 – 도면번호 부여

명세서를 처음 작성하는 초보자들이 불식 간에 넘어가는 것이 바로 이 도면번호 부여에 대한 문제이다.

### (1) 부품의 이름에 집착하지 말 것

도면번호는 부품의 이름에 붙이는 것이 아니라 그 부품에 붙이는 것이다. 따라서 같은 이름이라고 하더라도 다른 부품이라면 다른 번호를 부여하여야 한다[158]. 바꾸어 말하면 같은 도면부호가 사용된 부품은 실제로 동일한 구성임을 암시하는 것이다.

예를 들어, 같은 명칭을 사용하더라도 실시례에 따라서 달라지는 부품이라면 다른 도면번호를 사용하여야 하는 것이며, 여러 실시례에서 공통으로 사용되는 동일한 부품은 같은 도면부호를 사용하여도 무방하다.

### (2) 연속되는 번호를 사용하지 말 것

11, 12, 13 등과 같이 도면번호를 부여하고 나면 추후 명세서의 보정이나 새로운 도면번호를 부여해야 하는 경우 등에서 대처하기가 곤란하거나, 도면번호의 흐름에 걸맞지 않은 전혀 엉뚱한 도면번호를 인접한 구성에 붙여야 하는 일이 생긴다.

### (3) 가능한 숫자를 사용

6a, 6b, 6c 등과 같은 방식 보다는 62, 64, 66 과 같은 부여가 바람직하다. 특히 a, t 등과 같이 홑 글자로 된 문자를 도면부호로 사용하는 것은 지양하는 것이 바람직하다.

국문명세서에서는 도면부호를 괄호로 표기하므로 혼돈의 소지가 덜하지만, 괄호로 표기하지 않는 영문명세서에서는 부정관사인지 도면부호인지의 구별이 모호하고, 오탈자인지의 구분도 분명하지 않으며, 도면부호가 눈에 잘 띄지 않아 내용 파악이 힘들게 되는 경우가 많다. 필요에 따라서 문자로 시작하는 도면부호를 사용하려면 a0, t0 등과 같이 숫자를 조합하여 사용하는 것이 바람직하다.

---

[157] 미국의 경우 이미지 도면이나 칼라 도면을 제출하기 위하여는 Petition을 제출하여야 하며, 특허청에서 이를 검토하여 허가하여야 한다.

[158] 하나의 실시례에서 사용된 구분의 의미가 없는 부품들(예) 다수 개의 볼트들)은 하나의 도면부호를 사용하여도 내용 파악에 문제가 되지 않는다.

### (4) 순서도의 단계는 S자를 붙여 구분

플로우차트의 단계를 지칭하는 도면번호도 숫자로만 표시하여도 무방하다. 다만 이 경우, 부품을 지칭하는 도면부호와 혼동의 소지가 있어 오탈자의 발생 가능성이 커지고, 플로우차트의 단계에 구분자를 둠으로써 명세서를 읽을 때 내용 파악 및 참고할 도면을 파악하기 편리하다.

### (5) 동종 구성요소끼리 그룹핑

도면번호는 일정한 증가폭으로 부여할 필요가 없다. 발명의 구성요소를 파악하기 쉽도록 부여하면 된다. 동종이거나, 같은 단위 부품에 속한 부품들끼리 그루핑 되도록 도면부호를 사용하는 것이 내용 파악 편리하고 명세서 작성에서 오탈자를 줄일 수 있다.

예를 들어 서스펜션에 도면부호 '100'을 부여한 경우, 그 구성 부품은 100번대(예 로어 암(110), 어퍼 암(120), 쇽업소버(130), 스프링(140) 등)로 부여하고, 차체에 도면부호 '200'을 부여한 경우 그 구성 부품은 200번대(예 플로어 패널(210), 대시 패널(220), 필러(230) 등)로 부여하는 방식이다.

---

## 3 요약서

### 1. 개념

일단 요약서는 명세서의 일부는 아니다. 요약서는 심사관 또는 공중이 발명의 파악을 용이하게 하기 위한 기술정보의 용도로 사용하는 것이다. 이러한 요약서는 특허발명의 보호범위를 정하는 데에는 사용할 수 없다[159].

### 2. 작성전략

### (1) 법률의 규정

요약서의 작성방법은 특허법시행규칙에 정하여져 있다. 이를 요약하면 ① 기술분야, 해결하려는 과제, 과제의 해결수단, 효과 등을 간결하게 기재하고 ② 400자 이내(영어로 번역한 경우 50단어 이상 150단어 이내) 로 작성하는 것으로 정하여져 있다.

---

[159] 특허법 제43조(요약서) : 제42조제2항의 규정에 의한 요약서는 기술정보로서의 용도로 사용하여야 하며, 특허발명의 보호범위를 정하는 데에는 사용할 수 없다.

## (2) 작성전략

실무상 전자출원서에 요약서의 내용으로 작성할 수 있는 항목은 【요약】, 【대표도】이다.

### (가) 요약의 작성

실무상 '요약' 부분은 발명의 상세한 설명에서 효과 부분과 청구범위에서 독립항을 옮겨와 평이한 문장구조로 편집하여 사용한다. 전혀 새로운 문장으로 발명의 요약을 하는 것도 전혀 문제되지 않지만 이와 같이 작성하는 것이 보호범위에 영향이 없고 독립항의 구성을 정리하는 것이 발명의 보호범위와의 일관성이 유지되며[160], 작성에 편리한 이점이 있다.

우리의 실무에서 영어로 번역한 경우 50단어 이상 150단어 이내가 바람직하다는 규정은 미국의 실무[161]를 고려한 것으로 보인다. 특허법시행규칙 상에는 요약서는 400자 이내로 할 것으로 하고 있으나 이는 실무상 엄격히 따지고 있지는 않다.

### (나) 대표도의 기재

대표도는 발명의 요지를 가장 잘 나타내 보이는 도면을 선택하여 기재하면 된다. 발명의 대상이 되는 제품의 전체 구성을 나타내는 도면일 필요는 없으며, 그 발명의 핵심 구성이 나타난 도면이 적당하다.

---

[160] 미국 실무에서도 원칙적으로는 Abstract는 발명의 보호범위와는 무관하도록 되어 있으나, 소송 실무상 Abstract의 기재에 의하여 배심원의 침해 여부 판단에 영향을 미치고 있다고 한다.
[161] MPEP 608.01(b)

# 제 **04** 절 특허명세서 검수

Understanding Patents

## 1 청구항의 검수

명세서가 작성된 후 출원하기 전에는 검수를 거쳐 명세서의 완성도를 높인다. 청구항 및 청구항들의 관계를 검수하는 방법을 앞서 학습한 바를 바탕으로 알아본다.

### 1. 전제부 및 연결어구

전제부는 불필요하게 많이 작성되었는지 위주로 검수하며 연결어구는 불필요하게 폐쇄형·반폐쇄형으로 작성되었나를 중점으로 검수한다.

### 2. 본문

| 중점 검수사항 | 예 | 아니오 |
|---|---|---|
| 청구항이 발명의 설명 이전에 작성되었는가 | ☐ | ☐ |
| 본문에는 발명의 개념이 드러나도록 구성요소 간의 유기적 결합 관계가 기재되었는가 | ☐ | ☐ |
| 보호받고자 하는 발명에 적절하게 청구항 작성형식이 선택되었는가 (장치, 방법, 젭슨, 콤비네이션, 마쿠시, 옴니버스) | ☐ | ☐ |
| 청구항 본문을 읽어서 발명의 개념이 이해되는가 | ☐ | ☐ |
| 청구항의 구성요소 중 다른 구성요소와 상호관계가 언급되지 않은 것이 있는가 | ☐ | ☐ |
| 구성이 장황해 기능적 구성으로 압축 기재할 필요가 있는가 | ☐ | ☐ |
| 기능적 표현을 권리범위 손실 없이 기구적 표현으로 고칠 수 있는가 | ☐ | ☐ |
| 청구항에 외래어, 조어, 상품명이 사용되었는가 | ☐ | ☐ |
| 서로 다른 구성요소를 지나치게 유사하게 표현하였나 | ☐ | ☐ |

| | 예 | 아니오 |
|---|---|---|
| 설계자의 주관적 판단 기준을 기재하였나 | ☐ | ☐ |
| 피제조 물건을 제조 장치의 구성요소로 기재하였나 | ☐ | ☐ |
| 피제어 기기를 제어 장치의 구성요소로 기재하였나 | ☐ | ☐ |
| 방법단계의 선후 관계를 달리하여도 발명이 동작하는가 | ☐ | ☐ |
| 모호한 표현의 근거를 상세한 설명에 충실히 설명하였나 | ☐ | ☐ |
| 부정적 한정이 사용되었나 | ☐ | ☐ |
| 쉽게 회피 가능한 용어가 사용되었나 | ☐ | ☐ |
| 무엇을 가리키는지 모호한 인용관계가 있는가 | ☐ | ☐ |

## 3. 청구항 체계 등 – 다항제

### (1) 인용관계 검토

| 중점 검수사항 | 예 | 아니오 |
|---|---|---|
| 다중종속항의 인용 형식이 적절한가 | ☐ | ☐ |
| 부가 한정하는 종속항의 인용 형식이 적절한가 | ☐ | ☐ |
| 부가 한정되는 특징의 표현이 적절한가 | ☐ | ☐ |

### (2) 청구항의 부적절성 검토

| 중점 검수사항 | 예 | 아니오 |
|---|---|---|
| 방법청구항이 Step Plus Function으로 작성되었는가 | ☐ | ☐ |
| 상기로 인용한 구성요소가 인용되는 항에 도입되어 있나 | ☐ | ☐ |
| 구성요소를 치환하거나 제외하는 종속항이 있는가 | ☐ | ☐ |

### (3) 독립항, 종속항 및 1특허출원 범위 검토

| 중점 검수사항 | 예 | 아니오 |
|---|---|---|
| 독립항에서 더 압축·제거하거나 상위개념으로 작성할 사항이 있는가 | ☐ | ☐ |
| 가치 없는 종속항이 있는가 | ☐ | ☐ |
| 종속항들의 배열이 적절한가 | ☐ | ☐ |
| 다수 독립항이 1특허출원 범위에 위배되는가 | ☐ | ☐ |

## (4) 청구항 다이어그램 검토

| 중점 검수사항 | 예 | 아니오 |
|---|---|---|
| 청구항 다이어그램을 그려보았는가 | □ | □ |
| 청구범위 다이어그램이 그물 구조인가 | □ | □ |

## (5) 카테고리 검토

| 중점 검수사항 | 예 | 아니오 |
|---|---|---|
| 다양한 카테고리로 청구항 체계가 구성되어 있는가 | □ | □ |
| 다른 카테고리로 청구항을 추가할 수 있는가<br>(예 부품·완제품, 장치·방법, 공구·제품 제조방법) | □ | □ |
| 부품을 완제품 청구항으로도 청구할 필요가 있는가 | □ | □ |
| 장치를 방법청구항으로도 청구할 필요가 있는가 | □ | □ |
| 공구를 제품 제조방법으로도 청구할 필요가 있는가 | □ | □ |
| 방법을 장치청구항으로도 청구할 필요가 있는가 | □ | □ |

## 2 발명의 설명의 검수

### 1. 발명의 명칭

| 중점 검수사항 | 예 | 아니오 |
| --- | --- | --- |
| 명칭이 상위개념으로 작성되었는가 | ☐ | ☐ |
| 명칭이 과다한 범위로 작성되었는가 | ☐ | ☐ |
| 향후 사업 범위와 무관한 명칭으로 사용되었는가 | ☐ | ☐ |

### 2. 기술분야 설명, 종래기술 설명 및 도면의 설명

| 중점 검수사항 | 예 | 아니오 |
| --- | --- | --- |
| 기술분야의 설명이 장황하게 작성되었는가 | ☐ | ☐ |
| 본 발명과 무관한 주변기술이 종래기술로 설명되었는가 | ☐ | ☐ |
| 종래기술이 아닌 것을 종래기술로 설명하였는가 | ☐ | ☐ |
| 종래기술이 지나치게 자세히 설명되었는가 | ☐ | ☐ |
| 제조물 책임법에 의하여 문제될 만한 표현이 있는가 | ☐ | ☐ |
| 도면의 설명이 도면과 일치하는가 | ☐ | ☐ |

### 3. 실시례

| 중점 검수사항 | 예 | 아니오 |
| --- | --- | --- |
| 여러 실시례에 대한 호칭이 적절한가 | ☐ | ☐ |
| 청구항의 기재에서 자명하지 않은 효과를 충실히 언급하였는가 | ☐ | ☐ |
| 발명을 쉽게 실시할 수 있을 정도로 실시례가 작성되었나 | ☐ | ☐ |
| 청구범위에 기재된 구성요소 중 설명이 누락된 구성요소가 있는가 | ☐ | ☐ |
| 청구항의 모호한 표현, 기능적 표현이 실시례에서 보완되었나 | ☐ | ☐ |
| 청구범위가 좁게 해석될 표현이 실시례 설명에 있는가 | ☐ | ☐ |
| 청구범위의 모든 특징이 실시례에 나타나 있는가 | ☐ | ☐ |
| 청구하지 않는 사항에 관해 불필요하게 설명하고 있는가 | ☐ | ☐ |

| 중점 검수사항 | 예 | 아니오 |
|---|---|---|
| 실시례 내에서 용어가 통일적으로 사용되고 있는가 | ☐ | ☐ |
| 청구항의 표현과 실시례의 표현의 대응관계가 이해하기 쉽도록 작성되어 있는가 | ☐ | ☐ |
| 용어를 정의함으로써 보호범위를 확대할 수 있는가 | ☐ | ☐ |
| 도면, 과제, 효과의 설명이 실시례에 따르도록 작성되었는가 | ☐ | ☐ |
| 당업자가 용이하게 발명을 실시할 수 있도록 실시례가 기재되었는가 | ☐ | ☐ |
| 실시례가 청구항을 뒷받침하도록 작성되었는가 | ☐ | ☐ |
| 실시례에 독소적인 표현을 배제되고 유익한 표현이 많은가 | ☐ | ☐ |

## 4. 요약서 및 도면

| 중점 검수사항 | 예 | 아니오 |
|---|---|---|
| 요약서가 장황하게 작성되었는가 | ☐ | ☐ |
| 청구항에 언급된 각 구성요소가 도면에 나타나 있는가 | ☐ | ☐ |
| 도면을 보면 구성이 이해되는가 | ☐ | ☐ |
| 도면번호가 혼란스럽게 부여되어 있는가 | ☐ | ☐ |

## 5. 특수한 발명의 발명의 설명 – 수치한정발명

| 중점 검수사항 | 예 | 아니오 |
|---|---|---|
| 청구범위에 기재되거나 청구범위 기재될 수 있는 수치한정에 대하여 상세한 설명에 그 한정의 이유가 기재되어 있는가? | ☐ | ☐ |
| 보정에 대비하여 상세한 설명에서 중요한 수치 범위가 2~3중으로 한정되어 있는가? | ☐ | ☐ |
| '정확한 사용 함량은 경우에 따라 다르다.'와 같은 권리 범위를 확장해석할 수 있는 기재가 상세한 설명에 존재하는가? | ☐ | ☐ |
| 상세한 설명에 각 수치범위의 상한치 및 하한치가 규정 되어 있는가? | ☐ | ☐ |
| 조성비가 중량 %인 경우, 모든 성분의 최대 성분량의 합≧100%인가? | ☐ | ☐ |
| 조성비가 중량 %인 경우, 모든 성분의 최저 성분량의 합≦100%인가? | ☐ | ☐ |
| 조성비가 중량 %인 경우, 하나의 최대성분량과 나머지 최저성분량의 합≦100%인가 | ☐ | ☐ |
| 조성비가 중량 %인 경우, 하나의 최저성분량과 나머지 최대성분량의 합≧100%인가 | ☐ | ☐ |

# 해외출원을 위한 국문명세서의 영문화

Understanding Patents

## 1 영문명세서 구성

[표 3-59] 출원서에 첨부되는 서류

| 종류 | 서류에 포함될 내용 | 설명 |
|---|---|---|
| 명세서의 일부 | TITLE OF THE INVENTION<br>CROSS-REFERENCE TO RELATED APPLICATION | Cross-reference가 색다르다. |
| 명세서의 일부 | BACKGROUND OF THE INVENTION<br>(a) Field of the Invention<br>　　(【기술분야】에 대응됨)<br>(b) Description of the Related Art<br>　　(【배경기술】에 대응됨)<br>SUMMARY OF THE INVENTION<br>　　(【과제】, 【과제 해결 수단】, 【효과】에 대응됨)<br>BRIEF DESCRIPTION OF THE DRAWINGS<br>　　(【도면의 간단한 설명】에 대응됨)<br>DETAILED DESCRIPTION OF THE INVENTION<br>　　(【구체적인 내용】에 대응됨) | 우리나라 명세서의 '과제'와 '효과'에 대응되는 부분이 별개 목차로 제시되어 있지 않다. |
| 명세서의 일부 | WHAT IS CLAIMED IS<br>　　(【특허청구범위】에 대응됨) | |
| Abstract | ABSTRACT OF DISCLOSURE<br>　　(【요약서】에 대응됨) | 대표도, 색인어 등 불필요 |
| 도면 | DRAWINGS<br>　　(【도면】에 대응됨) | |

Cross-reference란 선행하는 다른 출원을 언급하여 그 이익을 보고자 하는 것이다. 예를 들면, 분할출원인 경우에 원출원을 언급하여 그에 기재된 사항을 참조하는 것이다.

그런데 한국출원을 우선권 주장하여 미국에 출원하면서 이러한 Cross-reference 선언문을 활용하기도 한다. 이러한 Cross-reference 선언문의 구체적인 표현은 미국 대리인마다 달라지기도 한다. 중요한 것은 우선권 출원이 명확히 기재되고, 그 내용이 Incorporation by Reference되는 것을 언급하는 것이다.

**[표 3-60] 미국 출원명세서에서 Cross-reference 작성례**

> CROSS-REFERENCE TO RELATED APPLICATION
> This application claims priority to and the benefit of Korean Patent Application No. 10-2009-1234567 filed in the Korean Intellectual Property Office on October 26, 2009, the entire contents of which are incorporated herein by reference.

**Tip** Cross-reference로 보정을 대비하자

한국에 출원된 우선권 출원의 내용과, 미국에 영문으로 출원된 내용은 여러 가지 이유로 달라질 수 있다. 영문으로 번역하면서 오역이 발생될 수 있고, 일부 단락이 누락되거나 생략하여 번역될 수 있으며 2개의 출원을 병합하여 하나의 출원으로 하면서 생략된 부분이 있을 수 있다.

이러한 경우에 미국 출원명세서상에는 나타나 있지는 않지만, 한국 우선권 출원의 내용에는 들어 있는 사항이 심사 과정에서 진보성을 주장하기 위하여 또는 기재불비를 해소하기 위하여 필요하게 되는 경우가 있다. 이러한 경우에 위와 같은 선언문을 작성해두었다면, 의견서나 보정서를 작성할 때 유리하게 된다.

## 2 작성전략

## 1. 다양한 지시

### (1) a/the

영어에서 명사 앞에는 관사가 붙는다. 이때, 처음 나오는 표현에는 a[162], 다음에 그것을 인용하는 표현에는 the를 붙인다.

### (2) 제1, 제2 등 서수

영문법에서 서수는 the를 붙여서 the first leg, the second leg 등과 같이 표현한다. 그러나 청구항에서는 서수의 경우에도 처음 도입될 때에는 a, 다음에 인용할 때에는 the를 붙인다.

---

[162] 수식을 받는 용어도 마찬가지이다. the velocity of a vehicle가 아니라 a velocity of a vehicle라 하여야 한다.

## (3) a와 the를 구분하여 사용

**[표 3-61] 영문청구항에서 'the'를 잘못 사용하여 Indefinite 해지는 예**

> 1. A vacuum cleaner comprising:
>     a fan for creating a vacuum in the(X) housing;
>     a bag disposed within the housing for collecting dirt; and
>     a portable fusion reactor for powering the fan.

a를 쓸 곳에 the를 쓰면 Indefinite 해진다. 즉 'the' housing이 무엇을 가리키는지 알 수 없어 Indefinite한 청구항이 되어 버린다. 대신 이미 언급된 구성요소를 인용하려고 할 때 the를 붙이지 않고 a를 붙이면 그 구성요소는 앞에 기재한 구성요소를 가리키는 것이 아니라 전혀 새로운 구성요소로 이해될 수 있다. 즉, 같은 명칭을 사용하는 두 개의 구성요소가 포함된 것으로 해석될 수 있다.

**[표 3-62] 영문청구항에서 'a'를 잘못 사용하여 Double Inclusion이 발생되는 예**

> 2. A vacuum cleaner comprising:
>     a fan for creating a vacuum in a housing;
>     a bag disposed within a housing for collecting dirt; and
>     a portable fusion reactor for powering the fan.

위의 예에서는 팬이 진공을 일으키는 몸체와 백이 들어 있는 몸체가 서로 다른 것으로 이해되어 등 진공 몸체가 2개가 있는 것으로 이해될 수 있다.

만약 실제로 몸체가 2개인 경우, 종속항에서 'the housing'이라고 하면 2개의 housing 중 무엇을 가리키는 것인지 알 수 없게 되어 Indefinite하게 된다. 따라서 같은 표현을 구성하는 복수의 구성요소가 있는 경우 'a first housing, a second housing' 등과 같이 서수를 붙여주어서 미리 구별해두는 것이 좋다.

## (4) the와 said

'said'란 앞서 말한 표현을 그대로 받을 때 사용하는 어구이다. 오래된 명세서의 경우 said의 표현이 많이 보이고, 최근에는 the를 사용하는 것이 일반적인 경향이 되고 있는데, said를 사용하는 것이 전혀 문제되는 것은 아니다.

그러나 그 의미가 같다고 하여 하나의 명세서에서 the와 said를 혼용하는 것을 바람직하지 않다. 청구항을 읽으면서 혼란스럽게 느껴질 수 있기 때문이다.

## 2. 방법청구항에서의 단계 인용전략

방법청구항의 전통적인 표현 방식은 독립항에서 나열된 단계들을 'step'으로 표현하여 두고, 종속항에서는 'the step of'를 사용하여 인용하는 것이다.

[표 3-63] **방법청구항에서 전통적인 단계의 표현 및 인용**

| 구분 | 청구항 | 설명 |
|---|---|---|
| 독립항 | 1. A method for manufacturing a furniture comprising the steps of:<br>doing A; and<br>connecting the chair to the desk. | 독립항에 'the steps of'가 사용 |
| (종속항)<br>단계의 인용 | 2. The method of claim 1, wherein the step of connecting the chair to the desk comprises:<br>doing B; doing C; and doing D. | 'the step of'로 인용 |

그런데 이러한 방식은 전형적으로 'step-plus-function'의 형식을 갖추게 된다[163]. 때문에 'means-plus-function/step-plus-function' 청구항으로 인정되어 그 청구범위에 대한 해석에 관한 법률[164]을 적용받게 될 소지가 있다. 이 경우 명세서에 기재된 사항과 그 균등물만의 범위로 보호범위가 판단되어지므로, 문언상 표현된 범위보다 좁게 해석될 수 있다[165].

형식을 그와 같이 갖춤으로써 불리한 해석의 가능성이 있다면, 그러한 형식을 벗어나도록 청구항을 기재하는 것이 바람직할 것이다. 때문에 최근에는 방법청구항의 표현에서 step이라는 단어를 사용하지 않는 것이 일반화 되고 있다.

---

[163] 방법단계의 표현이 'step of ~ing'로 표현되어 있으므로, 표현 형식상으로만 본다면 step-plus-function의 형식을 갖추게 되는 것이다.

[164] 35 U.S.C. §112 paragraph 6: An element in a claim for a combination may be expressed as a means or step for performing a specified function without the recital of structure, material, or acts in support thereof, and such claim shall be construed to cover the corresponding structure, material, or acts described in the specification and equivalents thereof.

[165] 물론 단지 그 형식만 step-plus-function의 형식을 갖추는 것만으로 step-plus-function 청구항으로 인정되지는 않으며 그에 기재된 내용에 따라 'step of' 다음의 표현이 'function'인 경우에만 그와 같이 해석된다

독립항은 'the steps of'만을 생략하여 매끄럽게 작성될 수 있다. 그러나 앞서 기재된 단계를 종속항에서 step을 사용하지 않고 인용하는 것은 처음 시도하는 영문명세서 작성자에게는 매우 어렵게 느껴진다.

'step'을 사용하지 않고 단계를 인용하는 방법은, said나 the를 사용하여 인용하는 것이다. 이 때, 그 단어에 따라서 적절한 문법이 되도록 문장을 완성하여 주어야 한다. said의 경우 앞서 기재된 표현 자체를 따옴표로 가져오듯이 인용하면 되고, the의 경우에는 좀 더 자유분방한 문법적 정리를 하는 것이 자연스럽게 느껴진다.

**[표 3-64] 방법청구항에서 'step'을 생략하는 경우 단계의 표현 및 인용**

| 구분 | 청구항 | 설명 |
|---|---|---|
| 독립항 | 1. A method for manufacturing an X comprising:<br>arranging a blank at a predetermined position;<br>forming a hole in the blank; and<br>attaching a bracket on the blank. | 독립항에 'the steps of' 생략 |
| (종속항)<br>단계의 인용 | 2. The method of claim 1, wherein said attaching a bracket on the blank comprises:<br>locating the bracket on the blank; and<br>welding the bracket to the blank.<br>2. The method of claim 1, wherein the attaching of the bracket on the blank comprises:<br>~~~; and ~~~.<br>2. The method of claim 1, wherein the formation of the hole in the blank is performed prior to the attachment of the bracket on the blank. | said, the 등으로 인용하면서 문장을 완성 |

## 3. 단수와 복수

우리말에서는 단수와 복수를 엄격히 구분하지 않는다. 예를 들어, '다리'라고 구성요소를 도입한 후에 나중에 '그 다리는 복수개'라고 하여도 전혀 문제가 느껴지지 않는다. 그러나 영문 청구항 제1항에서는 'a leg'라고 해 두고서, 제2항에서는 'the leg is plural ...'이라고 하면 논리적으로 말이 되지 않는 표현이 된다.

이를 해결하기 위해, 만약 독립항의 어떤 구성요소가 종속항에서 복수개인 것으로 될 경우 ① 독립항에서부터 그 구성요소를 복수개인 것으로 기재하거나 ② 하나이건 복수이건 포괄할 수 있는 표현을 사용하여야 한다.

그런데 독립항에서부터 복수로 한정하는 경우, 그 구성요소를 하나만 사용하는 실시는 보호범위에 포함되지 않게 된다. 따라서 그 구성요소를 복수개 사용할 수밖에 없는 발명이 아니라면, 독립항에서는 하나를 사용하건 복수를 사용하건 포괄하는 표현을 사용하는 것이 유리하다[166].

[표 3-65] 영어의 단복수 표현에 유의한 청구항 작성례

| | 청구항 | 설명 |
|---|---|---|
| 국문의 표현 | 【청구항 1】<br>다리를 포함하는 책상; 및<br>　　　　상기 다리에 연결된 의자; 를 포함하는 가구.<br>【청구항 2】<br>제1항에서,<br>　　　　상기 다리는 복수로 형성되어 상기 의자는 각각의<br>　　　　다리와 연결된 가구. | 국문의 표현에서 이상한 점은 없다. |
| 직역된 영문 | 1. A furniture comprising:<br>　　　　a desk having a leg; and<br>　　　　a chair connected with the leg.<br>2. The furniture of claim 1, wherein:<br>　　　　the leg is provided as a plurality, and the chair is connected with each of the leg(s). | • 앞서 a leg라 하여 단수였던 것이 뒤에서는 복수개라는 모순<br>• leg(단수)의 each라는 모순 |
| 바람직한 영문 | 1. A furniture comprising:<br>　　　　a desk having at least one leg; and<br>　　　　a chair connected with the leg.<br>2. The furniture of claim 1, wherein:<br>　　　　the at least one leg is provided as a plurality of legs; and<br>　　　　the chair is connected with each of the plurality of legs.<br>2. The furniture of claim 1, wherein:<br>　　　　the at least one leg comprises a plurality of legs; and the chair is connected with each of the plurality of legs. | 처음부터 복수로 한정하지는 않는다. |
| 수정된 국문의 표현 | 【1】하나 이상의 다리를 포함하는 책상; 및<br>　　　　상기 하나 이상의 다리에 연결된 의자; 를 포함하는 가구.<br>【2】제1항에서,<br>　　　　상기 하나 이상의 다리는 복수로 형성되어 상기 의자는 각각의 다리와 연결된 가구. | 번역 과정에서 문제가 발생되지 않도록 국문을 수정하였다. |

---

[166] at least one, one or more와 같은 표현

## 4. 서수어의 사용

(1) 제1, 제2와 같은 서수의 표현이 매우 복잡한 문제를 야기할 수 있다. '제1레버', '제2레버' 등의 표현에서 '제1'과 '제2'를 구성요소 표현의 일부로 볼 것인지, '레버'만이 구성요소의 표현이고 '제 1'과 '제2'는 단지 언급된 순서를 말하는 수식 어구로 볼 것인지에 따른 것이다.

[표 3-66] **서수 사용의 복잡한 문제**

> 1. A table comprising:
>     a plate;
>     a *first* leg fixed to the plate;
>     a *second* leg fixed to the plate;
>     a bar connecting the first and second leg.
>
> 2. The table of claim 1 further comprising:
>     a *third* leg fixed to the plate
>     a cover connected to and covering the first and third leg.
>
> 3. The table of claim 1 further comprising:
>     a *third (fourth?)* leg fixed to the plate
>     a drawer disposed between the first and fourth leg.
>
> 4. The table of claim 3 wherein the *third (fourth?)* leg is made of metal.

위의 예처럼 제1항에서는 first leg, second leg가 구성요소로 도입되었고, 제2항에서는 새로운 third leg가 도입되었다. 이후 제1항을 인용하는 제3항에서 새로운 leg를 도입하면서 third leg 이라 해야 할지 fourth leg이라 해야 할지가 문제된다.

제1항을 인용하므로 원칙상 third leg이라 하여야 할 것이나, 그렇다면 실시례에서는 fourth leg이라 하였다가 청구항에서는 third leg이라고 하는 불일치가 발생된다. 이 경우 미국은 비록 혼란스럽기는 하지만 실시례에 의하여 뒷받침되는 것이 분명하다면 이러한 불일치에 관해 문제 되지 않는다. 그러나 유럽에서는 특히 도면부호를 병기해야 하는 경우에 명기된 도면부호와 명 칭이 불일치하므로 일치시키도록 하는 거절이유가 발생될 수 있다.

또한 제1항을 인용하는 제3항에서 fourth leg이라 한다면 그 구성요소는 first, second, fourth legs가 구성요소에 포함된다[167]. 그런데 이러한 구성에 관하여 미국에서의 해석에서는 fourth가 있으므로 third 가 암시된 것이라 해석될 여지가 있다[168]. 즉, 명시되지 않은 third leg가 존재해야 할 것이므로, 다리가 3개인 테이블은 보호범위가 아닌 것으로 좁게 해석될 여지 가 있는 것이다.

---

[167] 따라서 다리가 3개인 것도 문언상 보호범위에 포함되어야 할 것으로 기대된다.
[168] 심사 과정에서는 이러한 해석이 문제되지 않을 것이다.

## (2) 의미있는 구성요소는 서수로 표현하지 말 것

이와 같이, 같은 영문 청구항을 두고도 나라에 따라서 다른 해석이 내려질 가능성이 있다는 점을 고려하면, 종속항에서 부가·한정하여야 할 가치가 있는 구성요소는 가급적 서수로 표현하지 않는 것이 바람직하다.

서수를 사용하지 않고도 여러 유사 구성요소를 언어로 구분하는 방법은 여러 가지다. 예를 들어 first, second, third holes를 표현할 경우 bolt receiving hole, fastening hole, penetration hole 등으로 그 hole이 담당하는 기능을 표현하는 수식어구를 사용하여 구성요소를 구분해두는 것이다. 그 발명에서 그 구성요소가 당연히 담당해야 할 기능을 수식어구로 사용하므로 보호범위를 축소할 가능성도 줄어든다.

## (3) 서수로 표현할 경우, 청구항 전략을 먼저 세울 것

서수로 표현해야 하는 구성요소가 있는 경우에, 청구항을 먼저 기재하고 청구항의 표현과 일치되도록 실시례를 표현하는 것이 바람직하다.

실시례를 작성할 때에는 설명하는 순서대로 제1, 제2 등 서수를 붙이기 쉽다. 그런데 청구항을 작성할 때에는 더 중요하고 필수적인 구성을 추출하여 독립항으로 작성하게 되므로, 그 과정에서 실시례에서 표현한 서수의 순서와는 다른 순서로 서수를 붙이게 될 가능성이 크게 된다.

그러나 청구항을 먼저 작성하면서 서수를 표현해두고, 실시례의 설명에서는 서수들을 일괄하여 소개한 후 이들을 풀어나가는 식으로 작성할 수 있어 문제의 소재가 줄어들게 된다.

# 5. 도면

## (1) 청구항의 모든 구성요소와 특징을 표현

미국법에 따르면, 청구항의 모든 구성요소와 특징이 도면으로 표현되어야 한다. 한국명세서에서는 청구항에 언급된 특징이 단지 언어로 상세한 설명에 부연 설명되어도 무방한 경우가 많다. 그러나 미국명세서에서는, 청구항에 '사각 파이프'라고 하였으면, 도면에 파이프가 도시되어야 하고 사각인 것도 도시되어야 한다. 청구항에 'A와 B가 연결된'이라고 하면, 'A', 'B', 그리고 'A와 B가 연결된 상태'가 모두 도시되어야 한다.

## (2) 도면부호의 크기가 3.2mm 이상

미국에서는 '인쇄되었을 때 명확히 인식이 가능할 것'으로 도면이 작성되어야 한다는 개념이다. 도면부호가 작으면 인쇄되었을 때 확인하기 힘든 경우가 많아 그 크기를 구체적으로 제한하고 있다. 대문자를 기준으로 3.2mm 이하인 도면부호가 사용된 경우 보정명령이 발생되어 도면을 보정하여야 한다.

### (3) 종래기술 도면은 'Prior Art' 붙이기

종래기술에만 관련된 도면에는 'Prior Art'라는 표지를 붙여야 한다. 종래기술에만 관련된 도면에 해당하는 규정이므로, 종래기술과 동일한 사항을 포함하고 있더라도 본 발명의 실시례에 해당하는 사항이 포함된 도면이라면 Prior Art를 붙이지 않아도 된다. Prior Art라고 붙인 도면에 기재된 사항은 종래기술이라는 것을 자인하는 것이 되므로, 미국의 관점에서는 Prior Art라고 붙여야 하는 도면은 가급적 작성하지 않는 것이 바람직하다.

### (4) 도면 표지(Legend)의 방향

우리 법에 따른 도면은 도면의 방향이 종이건 횡이건 무관하게 【도 ○】의 표시 방향을 바꿀 수 없으나, 미국은 도면이 배치되는 방향이 따라서 FIG. ○ 의 표시의 방향을 맞추어야 한다.

## 3 좋은 영문명세서를 위한 국문명세서 작성전략

### 1. 국문명세서부터 잘 작성하자

영문명세서의 작성이라기보다 번역이라는 점을 고려하면, 좋은 영문명세서가 되기 위하여는, 그 국문에 좋은 내용이 담겨야 함은 물론이거니와, 그 국문에 담긴 의미가 쉽게 번역되도록 함으로써 영문으로도 그 가치가 유지되기 쉬운 명세서라야 할 것이다.

### 2. 번역하기 쉬운 국어 표현

#### (1) 문장은 짧게

국문과 영문은 문장구조가 전혀 달라 문장 내에서 단어들의 배치가 전혀 달라진다. 문장이 길면 번역이 어려워지고 단어들의 배치가 달라지는 과정에서 국문에 표현된 어구가 영문에 반영이 되지 않거나, 국문의 수식어구가 영문에서는 다른 용어를 수식하게 되는 등의 문제가 발생되기 쉽다. 영문도 길어지므로 번역문을 이해하기도 쉽지 않고, 오역이 있어도 발견하기 쉽지 않다.

### (2) 주어·목적어는 반드시

우리말 표현에는 주어가 없어도 목적어가 없어도 성립되는 구조이다. 그러나 영문은 주어와 목적어가 반드시 사용되어야 한다. 주어가 빠져 있는 문장[169]을 번역하려면 빠진 주어를 보충하여야 하는데 이 때 명세서 작성자가 의도하지 않은 다른 내용의 영문이 작성될 수 있다.

### (3) 복잡한 복문은 지양

and/or로 간단히 연결되는 구조의 복문은 이해하기 어렵지 않으나, 문장 속에 문장이 들어 있는 경우에는 국문을 오해하여 엉뚱한 내용으로 번역하게 되는 경우가 있다.

### (4) 수식어·피수식어 관계를 분명히

수식어와 피수식어가 멀리 떨어져 있는 경우, 또는 수식어가 무엇을 수식하는지 알기 어려운 구조[170]의 문장은 피하여야 한다.

### (5) 번역 힘든 일본식·한국식 표현은 지양

기계금속 발명은 전통적으로 일본식 표현들을 실무에서 널리 사용하고 있어, 명세서에서도 이를 그대로 사용하려는 경향이 있다. '상광하협, 삽설' 등 일본식 표현이나 '오르락내리락, 좌충우돌' 등 한국적 의성어나 한자성어는 사용하지 않는 것이 좋다.

## 3. 용어 사용에 충실하자

### (1) 약어는 Full Name을 표기한 후에

약어를 사용하려는 경우에는 최소한 한 번은 Full Name을 사용하여 그 약어를 충실히 설명해 두어야 한다. 유사한 기술분야에서 전혀 다른 의미로 그 약어를 사용할 수 있고 오해가 유발될 수 있기 때문이다. ABS(Anti-lock Braking System)과 같이 Full Name을 표기할 수 있다. 일단 Full Name을 표기한 약어라도, 청구범위에는 가급적 약어보다는 Full Name을 사용하는 것이 좋다[171].

---

[169] '제*단계에서는 차속을 검출하여 차속이 설정 범위 내에 유지되도록 제어한다.'고 하면, 무엇이 차속을 검출하는지, 차속이 유지되도록 무엇을 제어하는지 불명확하다. 번역자는 이러한 사항을 채워넣어야 한다.

[170] 'A와 연결된 B와 C는'이라고 하면 B만 A에 연결되었는지, B와 C가 모두 A에 연결되었는지 모호하다. 'A는 B와 C에 연결되어 있다. 이러한 B와 C는'이라고 하거나, 'A는 B에 연결되어 있다. 이러한 B와 C는'이라고 하는 것이 바람직하다.

[171] 다만, 그 약어가 기계금속 해당 기술분야에서 널리 사용되는 약어이고, Full Name을 사용하면 청구범위가 지나치게 복잡해지게 되는 경우에는 약어를 사용하는 편이 나을 수 있다.

### (2) 구성요소의 이름을 통일

제어부, 제어유닛, 제어기 등으로 특정한 구성요소를 여러 가지 유사한 이름으로 사용한 경우 번역자는 매우 혼동을 가지게 되고 'a control part, a control unit, a controller' 등과 같이 서로 다른 구성요소인 것으로 청구범위를 작성하여 이중포함(Double Inclusion)의 문제를 초래할 수 있다.

### (3) 서로 다른 언어를 조합하여 구성요소를 억지로 구분하지 말 것

제어부와 컨트롤부를 사용하여 서로 다른 구성요소를 표현하거나, 둘레부와 외주부를 사용하여 서로 다른 구성요소를 표현하는 경우, 영문으로는 하나의 표현으로 번역되어 혼란을 줄 수 있다. 억지로 영어 표현을 만들다 보면 당업자가 이해하기 힘든 용어로서 정의되지 않은 용어가 사용되어 청구범위가 모호해질 수 있다.

## 4. 도면부호에 주의하자

### (1) 도면부호의 불일치·혼동

복잡한 기계장치를 설명하다 보면, 앞서 기재한 도면번호가 기억나지 않거나 착각하여 다른 도면부호를 사용하는 경우가 생길 수 있는데 주의하여야 한다. 상세한 설명을 작성하면서 사용한 도면부호는 도면에 나타나도록 하여야 하고, 그 반대의 경우도 마찬가지다.

### (2) 다른 구성요소에는 다른 도면부호를 사용

명칭은 같아도 실시례에 따라 달라지는 구성요소가 있다. 제1실시례에서는 연결관이 파이프(Pipe)였으나 제2실시례에서는 호스(Hose)인 경우 등이다. 이러한 경우 제1실시례의 연결관에 붙이는 도면부호와 제2실시례의 연결관에 붙이는 도면부호는 달라야 한다.

## 4. 명세서 형식

### (1) '본 발명에 따른'의 표현 지양

특히 미국에서는 명세서에 기재된 사항이 보호범위 판단에 작용할 여지가 많다. 어떠한 특징이던지 '본 발명에 따른' 것이라 하는 것은 위험하다. '본 발명의 실시례에 따른'이라고 하는 것이 안전하다.

### (2) 청구항의 인용 관계에 주의

처음 도입되는 구성요소인지 인용되는 구성요소인지 a/the로 명확히 구별해야 하고 단수·복수를 명확히 구별하는 영문명세서를 위하여는 '상기'의 표현을 정확히 그리고 필요한 경우에는 항시 사용하는 것이 바람직하다. '상기'를 사용하여 인용하지 않은 국문 용어는 영문에서 a로 도입하여 이중포함(Double Inclusion)의 문제가 발생될 소지가 더 커진다.

# 심화학습

**다음의 특허청구범위 기재의 적법성을 검토하라**

(1) 출원발명 A

**【청구항 1】** : R–COOH의 구조를 가지는 화합물A

**【청구항 2】** : 제1항에 있어서 상기화합물에서 R은 17족 원자, 특히 브롬 또는 요오드 원자와 같은 이탈기를 가지는 화합물A

(2) 출원발명 B

**【청구항 1】** : 탄소 30~60%와 산소 30~70%로 이루어진 물질A

**【청구항 2】** : 탄소 20~70%와 산소 30~80%로 이루어진 물질A

**【청구항 3】** : 탄소 34%와 산소47% 및 규소22%로 이루어진 물질A

(3) 출원발명 C

**【청구항 1】** : Tl2Ba2CuO6+x의 결정성 상을 포함하며 상기 상이 90이상의 온도에서 초전도성을 띠기 시작하는 것을 특징으로 하는 초전도 조성물

**【청구항 2】** : 결정성 상을 포함하는 초전도 조성물 제조방법에 있어서, Tl : Ba : Cu의 a : b: 1의 원자비에서 a 및 b가 혼합물을 제공하여 약 1/2 내지 2로 선택된 탈륨의 산화물(Tl2O3) 바륨의 산화물(BaO2) 및 구리의 산화물(CuO) 또는 그와 같은 산화물용 산화 선구물질을 혼합하고, 밀폐된 튜브에서 혼합물을 배열하여 약 850℃의 온도에서 상기 튜브내의 혼합물을 가열하여 상기 조성물 형태로 약 3~12시간 동안 상기 온도로 유지하고, 100℃ 이하의 온도로 상기 조성물을 냉각하는 것으로 이루어진 것을 특징으로 하는 초전도 조성물 제조방법

**【청구항 3】** : 제 2항에 있어서 상기 튜브내에 상기 가열된 조성물을 주위 온도로 냉각을 허용하는 것을 특징으로 하는 초전도 조성물 제조방법

## I. 청구항의 기재방법

### 1. 청구범위의 기재방법(제42조제4항)

청구범위에는 보호받고자 하는 사항을 기재하여야 하며 ① 발명의 설명에 의하여 뒷받침될 것, ② 발명이 명확하고 간결하게 기재될 것을 요한다.

### 2. 다항제 기재방식(제42조제5항, 시행령5조)

다항제란 1발명에 대하여 복수의 청구항으로 기재할 수 있는 청구항의 표현형식을 말하며 령5조의 규정에 반하지 않게 청구항을 기재하여야 한다.

### 3. 1특허출원의 범위(제45조)

(1) 하나의 총괄적 발명의 개념을 형성하는 1군의 발명에 대하여는 1특허출원으로 할 수 있다.
(2) 시행령 제6조는 ① 청구된 발명 간에 기술적 상호관련성이 있어야하고 ② 동일하거나 상응하는 기술적 특징을 가지고 있어야 하며, 이 경우 기술적 특징은 발명 전체로 보아 선행기술에 비하여 개선된 것이어야 한다고 규정한다.

## II. 출원발명 A

### 1. 청구항 제1항

본 청구항은 독립항으로 청구범위 기재요건을 모두 만족하여 적법하다.

### 2. 청구항 제2항

청구범위에 '특히'라는 선택적 사항이 기재되어 17족 원소를 언급 한 후 다시 이중으로 한정하고 있어 청구범위에 기재된 발명이 명확하지 않아 발명을 명확하고 간결하게 기재하여야 한다는 제42조제4항제2호 위반으로 부적법하다.

## III. 출원발명 B

### 1. 청구항 제1항

조성물에 관한 발명의 경우 성분들의 조성비의 합이 100이 되어야 하는데, 제1항은 탄소 60%가 선택될 경우 산소 30%만으로는 나머지 10%는 정의되지 않은 불명한 구성부분이 되어 발명이 불명확하게 기재된 것으로 보아 제42조제4항제2호 위반으로 부적법하다.

### 2. 청구항 제2항

본 청구항은 독립항으로 청구범위 기재요건을 모두 만족하여 적법하다.

### 3. 청구항 제3항

제3항의 경우 탄소, 산소, 규소의 합이 100%를 초과하게 되어 발명이 불명확하게 기재된 것으로 제42조제4항제2호에 위배된 부적법한 청구항이다.

## Ⅳ. 출원발명 C

### 1. 청구항 제1항

신규성이 없다고 하여 청구항 기재요건까지 위법한 것은 아니며 제1항은 독립항으로서 청구범위의 기재요건을 모두 만족하여 적법하다.

### 2. 청구항 제2항 및 3항

그러나 2항과 3항의 경우에는 초전도 조성물이 공지기술로 인정될 경우 제2항과 제3항 간에 상응하는 기술적 특징이 선행기술에 비해 개선된 경우라고 할 수 없으므로, 시행령 제6조에 어긋나게 되어 제45조 위반이므로 1특허출원의 범위에 해당한다고 볼 수 없기 때문에 부적법한 청구항이다.

---

## CASE **STUDY** ❷

**다음은 출원발명 각각의 특허청구범위를 기재한 것이다. 다음 각 출원발명에 대하여 법 제45조(1특허출원의 범위)의 요건을 만족하는지를 판단하라.(선행기술과의 비교 요건은 만족하는 것으로 본다.)**

(1) 출원발명 A
　　【청구항 1】: 물질 A를 사용한 살충방법
　　【청구항 2】: 물질 A의 제조방법
　　【청구항 3】: 물질 A

(2) 출원발명 B
　　【청구항 1】: 영상신호의 시간축 신장기를 구비한 송신기
　　【청구항 2】: 수신한 영상신호의 시간축 압축기를 구비한 수신기
　　【청구항 3】: 영상신호의 시간축 신장기를 구비한 송신기와 수신한 영상신호의 시간축 압축기를 구비한 수신기로 이루어진 영상신호의 전송장치

(3) 출원발명 C
　　【청구항 1】: 특징 A를 갖는 콘베이어 벨트
　　【청구항 2】: 특징 B를 갖는 콘베이어 벨트
　　【청구항 3】: 특징 A 및 특징 B를 갖는 콘베이어 벨트

## Ⅰ. 1특허출원의 범위의 의의 및 효과

1특허출원의 범위라 함은 하나의 출원으로 할 수 있는 발명의 범위를 말하는 것으로서 특허법 제45조에서는 '특허출원은 1발명을 1특허출원으로 한다. 다만, 하나의 총괄적 발명의 개념을 형성하는 1군의 발명에 대하여 1특허출원으로 할 수 있다.'라고 규정하고 있으며 이에 위반하면 거절이유가 되나 정보제공사유 또는 무효사유에는 해당되지 않는다.

1특허출원의 요건에 대해 법은 제45조의 구체적 요건을 시행령 제6조에 규정하고 있는바 이에 대해서 알아보고 문제를 해결하기로 한다.

## Ⅱ. 1특허출원의 요건 및 판단방법

### 1. 1특허출원의 요건 (시행령 제6조)

특허법 제45조제2항의 규정에 의한 1특허출원의 요건은 2이상의 발명이 청구범위에 기재되어 있는 경우 이들 발명 간에 동일하거나 대응되는 특별한 기술적 특징이 관련된 기술적 관계가 있으며 그 특징이 전체적으로 선행기술과 비교하여 개선된 경우에 충족된다.

### 2. 1특허출원의 판단방법

독립항만을 기준으로 판단하며 여러 독립항 중 기준이 되는 독립항을 정하여 심사하며 독립항이 1특허출원의 범위를 만족하면 그에 속하는 종속항은 이를 만족한다

## Ⅲ. 사안의 해결

문제의 청구항들은 모두 1또는 2이상의 항을 인용하지 않은 독립항들이므로 각 독립항에 대하여 1특허출원의 요건을 검토하기로 한다.(시행령 제6조의 요건 중 '그 특징이 전체적으로 선행기술과 비교하여 개선된 경우'라는 요건은 대비되는 선행기술이 없는 바 검토를 생략하기로 한다.)

### 1. 출원발명 A의 경우

시행령 제6조를 검토하면 청구항 1, 2, 3항에는 물질A라는 동일한 특별한 기술적 특징이 관련된 기술적 관계가 있으므로 1특허출원의 요건을 만족한다.

### 2. 출원발명 B의 경우

시행령 6조에 해당하기 위해서는 각 청구항에 기재된 발명들 사이에 하나 또는 둘 이상의 동일하거나 대응하는 특별한 기술적인 특징이 있어야 하는바, 출원발명 B는 각 청구항 사이에 동일한 기술적 특징은 없으나 청구항 1항의 '시간축 신장기'와 청구항 2항의 '시간축 압축기'는 서로 대응하는 기술적 특징에 해당하게 된다.

따라서 청구항 1과 2는 발명의 단일성이 만족되며 3항은 1항과 2항의 기술적 특징을 모두 포함하고 있으므로 문제의 발명은 전체적으로 발명의 단일성을 만족한다.

### 3. 출원발명 C의 경우

시행령 제6조제2항을 검토하면, 특징A는 하나의 특별한 기술적인 특징이고 특징B는 또 다른 하나의 특별한 기술적 특징이다. 따라서 청구항 1과 청구항 3 또는 청구항 2와 청구항 3 사이에는 발명의 단일성이 있으나, 청구항 1과 청구항 2 사이에는 발명의 단일성이 없다.

---

## CASE STUDY ③

甲은 원적외선 방사능력을 가진 원적외선 발산체(세라믹 입자)를 일정 비율로 배합하여 제조함으로써 신체에 적정한 원적외선이 작용할 수 있게 하여 피로회복 내지는 인체에 유용한 베개속을 발명하고 1994년 12월 5일 출원하여 등록을 받았다.

[상세한 설명의 기재]

甲의 출원서의 상세한 설명에 의하면 원적외선 발산체는 본 발명의 필수성분이라고 기재되어 있을 뿐 20wt% 이하의 수치한정의 이유는 기재하고 있지 않았다.

[甲의 청구항]

합성수지로 제조된 베개속에 있어서, 합성수지재 원료에 원적외선 발산체를 총량대비 20wt% 이하로 배합 조성한 원료를 성형가공하여 제조된 베개속.

丙은 甲의 특허발명에 대하여 명세서 기재불비를 이유로 무효심판을 청구하였다. 甲의 특허발명에 존재하는 제42조의 무효사유를 논하시오.

---

## I. 법 제42조제3항제1호

### 1. 법규정의 검토

발명의 상세한 설명은 당업자가 용이하게 실시할 수 있도록 목적, 구성 및 효과를 기재하여야 한다. 이 때 당업자가 용이하게 실시할 수 있다는 것은 당업자가 명세서 기재에 의하여 당해 발명을 정확하게 이해할 수 있고 동시에 재현할 수 있는 것을 의미한다.

## 2. 사안의 해결

(1) 수치한정발명에서 수치한정은 그 구성에 없어서는 아니되는 사항이므로 과제해결원리와 직결되는 것이고, 그 범위는 발명자가 주관적으로 결정하는 것임을 고려할[172] 때, 상세한 설명에 그 한정의 이유와 효과를 명확히 기재하여야 하는 것이 일반적이다.

(2) 갑의 발명은 수치한정에만 기술적 의미를 가지는 발명이나 그 상세한 설명에 수치한정의 이유를 기재하고 있지 않으므로 제42조제3항에 위배되는 것으로 판단된다.

# Ⅱ. 법 제42조제4항

## 1. 법규정의 검토

특허청구범위는 ① 발명의 상세한 설명에 뒷받침되며, ② 명확하고 간결하게 기재되어야 한다.

## 2. 사안의 해결

(1) 일반적으로 수치한정의 범위는 각각 그 상한과 하한을 명시하여야 하며, 이를 위반한 경우 제42조제4항제2호 규정의 위반이 된다. 다만 수치한정의 기술적 의미가 그 상한 또는 하한에만 있는 경우 또는 청구항에 명시되지 않은 상한 또는 하한을 의미하는 용어가 있다고 인정될 경우는 예외이다.

(2) 사안의 경우 갑의 청구항은 비록 그 하한을 명시하지 않고 있으나, 중량 %는 그 하한이 0%인 것은 명백하므로 그 구성이 불명확하다고 할 수는 없을 것이므로 제42조제4항제2호에 위배되지는 않을 것으로 판단된다.

(3) 그러나 갑의 상세한 설명에는 원적외선 발산체가 필수 성분이라고 기재되어 있으나, 그 청구항에는 단지 20wt% 이하라고만 기재하고 있고, 20wt% 이하라는 것은 0wt%를 포함하는 것이 명백하여 이는 임의성분이라 할 것이므로 갑의 청구항과 그 상세한 설명의 기재는 서로 모순이 있어, 동조동항제1호에 위배되는 것으로 판단된다.

---

[172] 다만, 수치한정을 제외한 다른 구성만으로도 특허성이 있는 경우라면 그 한정범위는 호적의 범위일 뿐이므로 반드시 이를 기재하지 않아도 될 것이다.

# 실력점검문제

▶ 다음의 지문 내용이 맞으면 ○, 틀리면 ×를 선택하시오. (1~39)

**01** 일반적으로 청구항보다 발명의 설명을 먼저 작성하는 것이 바람직하다.
( )

**02** 청구항에는 발명의 명칭을 포함시키는 것이 일반적이다. ( )

**03** 도면의 각 구성에 번호를 매길 때에는 '10, 20, 30'과 같이 적당한 간격을 준다. ( )

**04** 강한 청구항이 되도록 명세서 작성 시 가능한 독소적 표현을 많이 사용한다. ( )

**05** 특허청구범위의 크기는 청구범위내 구성요소가 많을수록 커진다.
( )

**06** 주변한정주의 입장에서는 청구항의 수를 줄여도 충분히 넓은 권리 범위를 인정받을 수 있다. ( )

**07** 젭슨 타입 청구항 작성 시 제3자를 위해서 되도록 많은 구성을 전제부에 기재하는 것이 바람직하다. (    )

**08** 젭슨 타입 청구항 작성 시 전제부는 발명의 명칭으로 마무리한다.
(    )

**09** 젭슨 타입 청구항의 연결어구 작성 시 개발형 연결어구를 사용하는 것이 바람직하다. (    )

**10** 젭슨 타입 청구항에 한하여 구성요소 간에는 유기적 결합관계는 명확하지 않아도 괜찮다. (    )

**11** 청구항 작성 시 기능적 구성요소 대신 기구적으로 표현하는 것이 바람직하다. (    )

**12** 청구항 작성 시 객관적 사항뿐만 아니라 주관적 사항을 기재하여도 무방하다. (    )

**13** 청구항 작성 시 피제조 물건을 제조장치의 구성요소로 기재하는 것이 바람직하다. (    )

**14** 청구항 작성 시 불필요한 선후 관계까지 한정할 필요는 없다. (    )

---

### 오답 피하기

**07.** 전제부를 많이 작성하는 경우 권리범위해석 시 좁게 판단 받을 여지가 있다.

**08.** 어떤 발명을 보호하려는 의도인지 명확하기 하기 위해 전제부는 발명의 명칭으로 마무리한다. 그렇지 않으면 기재불비가 발생할 수 있다.

**09.** 개방형으로 작성하여 가능한 많은 범위를 청구하는 것이 바람직하다.

**10.** 젭슨 타입이라고 하여 구성요소 간의 관계가 유기적이지 않아도 되는 것은 아니다. 어떤 청구항이든 구성요소 간의 관계는 유기적 결합이 잘 드러나야 한다.

**11.** 기능적으로 표현하는 경우 기재불비가 발생할 수 있으며 차후 권리범위 해석 시 좁게 판단 받을 수도 있다. 그러므로 기구적으로 표현하는 것이 바람직하다.

**12.** 주관적 사항을 기재하는 경우 발명이 명확하지 않아 기재불비의 거절이유가 발생할 수 있고, 차후 침해소송 시에도 판단이 객관적이지 않아 불리하게 취급될 수 있다.

**13.** 이러한 경우에는 제조의 대상이 되는 물건도 포함하여 실시하여야 침해가 되므로 직접침해의 주장이 곤란하게 되는 경우가 있다.

**14.** 방법청구항은 여러 개의 단계를 나열하는 방식으로 작성되는데, 이 과정에서 실시례에서 이루어지는 순서가 필수적이지 않은 경우 그러한 순서로 한정되도록 청구항이 작성되어서는 안 된다.

---

**Answer**

01. ×  02. ○  03. ○  04. ×  05. ×  06. ×  07. ×  08. ○  09. ○
10. ×  11. ○  12. ×  13. ×  14. ○

**15** 청구항 작성 시 부정적 한정은 피하는 것이 바람직하다. (　　)

**16** 청구항 작성 시 청구항에 도면의 부호를 삽입하여 기재하는 것이 바람직하다. (　　)

**17** 화학발명의 명세서 작성 시 반드시 화학물명 또는 구조식을 특정하여야 한다. (　　)

**18** 고분자 물질의 경우 고분자물질의 구조를 나타내도록 분자량, 배열 상태, 부분적 특징, 입체적 특징, 결정성, 점도, 인장 강도, 경도 등의 추가가 가능하다. (　　)

**19** 생명공학 발명의 명세서 작성 시 반드시 유전자, DNA 단편 및 SNP (Single Nucleotide Polymorphism) 등은 원칙적으로 염기서열로 특정하여 기재하여야 한다. (　　)

**20** 안티센스에 대한 청구항 작성 시 염기설명 및 그 기능으로 특정한다.
(　　)

**21** 미생물에 대한 청구항 작성 시 명칭과 특성을 조합하여 특정한다.
(　　)

**22** 일반적으로 제품 청구항이 공정 청구항보다 권리 범위가 넓다. (　　)

**23** 제조방법이나 수단에 관한 표현을 사용하여 청구항을 작성해서는 안된다. (　　)

**24** Product by Process 청구항은 물건에 관한 청구항이다. (　　)

**25** Product by Process 청구항은 권리 행사시 일반적인 물건발명보다 넓은 권리범위를 인정받을 수 있다. (　　)

**26** 제조방법에 의하여만 물건을 특정할 수 밖에 없는 상황이 아니면 청구범위에서 구성요소를 한정하면서 생산방법적 표현을 사용하지 않는 것이 바람직하다. (　　)

**27** 생산방법 자체가 특징적이라면 그 생산방법을 별도의 청구항으로 작성한다. (　　)

**28** 청구항이 마쿠쉬 형식으로 기재된 경우, 그 선택요소 중 어느 하나를 선택하여 인용발명과 대비한 결과 진보성이 인정되지 않으면 그 청구항에 기재된 발명 전체에 진보성이 없는 것으로 판단된다. (　　)

**29** 표준특허를 작성할 경우 최대한 세세하게 하위적인 개념을 담도록 청구항을 작성한다. (　　)

**30** 특허제도가 시작할 때부터 다항제는 실시되었다. (　　)

**31** 다항제에서 다중종속은 제한없이 가능하다. (　　)

**Answer**

15. ○　16. ×　17. ×　18. ○　19. ○　20. ○　21. ○　22. ○　23. ×
24. ○　25. ×　26. ○　27. ○　28. ○　29. ×　30. ×　31. ×

**32** 미국출원을 하는 경우 비용절감을 위해 최대한 다중종속을 많이 활용한다. ( )

**33** 넓은 권리범위 확보를 위해 종속항 작성 시 되도록 많은 구성요소를 포함시킨다. ( )

**34** 종속항 작성 시 구성요소를 치환하는 것은 바람직하지 않다. ( )

**35** 기술분야 작성 시 최대한 자세하게 작성한다. ( )

**36** 기술분야 작성 시 발명을 잘 드러내기 위해 종래의 기술과 구체적인 비교를 하는 것이 바람직하다. ( )

**37** 기술분야 작성 시 종래기술이라는 표현을 쓰는 것이 바람직하다.

( )

**38** 해결하고자 하는 과제 작성 시 실시례에 따른 효과를 기재하는 것이 바람직하다. ( )

**39** 해결하고자 하는 과제 작성 시 청구항 기재로부터 직접뿐만이 아니라 간접적으로 발휘되는 효과까지 기재하는 것이 바람직하다. ( )

**오답 피하기**

**32.** 미국은 다중종속하여 파악되는 발명의 수를 기준으로 하여 출원비용 등을 산정한다. 그러므로 미국출원 시 불필요한 다중종속은 피해야 한다.

**33.** 종속항도 불필요한 구성요소가 포함되면 권리범위가 축소된다. 그러므로 불필요한 구성요소를 포함하는 종속항이면 과감하게 삭제한다.

**34.** 치환한다는 개념은 구성요소를 없애고 새로운 구성요소를 집어넣는다는 것이다. 이렇게 치환하여 만들어진 청구항은 독립항과 전혀 다른 발명의 사상을 포함하고 있는 것인 바 종속항이 될 수 없다.

**35.** 기술분야를 장황하게 작성하는 경우 균등론 등의 권리해석 시 불리하게 취급받을 수 있다.

**36.** 구체적인 종래기술을 설명하거나, 특히 종래기술의 도면까지 준비하여 구체적으로 설명하는 것은 조심하여야 한다. 그 구체적인 사항이 본 발명의 진보성 부족 주장에 사용될 수 있기 때문이다.

**37.** 과거의 기술을 표현하면서 '~~할 수도 있다.'라는 정도로 단지 가능성만을 알려주는 것으로 충분한 경우가 많다.

**38.** 본 발명에 따른 효과인 것으로 기재하면, 그러한 효과를 구현하지 않는 확인대상 발명은 설령 그 구성이 특허발명과 같다고 하여도 특허발명의 보호범위에 포함되지 않는 것으로 해석될 가능성이 있다.

**39.** 그 청구항 자체가 아닌 종속항에 기재된 구성요소에 의하여 얻어지는 효과를 기재하는 경우, 그 청구항 자체의 범위는 좁은 것으로 해석될 수 있다.

▶ 다음의 문제를 읽고 바른 답을 고르시오. (40~44)

**40** 과제해결수단의 작성방법과 관련하여 바람직하지 않은 것은?

① 발명이 취하고 있는 해결수단으로 기재하는 것보다는 '취할 수 있는 일 형태'의 입장에서 설명하는 것이 바람직하다.

② 종속항에 해당하는 부분을 옮겨와 작성할 때에는 확언적으로 기재하지 말고 할 수 있다고 기재하는 것이 바람직하다.

③ 독립항 뿐만이 아니라 종속항까지 전체를 옮겨 적는 경우가 일반적이다.

④ 과제해결수단은 청구범위를 압축적으로 기재하거나 정리하는 형식으로 작성해서는 안 되며 구체적으로 작성해야 한다.

⑤ 확언적으로 기재함으로써 독립항의 범위를 제한적으로 해석될 가능성이 높아진다.

**41** 발명의 실시를 위한 구체적인 내용의 작성방법과 관련하여 바람직한 것은?

① 발명의 실시를 위한 구체적인 내용은 이 과제를 해결하는 원리적 수단이나 구성을 작성하는 부분이다.

② 발명의 실시를 위한 구체적인 내용은 권리범위를 해석하는데 제외되므로 간략하게 작성한다.

③ 실시례는 발명을 대표할 수 있는 것으로 하나만 작성해도 충분하다.

④ 기본적으로 청구범위에 사용된 구성요소는 모두 상세한 설명에 충실하게 설명되어야 하며, 설명이 누락되어서는 안된다.

⑤ 청구항 작성 시 기능적 표현에 대한 부가 설명을 할 수 있으므로 발명의 실시를 위한 구체적인 내용에는 기능적 표현에 대해 언급할 필요가 없다.

Part 03

**Answer** 32. ×  33. ×  34. ○  35. ×  36. ×  37. ×  38. ○  39. ×  40. ④
41. ④

**42** 특허청구범위 작성과 관련하여 바람직한 것은?

① 젭슨 타입 청구항 작성 시 전제부, 연결어구, 몸체의 구조를 지켜야 하며 어떤 부분도 생략해서는 안된다.

② 청구항에 구성요소를 다양한 실시해야 차후에 발생할 수 잇는 권리 해석에서 유리하다.

③ 기능적 구성요소 대신 기구적으로 표현하는 것이 바람직하다.

④ 객관적인 사항뿐만이 아니라 판단 가능한 주관적인 사항도 기재하는 것이 바람직하다.

⑤ 피제조 물건을 제조장치의 구성요소로 하는 것이 바람직하다.

🔍 오답피하기

42. 젭슨 타입 작성 시 불필요한 전제부는 생략할 수 있으며, 청구항은 가능한 구성요소를 포함하지 않는 방법으로 작성되어야 한다. 주관적인 사항이 포함되는 경우 권리행사 시 해석이 불명확해질 수 있어 비침해의 공격 논리를 만들어 주는 것이 된다. 제조의 대상이 되는 물건을 구성요소로 작성하게 되면 제조의 대상이 되는 물건도 포함하여 실시하여야 침해가 되므로, 직접 침해의 주장이 곤란하게 된다.

**43** 명세서 검수와 관련하여 바람직하지 않은 것은?

① 본문에는 발명의 개념이 드러나도록 구성요소 간의 유기적 결합관계가 기재되었는가 검수한다.

② 보호받고자 하는 발명에 적절하게 청구항 작성형식이 선택되었는가 검수한다.

③ 청구항의 구성요소와 발명의 상세한 설명의 다른 구성요소의 상호관계가 언급되지 않은 것이 있는가 검수한다.

④ 청구항에 외래어, 조어, 상품명이 사용되었는가 검수한다.

⑤ 다수 독립항이 1특허출원 범위에 위배되는가 검수한다.

43. 청구항의 구성요소와 발명의 상세한 설명의 다른 구성요소의 상호관계까지 검수할 필요는 없다. 청구항의 구성요소 중 다른 구성요소와 상호관계를 검수해야 한다.

**44** 국문명세서를 영문화하는 것과 관련하여 바람직한 것은?

① 미국출원 시에도 국내 출원하는 것과 마찬가지로 대표도, 색인어를 작성해야 한다.

② 미국출원 시 발명을 명확하게 이해하기 위해 과제 및 효과에 대응하는 부분을 별개의 목차로 잡아 기술한다.

③ Cross-reference를 반드시 기재하여야 한다.

④ 국문명세서의 청구항에서 서수로 표현된 부분에 대해서는 영어의 조사를 고려하여 작성할 필요가 없다.

⑤ 영어명세서에서 the와 said는 일반적으로 동일한 의미를 갖는다.

**오답 피하기**

44. 미국출원 시 대표도와 색인어는 필요 없으며, 과제 및 효과에 대응하는 부분을 나누지 않는다. Cross-reference는 관련된 사항이 있으면 작성할 수 있으며, 영어의 특징상 서수사에 유의하며 청구항을 작성하여야 한다. the와 said는 일반적으로 같은 의미이다.

Part 03

**Answer** 42. ③ 43. ③ 44. ⑤

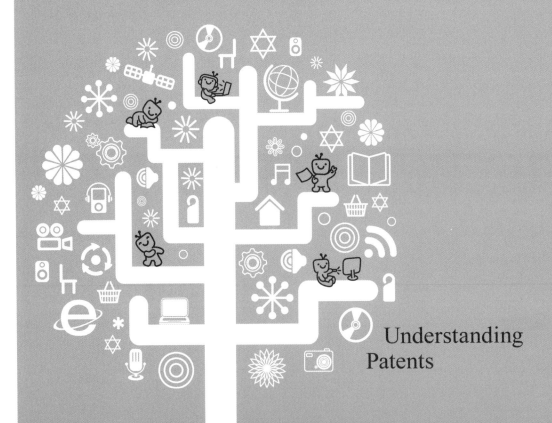

Understanding
Patents

Part 04

전자출원

## 1 전자출원절차 개요

산업재산권을 출원하기 위해서는 출원서류를 작성하여 제출해야 한다. 예를 들어 특허출원의 경우 출원서[173] 및 명세서[174], 필요한 첨부서류[175] 등을 특허청에 제출해야 한다. 이와 같은 출원서류의 제출 방법으로는 '전자출원'과 '서면출원'에 의한 방법이 있다.

여기서 전자출원은 특허청이 제공하는 소프트웨어를 이용하여 작성된 전자문서 형태의 출원서 및 명세서 등을 정보통신망을 통해 온라인으로 제출하거나 전자 기록매체에 저장하여 제출하는 것을 의미한다.

이와 같은 전자출원제도는 서면에 의한 출원과 비교하여 편리할 뿐 아니라, 전자출원을 하는 자에게 일정액의 출원료를 감면해 주는 인센티브 출원료제를 운영하고 있기 때문에 경제적이며, 온라인 상에서 출원서류가 실시간으로 접수되기 때문에 서류의 도달 여부를 바로 확인할 수 있다는 점에서 유익하다.

---

[173] 출원인, 발명자, 대리인, 발명의 명칭 등 형식적 기재사항을 포함하는 출원신청서
[174] 발명의 명칭, 도면의 설명, 발명의 상세한 설명, 특허청구범위 등을 포함하는 발명기술서
[175] 대리인 위임장, 우선권 주장·신규성 의제 주장·미생물 기탁 등에 대한 증명서류 등

## 1. 전자출원의 도입배경 및 취지

우리나라의 기술 발전 속도가 빨라지면서 대한민국 특허청을 통한 특허출원건수가 급증했으며[176] 이에 따라 특허청의 특허공개공보와 특허등록공보 등 공보발간 예산도 기하급수적으로 증가하였다. 또한 서면으로 문서들이 특허청에 도달하고, 심사관에게 배분되고, 중간사건 서류들이 출원인과 심사관 사이에서 우편으로 교환되는 절차에 많은 시간이 소요됨에 따라 특허행정 업무의 처리시간이 장기화되었다. 그리고 각각의 사건에 대한 포대 관리에 어려움이 가중되었다.

이에 따라 산업재산권 출원의 급증에 따른 특허청의 업무처리 효율화와 기술개발 투자의 확대 및 연구개발에 대한 권리화 속도의 가속화를 위하여 특허청은 1992년부터 1998년까지 7개년에 걸친 특허행정 정보화 7개년계획을 수립하여 특허행정의 전산화에 많은 예산과 인력을 투입하였으며, 1999년 1월 2일 온라인 전자출원과 함께 특허행정 통합전산망인 특허넷 시스템을 개통하게 되었다.

## 2. 전자출원의 주요내용 및 절차

### (1) 전자출원제도의 의의

산업재산권에 관련된 문서제출 또는 통지서 등의 수령을 위하여 특허청에 직접 방문하지 않고 온라인(인터넷)을 통하여 업무를 처리하는 제도를 전자출원제도라고 하며, 민원인과 특허청이 출원·심사·등록·심판단계에서 요구되는 각종 서류를 전자문서로 작성하고 인터넷을 통해 전송할 수 있도록 한 One-stop 민원처리절차를 의미한다.

### (2) 전자출원 시스템(특허路[177]) 안내

특허로 시스템은 산업재산권의 출원·심사·등록·심판 및 공보발간 등의 모든 특허행정 업무처리를 전산화한 통합전산시스템으로서, 특허로 시스템에서는 서면출원, 전자적기록매체출원 이외에 온라인 전자출원이 가능하다.

이와 같은 특허로 시스템은 전자문서를 기반으로 특허행정사무처리를 온라인화(출원, 방식심사, 분류, 실체심사, 등록, 심판 등)하기 위하여 개발되었으며, 온라인 제증명 신청 및 발급 서비스지원 , 전자 데이터를 이용한 인터넷 공보 발간으로 특허기술정보의 효율적 이용지원 등의 목적으로 사용되고 있다.

---

[176] '90년 : 11만 ⇒ '97년 : 27만 건
[177] www.patent.go.kr

## (3) 전자출원절차

**[표 4-1] 전자출원절차 개요**

| 1 | 사전등록절차 수행 | • 출원인코드 부여신청<br>• 전자문서 이용신고<br>• 인증서 발급·등록 |
|---|---|---|
| 2 | 출원서류 작성 | • 명세서<br>• 도면<br>• 출원서<br>• 기타 첨부서류 |
| 3 | 제출서류 준비 | • 결합<br>• 전자서명<br>• 압축 |
| 4 | 출원번호 통지서 수령 | |
| 5 | 서류 제출 및 수수료 납부 | |

## 3. 온라인 전자출원의 장점

온라인 전자출원의 장점은 특허청을 방문하지 않고 편리하게 출원이 가능하다는 점이다.

**[표 4-2] 전자출원과 서면출원의 출원료 비교**

| 구분 | | 전자출원 | 서면출원 | |
|---|---|---|---|---|
| | | 기본료 | 기본료 | 가산료 |
| 특허 | | • 국어 46,000원<br>• 외국어 73,000원 | • 국어 66,000원<br>• 외국어 93,000원 | 명세서, 도면, 요약서의 합이 20면을 초과하는 1면마다 1,000원 가산 |
| 실용신안 | | • 국어 20,000원<br>• 외국어 32,000원 | • 국어 30,000원<br>• 외국어 42,000원 | 명세서, 도면, 요약서의 합이 20면을 초과하는 1면마다 1,000원 가산 |
| 디자인 | 심사 | 1디자인마다 94,000원 | 1디자인마다 104,000원 | 없음 |
| | 일부심사 | 1디자인마다 45,000원 | 1디자인마다 55,000원 | 없음 |
| 상표 | | 1상품류 구분마다 62,000원 + 지정상품 가산금 | 1상품류 구분마다 72,000원 + 지정상품 가산금 | 없음 |

또한 전자출원하는 경우 서면(종이)출원에 비해 출원료가 저렴하며 수수료를 감면해주고 있다.

나아가 출원 관련 서류를 파일로 관리하므로 문서관리가 용이하고 자원이 절약되며, WIPO[178]에서 지정한 특허문서 표준인 XML 형식의 문서를 지원함으로써, 각국 특허청과 문서교환이 용이하다.

---

[178] World Intellectual Property Organization(세계지식재산권기구)

## 2 전자출원에 필요한 사항

특허법은 전자출원과 관련하여 필요한 사항들을 법문에 명시하여 규정하고 있다[179]. 이에 따르면 특허에 관한 절차를 밟고자 하는 자는 자신의[180] 고유번호의 부여를 신청해야 한다. 또한 전자출원 제도를 이용하여 특허에 관한 절차를 밟고자 하는 경우에는 '전자문서 이용신고'를 하도록 규정하고, 특허청 등은 전자문서 이용신고를 한 자에 대해서 서류의 통지 및 송달을 정보통신망을 통해 수행할 수 있도록 하고 있다. 이와 같이 전자출원을 위해 법문에서 규정한 사항들을 검토하여 전자출원 시 준비해야 할 사항들을 알아본다.

### 1. 출원신청의 사전절차

#### (1) 출원인코드

특허법 제28조의2[181]에는 특허에 관한 절차를 밟는 자는 고유번호의 부여를 신청하여, 부여받은 고유번호를 서류에 기재하여야 한다고 규정하고 있다. 그리고 이에 대하여 특허법 시행규칙 제2조[182]에서는 이와 같은 고유번호를 '출원인코드'라고 규정하고 있다.

따라서 출원인이나 특허 등 산업재산권과 관련된 절차를 밟고자 하는 자는 출원인코드를 부여받아 제출하는 서류에 기재하여야 하므로, 출원신청 이전에 먼저 출원인코드를 신청하여야 한다.

#### (2) 전자문서 이용신고

특허법 제28조의3[183]은 특허에 관한 절차를 밟는 자가 특허 출원서와 기타 서류를 전자문서화하여 제출할 수 있다고 규정하고, 동법 제28조의4[184]에는 전자문서에 의하여 특허에 관한 절차를 밟고자 하는 자는 미리 특허청장 등에게 '전자문서 이용신고'를 하도록 규정하고 있다. 나아가 동법 제28조의5[185]에는 이와 같이 전자문서 이용신고를 한 자에 대한 서류의 통지 및 송달을 정보통신망을 통해 수행할 수 있도록 규정하고 있다.

따라서 전자출원제도를 이용하여 특허출원 등을 하고자 하는 자는 전자문서의 제출에 앞서 전자문서 이용신고를 하여야 한다.

---

[179] 상표법, 실용신안법에서는 특허법의 전자출원과 관련된 조항을 준용하며, 디자인보호법에서는 제4조의 27 내지 30에서 규정하고 있다.

[180] 서면출원을 하는 경우에도 마찬가지이다.

[181] 고유번호의 기재

[182] 서류에 익한 절차

[183] 전자문서에 의한 특허에 관한 절차의 수행

[184] 전자문서 이용신고 및 전자서명

[185] 정보통신망을 이용한 통지 등의 수행

### (3) 인증서 등록 및 발급

특허법 제28조의4에서는, 전자문서에 의하여 특허에 관한 절차를 밟고자 하는 자는 미리 전자문서 이용신고를 하고, 전자문서에 제출인을 식별할 수 있도록 '전자서명'을 하도록 규정하고 있다.

따라서 전자출원제도를 이용하여 특허출원을 하고자 하는 자는 먼저 인증서를 발급받아 등록한 후, 전자문서를 제출할 때 인증절차를 거쳐야 한다.

## 2. 전자출원 관련 소프트웨어 설치

특허법 시행규칙 제1조의2[186]의 제2호에는 '전자문서'는 특허에 관한 절차를 밟는 자가 특허청 등에서 제공하는 소프트웨어 또는 특허청 홈페이지를 이용하여 작성한 서류를 의미하는 것으로 정의하고 있다.

따라서 특허 등 산업재산권의 출원을 하기 위해서는 특허청이 제공하는 문서작성 관련 소프트웨어를 컴퓨터에 설치하고 이를 통해 문서를 작성해야 한다.

### (1) 전자문서 작성기

특허, 실용신안, 디자인 출원의 명세서 및 보정서, 의견서 등 전자출원에 앞서 서식에 첨부되는 각종 문서를 작성하는 소프트웨어이다.

### (2) 서식작성기

특허, 실용신안, 디자인, 상표 등의 출원서 및 중간절차서(의견서 등) 및 등록과 심판절차 등에 필요한 서식을 작성하고 특허청에 제출하는 전자출원 소프트웨어이다.

## 3. 문서작성 및 서식작성

특허출원 또는 실용신안출원을 위해서는 기본적으로 출원서와 명세서, 도면 등이 필요하고 디자인 출원을 위해서는 출원서와 명세서, 상표출원을 위해서는 출원서와 상표견본 등이 필요하다. 이와 같은 출원서류를 전자문서 형태로 작성하여 제출해야 한다. 이때 명세서 등은 위에서 설명한 전자문서 작성기를 이용하여 생성하고, 출원서 등의 서식은 서식 작성기를 이용하여 작성하여야 한다.

---

[186] 정의

## 4. 온라인 제출

특허법 제28조의3에서는 전자문서를 정보통신망을 이용하여 제출하거나 전자적 기록매체에 수록하여 제출할 수 있다고 규정하고 있다. 따라서 정보통신망을 이용하여 온라인으로 전자문서를 제출할 수 있다. 이에 대해서 특허법시행규칙 제9조의6[187]에는 온라인 제출방법에 대해 규정하고 있다.

그리고 위에서 설명한 특허청에서 배포하는 서식 작성기 소프트웨어는 작성된 출원서와, 그와 관련된 첨부서류들을 바로 온라인에서 제출 가능하도록 지원한다. 그러므로 온라인 서류제출을 위해서는 서식 작성기를 반드시 설치해야 한다.

---

[187] 온라인 제출방법

## 1 　출원인코드 및 인증서 사용등록

전자출원은 사용자등록, 인증서 사용등록, 문서작성 SW 설치, 명세서/서식 작성, 온라인 제출 및 제출결과조회의 순서로 진행된다.

[그림 4-1] **전자출원 절차**

출원인코드를 부여받는 사용자등록과 인증서를 등록하는 인증서 사용등록은 전자출원제도를 이용한 출원신청의 사전 절차이다. 출원인코드신청과 인증서 사용등록은 모두 특허청에서 제공하는 웹 서비스인 특허로 시스템(www.patent.go.kr)을 통해 가능하다. 이에 대한 상세한 방법을 알아본다.

### 1. 출원인코드의 신청 절차

출원인코드는 특허 등 산업재산권에 관한 절차를 밟는 자의 고유번호로서 제출하는 서류에 이 번호를 표시하여야 한다. 이와 같은 출원인코드의 신청 절차를 특허로 시스템 화면을 이용하여 단계적으로 설명한다.

### (1) 특허로 시스템 접속

우선 특허로 시스템에 접속한 후, 출원인코드 부여 신청 메뉴를 선택한다.

**[그림 4-2] 출원인코드 부여 신청 메뉴**

## (2) 신청서 작성

출원인코드 부여를 위해서는 관련 프로그램을 설치하고, 출원인코드 부여를 위한 첨부서류 등을
확인한 후 실명확인을 한다. 이후 필요한 개인정보를 입력하여 신청서를 작성한다.

신청서 작성을 위한 개인정보 입력 중에 주민등록번호를 입력한 후, 이미 발급된 출원인코드가
있는지 확인할 수도 있다.

**[그림 4-3] 출원인코드 발급 여부의 확인**

이미 부여된 출원인코드가 있으면, 신청서 작성을 중단하고 기존에 발급된 출원인코드를 활용하고, 출원인코드가 없으면 신청서 작성을 계속한다.

① 우선 신청서 상단에서 출원인코드 부여신청을 선택한 후,

② 신청서의 출원인 정보란에, 자연인 또는 법인 여부, 주민등록번호 또는 법인등록번호, 영문 성명(또는 명칭), 국문 성명(또는 명칭), 주소, 국적, 전화번호 등을 입력한다.

③ 나아가 개인정보활용 동의 여부에 '동의'를 선택하고, 인감도장 이미지를 업로드한 후, 신청서 작성을 완료하고,

④ 하단 우측에서 '신청' 버튼을 누르면, 신청서 접수번호[188]가 부여되는데, 이를 메모하여 두었다가 신청결과조회 시 사용한다.

[그림 4-4] 출원인코드 신청서

### (3) 출원인코드 부여 신청결과조회

출원인코드의 신청이 완료되면 특허로 시스템에서 신청결과조회 메뉴를 선택하여 신청의 처리상태 및 부여된 출원인코드를 확인할 수 있다.

① 우선 특허로 시스템의 좌측 메뉴에서 '신청결과조회'를 선택한 후,

② 신청서 접수 시 부여받은 접수번호를 입력하고,

③ '검색' 버튼을 클릭하면,

④ 그 하단에 접수번호에 대응한 서류가 표시된다. 그리고 서류가 수리된 경우에 '처리상태 및 결과' 부분에 관련 통지서가 링크된다.

**[그림 4-5] 출원인코드 신청결과조회**

그리고 링크된 통지서를 열람하면, 부여된 출원인코드를 확인할 수 있다.

**[그림 4-6] 출원인코드 통지서**

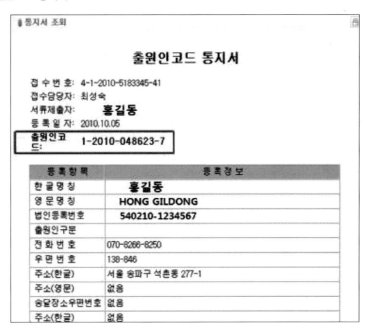

## 2. 인증서 등록

특허 등의 절차를 밟고자 하는 개인 및 법인(이하 출원인)은 출원인코드를 사전에 부여받아야 하며, 인증서 등록을 통하여 특허 등의 절차를 진행할 수 있다.

인증서를 등록하기 위하여 전자서명법 제4조의 규정에 의하여 지정된 공인 인증기관인 한국정보인증(주), 한국증권전산(주), 금융결제원, 한국무역정보통신(주), 한국전자인증(주)에서 발급한 공인인증서를 준비한다.

특허로 홈페이지에서 인증서 등록 메뉴를 선택한다.

[그림 4-7] 인증서 등록 메뉴

① 발급받은 출원인코드를 조회, 확인한 후 신청 버튼을 클릭한다.

② 그리고 등록하고자 하는 공인인증서를 등록하여 인증서 사용등록을 한다.

## [그림 4-8] 인증서 등록 시 출원인코드 입력 화면

## [그림 4-9] 인증서 등록 화면

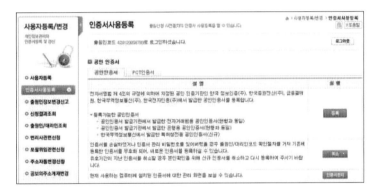

## 2 전자출원 소프트웨어를 이용한 전자출원

전자출원제도를 이용하여 서류를 제출하기 위해서는 제출하는 서류가 특허청에서 배포한 소프트웨어로 작성되어야 한다. 이와 같은 전자출원 소프트웨어를 다운로드받아 사용하는 방법을 아래에서 살펴본다.

## 1. 전자출원을 위한 문서작성 소프트웨어의 설치

### (1) 소프트웨어 종류

**[표 4-3] 특허청에서 제공하는 소프트웨어의 종류**

| | | |
|---|---|---|
| 명세서 작성 SW | 통합명세서작성기 (NK-Editor) | 명세서, PCT명세서를 작성할 수 있는 특허문서 작성 전용 워드 프로세스형 SW |
| 서식작성 SW | 서식작성기 (KEAPS) | 특허, 실용신안, 디자인, 상표 등의 출원서 및 중간절차서(의견서 등) 및 등록과 심판절차 등에 필요한 서식을 작성하고 특허청에 제출하는 전자출원SW |
| | 통합서식작성기 (PKEAPS) | 서식작성기(KEAPS)에서 제공하는 기능 및 MM서식작성기(국제상표출원), DM서식작성기(국제디자인출원), 첨부서류입력기의 기능을 일괄 제공 |
| 기타 SW | 통지서 열람기 | 특허청에서 온라인으로 발송한 통지서 및 증명서류를 열람하고 인쇄할 수 있는 전자출원SW |
| | 첨부서류입력기 | 출원서, 보정서 등 서식 제출 시 위임장, 증명서 등을 스캔 및 변환하여 서식에 손쉽게 첨부가 가능하도록 도와주는 전자출원SW |
| | 서열목록작성기 (KOPATENTIN) | 생명공학 관련 특허출원 시 서열목록을 작성하도록 지원하는 전자출원SW |
| | 서열목록작성기 (PATENTIN) | 생명공학 관련 특허출원 시 서열목록을 작성하도록 지원하는 전자출원SW |
| | 3D Viewer | 3D 디자인 출원 시 도면을 확인할 수 있는 SW |
| | PCT도면이미지변환기 (Image convert) | PCT국제출원 시 첨부하는 도면이미지의 규정에 적합한 해상도 300dpi의 흑백 Tiff 이미지로 변환시켜주는 프로그램 |
| | MM서식작성기 | 상표출원의 마드리드 의정서에 의한 본국관청 제출서류 중 WIPO에 제출하는 국제상표 출원서류를 작성하는 영문서식 전자출원S/W |
| | DM서식작성기 | 헤이그 협정에 따른 국제디자인등록출원의 WIPO제출 서류를 작성하는 영문서식 전자출원S/W |

## (2) 다운로드 방법

특허로 시스템에 접속하여 전자출원 시작하기의 '전자출원SW 다운로드'를 클릭하면 특허청에서 지원하는 각종 소프트웨어가 표시된다.

모든 국내출원 관련 소프트웨어를 다운로드하려면 전문가용 또는 초보자용 통합설치를 다운로드하면 된다.

[그림 4-10] **소프트웨어 다운로드**

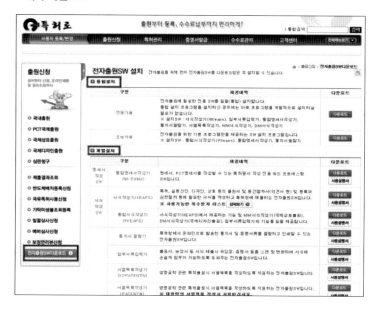

## 2. 문서의 작성

서식작성기(KEAPS)에서 작성되는 각종 서식에 첨부될 서류들을 먼저 작성하여야 한다. 이와 같은 서류는 NK-Editor 등의 문서작성기를 이용하여 작성한다. 일반적으로 서식작성기로 작성되는 서식에는 형식적 사항들이 기재되고, 문서작성기를 통해 작성되는 문서에 실체적인 사항들을 기재한다.

[그림 4-11] **NK-Editor**

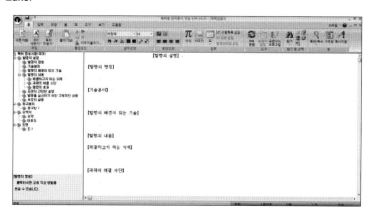

NK-Editor를 사용하여 문서를 작성하는 경우, NK-Editor를 실행한 후 원하는 형식의 문서를 선택하여 작성한 후, 역시 'XML변환' 메뉴를 클릭함으로서 서식작성기에 첨부 가능한 전자문서가 생성된다.

## 3. 서식의 작성

특허출원 명세서 등 문서의 작성이 완료되면, 서식작성기를 이용하여 각종 출원서 및 중간절차서 등에 필요한 서식을 작성해야 한다.

이하에서는 특허출원서를 예로 들어 서식작성기 사용법을 살펴본다.

### (1) 작성할 서식의 선택

서식작성기를 실행하면, 좌측에서 작성하고자 하는 서식을 먼저 선택해야 한다. 예를 들어 특허출원서를 작성하고자 하는 경우, '국내출원서식'에서 '특허 출원서'를 선택하고, 다시 '출원구분'에서 '특허출원'을 선택한 후, '입력항목'에서 필요한 사항을 선택하고 '서식작성' 버튼을 클릭하면 된다.

[그림 4-12] **서식작성기 – 서식의 선택**

## (2) 전자문서 파일의 첨부 및 서식 작성

서식을 선택한 후에는, 작성되는 서식과 함께 제출할 전자문서를 선택하는 단계가 진행된다. 예를 들어 특허 출원서에는 명세서가 함께 제출되어야 하므로, 전자문서 형식으로 작성된 명세서를 첨부하여야 한다.

전자문서 파일을 검색하여 첨부확인을 한 후에는 첨부된 파일에 의한 각종 항목이 자동 입력된다. 예를 들어 특허출원서의 경우, 함께 제출할 명세서 파일을 선택하여 첨부하면, '심사청구 여부'를 질의하는 팝업창이 표시된 후, 발명의 명칭, 명세서 전체 면 수, 청구항 수 등이 자동 입력된다.

그 밖에 출원인 정보와 발명자 정보, 기타 형식적 사항들에 대한 입력을 완료해야 한다.

한편, 이와 같은 서식작성기에서는 첨부된 서류의 종류 및 면 수, 청구항 수 등과, 선택된 기타사항(심사청구 여부, 우선권 주장 유무 등)에 따라 수수료가 자동으로 계산되어 표시된다. 계산된 수수료 내역을 꼼꼼하게 검토하여 잘못된 사항은 없는지 확인해야 한다.

**[그림 4-13] 서식작성기 – 서식 입력**

서식작성기에서 수수료가 계산되어 표시될 때, 해당하는 감면사유가 있는지 여부를 입력할 수 있다. 서식작성기에서는 기본적으로 발명자와 출원인이 동일한 개인출원에 대해서는 70% 감면이 되도록 자동 설정되어 있으며, 그 외의 다른 감면사유가 있으면, '감면사유' 항목에서 '면제감면대상' 메뉴를 클릭하여 선택 입력할 수 있다.

## (3) 문서의 제출

서식에 입력해야 할 사항을 모두 입력한 후에는 '전자문서제출' 메뉴를 클릭하여 첨부된 전자서류와 작성된 서식을 온라인 제출할 수 있다. '전자문서제출' 메뉴를 클릭하고, 제출되는 서류 파일이 저장될 위치를 선택하면, 온라인 제출 절차가 진행된다.

이때 작성된 서식에 오류가 존재하면 오류 메시지가 나타난다.

[그림 4-14] 서식작성기 – 전자문서제출

작성상의 오류 수정이 완료된 후 다시 전자문서제출을 수행하며, 오류가 존재하지 않으면 변환대상 파일을 특허청 표준문서(XML)로 변환하고, 내용에 이상이 없다면 '제출문서 생성' 버튼을 클릭한다.

이후, 온라인제출 마법사 2단계인 전자서명을 수행하기 위한 단계가 나타나며, 중앙에 있는 서명 버튼을 누르면 비밀번호란에 해당 인증서의 비밀번호를 입력하고 확인을 누르면 전자서명이 완료된다.

**[그림 4-15] 서식작성기 – 전자서명 화면**

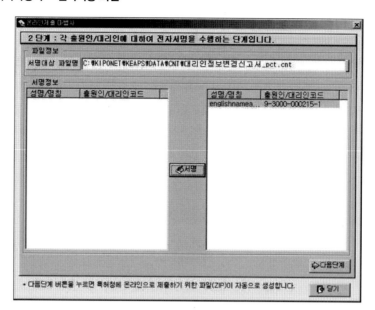

전자서명을 완료한 후 다음단계를 클릭하면 제출파일(zip)이 자동 생성되고 온라인 제출파일을 제출하는 창이 열린다. 온라인 제출 버튼을 클릭한 경우 제출확인 창이 열리고, 전송을 실행하면 전자문서 제출이 완료된다.

# 특허로(특허청 전자출원 시스템) 사용법

출원인이 전자문서 이용신고를 하고, 제출해야 할 서류를 전자문서로 제출한 경우 특허청에서도 출원인에게 해야 할 각종 통지를 온라인을 통해 전자문서로 제공한다. 출원인이 전자문서로 특허 등을 출원한 후, 온라인상에서 자신의 출원을 관리하고 특허청으로부터 전달된 각종 통지를 확인하는 방법을 알아본다.

## 1. 특허 관리

출원인은 전자문서 이용신고를 한 후 전자문서를 이용하여 특허 등 산업재산권과 관련된 출원을 하면, 특허로 시스템을 이용하여 온라인으로 출원 등의 상태를 확인할 수 있다.

### (1) 인증절차

자신의 특허 등을 관리하기 위해서는 우선 자신에게 부여된 계정으로 로그인하기 위한 인증절차를 거쳐야 한다.

[그림 4-16] 특허로 로그인1

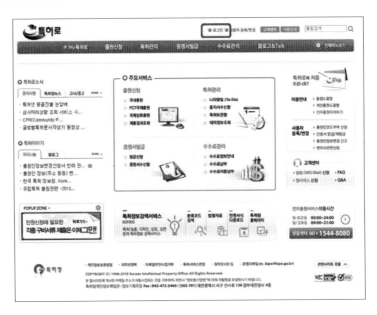

[그림 4-17] **특허로 로그인2**

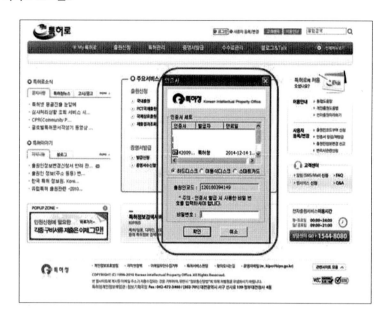

## (2) 특허 조회

로그인 절차가 완료되면, 상단의 '특허관리' 탭을 선택한 후, 하위 메뉴인 '특허보관함'을 클릭하여 나의 특허출원, 실용신안등록출원 등을 조회할 수 있다.

[그림 4-18] **특허 조회1**

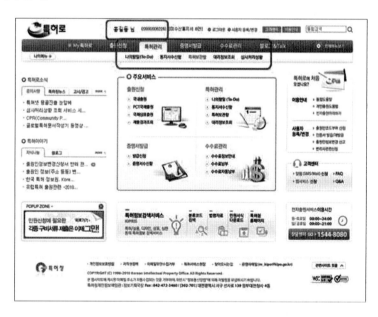

'특허보관함'을 클릭하면 다음 도면과 같이 절차별(출원·심사, 등록, 심판, PCT, 국제상표), 권리별(특허·실용신안, 디자인, 상표), 출원일자별로 사건을 조회할 수 있다.

[그림 4-19] **특허 조회2**

검색 조건을 선택한 후 검색 버튼을 클릭하면, 관련 사건이 하단에 다음과 같이 표시된다.

[그림 4-20] **특허 조회3**

## (3) 특허 관리

검색된 사건 중 특정 건을 선택하면, 관련된 상세정보를 조회할 수 있다. 그리고 '항목별 수정' 탭이나, 서식별 수정'탭을 선택하여, 선택된 사건과 관련된 신청이나 서류 제출을 할 수 있다.

**[그림 4-21] 특허 조회4**

## 2. 통지서 수신

출원인은 전자문서 이용신고를 한 후 전자문서를 이용하여 특허 등 산업재산권과 관련된 출원을 하면, 특허로 시스템을 이용하여 온라인으로 특허청에서 송부된 통지를 수신할 수 있다.

### (1) 통지서 다운로드

위에서 설명한 인증절차에 따라 특허로 시스템에 로그인하면, 아래 〈그림 4-29〉과 같이 상단에 미수신통지서가 있는지 여부가 표시된다.

[그림 4-22] 통지서 다운로드1

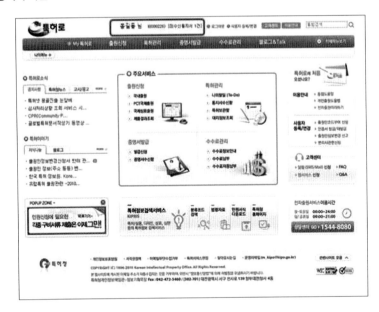

미수신 통지서가 있는 경우, 클릭하면 다음과 같이 '통지서 수신함'이 열린다.

[그림 4-23] 통지서 다운로드2

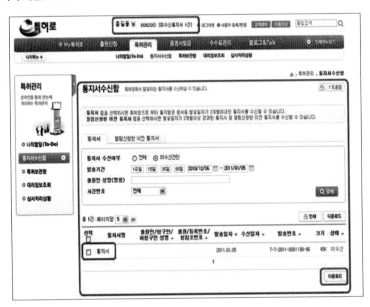

통지서 수신함에서 다운로드 버튼을 클릭하면, 다운로드 여부를 질의하는 윈도우창이 새로 표시된다. 여기서 다시 다운로드 버튼을 누르면 선택된 통지서가 내 컴퓨터로 다운로드 된다. 이때 인증서창이 다시 한 번 나타나고, 인증서 비밀번호를 입력하여 통지서 다운로드를 완료한다.

## (2) 통지서 열람

통지서 다운로드가 완료되면, 사용자는 컴퓨터에 미리 설치해둔 전자출원 소프트웨어 중에서 '통지서 열람기'를 실행한다. 통지서 열람기의 좌측에서 통지서를 다운로드 받은 위치를 선택하면, 다운로드 된 통지서 목록이 가운데에 표시된다.

다시 목록에 표시된 통지서 중 어느 하나를 선택하면, 우측에 선택된 통지서 서식이 나타나고 이를 클릭하면, 새로운 창이 나타나면서 통지서 내용이 표시된다.

[그림 4-24] **통지서 열람기**

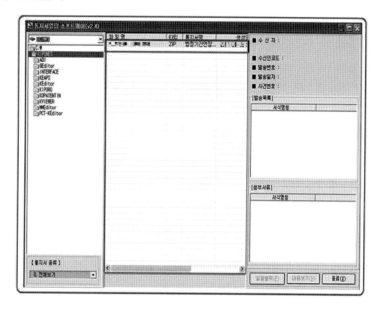

# 심화학습

**Q** 서식작성기에서 서식의 기재 요령을 조회할 수 있나?

**A** 개정 서식작성기('07.7.1 이후)에서는 서식 기재요령 다운로드 및 별도의 화면 전환 없이 기재요령을 참조할 수 있도록 대항목별 기재요령 조회 기능이 제공된다.

**Q** PCT 국제출원의 전자출원절차는 어떻게 되나?

**A** ① NK-Editor를 이용하여 Application-body(명세서, 청구의 범위, 요약서, 도면)를 작성한다.

② PCT-SAFE에서 REQUEST를 작성한다.

③ NK-Editor에서 작성한 Application-body를 PCT-SAFE에 첨부한다.

④ 첨부서류가 있는 경우 각 항목에 첨부한다.

  • 포괄위임장 사본 (스캐닝 한 TIFF 이미지의 포괄위임장 사본 첨부)

  • 개별위임장 (PCT-SAFE의 Names 항목에서 작성)

  • 기타 첨부서류

⑤ PCT용 인증서로 작성한 국제출원서에 전자서명 한다.

⑥ 작성 완료된 최종 제출 파일을 CD에 저장한 후 전자적기록매체제출서와 함께 제출하거나 PCT-SAFE 온라인 제출 기능을 통해서 온라인으로 제출한다.

**Q** 전자문서 이용신고 시 비밀번호를 잊어버린 경우 어떻게 확인하나?

**A** 전자문서 이용신고 시 비밀번호는 특허청 담당자도 확인할 수 없으므로 비밀번호를 잊어버린 경우에는 전자문서 이용신고 절차를 다시 진행하여 새로운 비밀번호로 설정하여 사용해야 한다.

**Q** 출원인이 재외자인 경우 온라인으로 대리인이 출원인코드 신청 시 위임장은 어떻게 제출하나?

**A** 출원인이 외국인인 경우 위임장 제출은 위임장 원문과 번역문 두 가지를 모두 제출해야 한다. 온라인으로 출원인코드 신청 시에는 첨부서류입력기에서 '위임장(출원인코드 부여신청서 전용)'을 선택해서 원문과 번역문 두 가지를 스캔해서 하나의 *.ATT파일로 생성한 후 '첨부서류 넣기'에 첨부해 전송한다.

**Q** 출원인코드 부여신청 시 인감은 꼭 인감도장을 날인해야 하나?

**A** 출원인코드 부여신청서에 날인하는 도장은 인감증명서의 도장이 필수는 아니다. 특허청에 서면으로 서식 제출 시 서식에 날인해야 하는 도장이므로 사용하기 편한 사용계 인감을 사용해도 되며, 출원인코드 부여 신청서에 날인한 도장이 특허청에서는 인감의 역할을 한다.

**Q** 전자출원 후 다음날까지 수수료 납부를 하지 않은 경우 어떻게 처리 되나?

**A** 출원 후 다음날까지 수수료를 납부하지 않은 경우 특허청에서는 수수료 미납에 관한 '보정요구서'를 발송한다. 이때 발송되는 수수료 납부안내서를 이용하여 보정기간 내에 미납수수료를 납부한다. 그러나 보정기간 내에 수수료를 납부하지 않는 경우 해당 출원 건은 무효처분 된다.

**Q** 전자출원 후 명세서의 내용을 온라인으로 보정하고자 할 때 방법은 어떻게 되나?

**A** 특허, 실용신안을 전자 출원하는 경우 전자문서작성기에서 XML변환 시 최종본(*.FIN) 파일이 생성된다. 추후 명세서에 대한 내용을 보정하고자 하는 경우 전자문서작성기에서 최종본(FIN) 파일을 불러와 수정작업을 진행한 후 보정서 생성(+/−) 버튼을 선택, 보정서 파일(*.DTA)을 생성한다. 그리고 서식작성기(KEAPS)의 서식탐색기에서 → 국내중간서식 →특허·실용신안 → 보정서 → 명세서 등 보정을 선택하여 작성하고 생성된 보정서 파일(*.DTA)을 첨부한 후 전자문서 제출 → 제출문서 생성 → 전자서명 → 온라인 제출 과정을 통해서 온라인으로 제출하면 된다.

**Q** 특허청에서 통지서 발송 후 7일간 다운로드 받지 않은 경우 통지서를 확인할 수 없나?

**A** 수취방법을 온라인으로 선택한 경우 주기적으로 통지서 수신함에 접속하여 확인하여야 하며, 특허청에서 통지서 발송 후 7일 내에 다운로드 받지 않은 경우 서면으로 출력되어 특허청에 등록되어 있는 출원인 주소로 우편 발송 된다.

**Q** 전자출원가능 서비스 시간은?

**A** 온라인 출원은 평일과 토요일에는 24시간 온라인 출원이 가능하고, 그 이외에 공휴일 및 일요일에는 9시부터 21시까지 온라인 출원이 가능하다.

# 🔒 실력점검문제

▶ 다음의 지문 내용이 맞으면 ○, 틀리면 ×를 선택하시오. (1~10)

**01**  전자출원을 하는 경우 서면출원을 하는 경우보다 수수료가 저렴하다.
( )

**02**  서면출원을 하는 자 또한 출원 전에 반드시 출원인코드를 부여받아야 한다. ( )

**03**  출원인코드를 부여 받기 위해서는 동사무소에 신고된 인감도장을 스캔하여 첨부해야 한다. ( )

**04**  특허출원에 앞서 서식작성기를 사용하여 특허명세서를 작성하여야한다. ( )

**05**  전자출원을 하기 위해서는 특허청에서 제공하는 전자출원전용 소프트웨어를 이용하여 문서를 작성하여야 한다. ( )

**06**  발명자와 출원인이 동일한 개인출원의 경우 수수료가 70% 감면된다.
( )

**07**  특허로 시스템에서는 일반 금융기관에서 발급한 공인인증서를 이용할 수 없다. ( )

**08**  대학원 재학생의 경우 학생임을 이유로 수수료가 면제되고, 증명서류로서 재학증명서를 첨부하여야 한다. ( )

**09** 특허로 시스템에서는 자신의 특허에 대한 심사대기순번을 확인할 수 있다. (    )

**10** 특허로 시스템의 '통지서 수신함'에서 통지서를 바로 열람할 수 있다. (    )

09. 최근 새로 서비스되는 내용이다. 자신의 출원의 담당 심사관이 자신의 출원을 몇 번째로 심사할 것인지 조회할 수 있다.

10. '통지서 수신함'의 통지서는 먼저 다운로드 받은 후 '통지서 열람기'라는 소프트웨어를 사용해야만 열람 가능하다. 따라서 통지서를 열람하고자 할 때에는 특허로 시스템에서 먼저 소프트웨어를 다운로드 받아야 한다.

Part 04

**Answer**   01. ○   02. ○   03. ×   04. ×   05. ○   06. ○   07. ×   08. ×   09. ○
10. ×

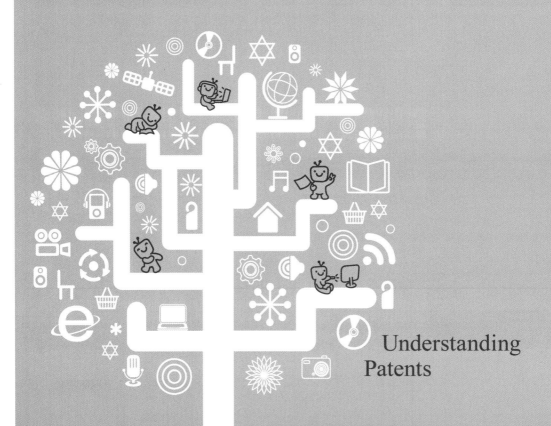

Understanding
Patents

# Part 05

# 연구결과의 보호

# 연구개발과 특허관리

Understanding Patents

일반적으로 연구자들 특히, 순수과학을 전공한 학자들은 자신의 연구결과를 유명 학술잡지에 게재하는 것을 지극히 당연한 과정으로 여기고 있다. 그러나 논문으로 발표하는 것은 비록 학자로서의 영예는 누릴 수 있을지 모르지만 독점력이 거의 없고, 연구결과로 인한 경제적인 혜택을 거의 누릴 수 없다. 또한 순수한 의도에서 발표한 유명 논문이 후발자의 기술개량에 의해 특허권으로 설정되는 일이 비일비재한 것을 볼 때, 상업화될 수 있는 R&D 결과의 공표(Publication)는 학문적 성취라기보다는 특허마인드 부재의 현실이라 할 수 있을 것이다. 특히 이러한 후발자의 개량기술에 특허권이 설정된 다음에는 최초의 연구자조차도 그 특허권의 침해자로 전락될 가능성이 있다.

## 1 연구개발과 특허

일반적으로 상아탑에서의 연구 및 개발은 기존에 없던 새로운 기술을 그 결과물로 한다. 따라서 연구개발의 시작단계에서는 특정 기술분야의 현재 기술 수준에서 진보된 수준의 새로운 기술을 연구 목표로 설정하고, 연구개발의 진행단계에서는 현재 이미 개발 완료된 기술을 이용하면서 이를 토대로 연구 목표를 향해 단계적인 연구 성과를 이루며, 연구개발의 완성단계에서는 완성된 새로운 기술을 세상에 발표하고 완성된 기술에 대한 법적 권리를 취득하게 된다.

이와 같은 연구개발의 과정에서, 연구개발과 특허는 서로 밀접하게 연계된다. 즉, 연구개발의 시작단계에서 현재 기술 수준을 파악하고 올바른 연구 목표를 설정하기 위해서는 해당 기술분야의 특허 정보들을 활용하여 기술 동향을 파악하는 과정이 반드시 필요하다. 연구개발 진행단계에서는 연구 목표를 이루기 위한 점진적 연구 성과들을 얻기 위한 수단으로써, 연구 중인 기술분야 뿐 아니라 다른 기술 분야의 특허 기술들을 참고하고 이용하는 과정이 동반될 수 있다. 또한 연구개발 진행단계에서 이루는 연구 성과들은 최종적인 연구 목표와 별개의 독립된 기술로서 특허의 대상이 될 수 있다. 마지막으로 연구개발의 완성단계에서 완성된 새로운 기술에 대한 독점적인 권리를 취득하기 위해서는 원칙적으로 완성된 연구개발의 결과물을 공개하기 이전에 특허출원하여 특허권을 취득하여야 한다.

아래에서는 이와 같은 연구개발의 각 단계에서 성공적으로 연구를 진행함과 동시에 개발된 결과물을 안전하게 보호하기 위한 전략을 알아본다.

## 1. 연구개발의 시작단계

### (1) 연구개발 과제의 선정

연구개발에 착수하기에 앞서, 연구의 주제와 개발 목표를 설정하는 과정이 선행된다. 이때 개발 목표를 설정함에 있어서, 해당 연구분야의 선행기술을 조사하고 시장의 요구를 분석하여 연구개발의 과제를 발굴하여야 한다. 관련기술에 대한 특허맵[189]을 작성함으로써 과제 선정에 활용할 수 있다.

특히 특허맵 등의 특허정보조사분석은 연구개발 수행에 있어 중복연구를 방지하고 연구방향 설정을 올바로 제시하며 궁극적으로 연구개발의 활용도 제고의 결정적인 요소로서, 연구개발을 수행하기 전에 특허정보조사분석을 하지 않는 경우 이미 개발된 연구를 중복 연구할 우려가 높고 연구개발의 효율성을 떨어뜨릴 수 있다. 그러나 대부분의 경우 특허와 관련된 선행연구조사 활동이 미흡하여, 이미 특허로서 보호되고 있는 기술에 대한 중복연구를 하고 있는 경우가 빈번하게 일어나고 있다.

또한 선정된 연구개발 과제를 제안함에 있어서, 과학자 개인의 주관적 판단이 아닌 현재의 연구 동향이나 기술개발 동향 등의 객관적 자료를 통해 설정된 연구개발 목표가 현실적이고 유용한 것임을 입증할 수 있다. 특허자료는 기술개발 동향의 증거자료로서 연구의 필요성을 입증하는데 도움이 될 수 있다. 특히 특허자료는 연구개발 과제가 상업적으로 활용될 수 있음을 나타내기 때문에 연구의 필요성을 제기하는데 매우 효과적이다.

일반적으로 연구사업의 제안서에는 '기술 동향'에 대해 기술할 것을 요구하며, 사업에 따라서는 특허조사를 반드시 포함하도록 요구하기도 한다. 나아가 신청된 연구사업의 평가 시에도 이와 같은 특허조사 결과를 참고하여 연구사업의 필요성을 판단하기 때문에, 연구개발의 착수단계에 앞서 연구개발 과제를 선정함에 있어서 특허정보를 활용할 필요가 있다.

---

[189] 일반적으로 타겟화된 특허분석을 특허맵(Patent Map)이라 하는데, 특허정보를 통하여 특정 기술분야의 동향 및 수준파악은 물론 기업과 연구자의 기술력을 평가하여 현 상황의 진단 및 대응방안까지도 제시하는 방대한 지도라 볼 수 있다.

## (2) 연구개발 절차의 기획

위와 같이 연구개발 과제가 선정되면, 선정된 연구개발 과제를 수행하기 위한 구체적인 단계별 계획이 요구된다. 이때 과제의 내용을 구체화하고 단계적 목표수준을 설정하기 위하여 연구분야의 선행기술을 면밀히 검토함으로써 합리적이고 객관적인 의사결정의 근거를 마련할 수 있다.

특허문헌은 특정 기술에 대해 상세히 설명한 기술문헌이자, 특허권자의 준물권적 권리의 범위를 정한 권리서로서 기능한다. 따라서 우선 선정된 연구개발 과제를 수행하기 위한 기술개발의 방향과 구체적인 전략을 수립하기 위한 기술문헌으로서 특허문헌을 참고할 수 있다. 기술문헌으로서 특허문헌을 참고함으로서 연구개발 과제의 내용을 구체화하고 연구전략을 수립하거나 변경하며, 연구개발 과정에서 발생되는 기술적 과제의 해결방안을 찾는데 도움을 받을 수 있다.

또한 권리서로서 특허문헌을 참고함으로써, 연구개발의 결과와 타인 권리 사이의 관계와 그에 따른 로열티 산정이나 특허 매입 여부 등을 결정하는 등 타인의 특허에 대한 대책을 수립하는데 필요한 권리서로서 특허문헌을 참고할 수도 있다.

특허 마이크로 맵(Micro Map)[190]은 연구개발 과제의 계획 및 특허획득전략, 원천특허[191]에 대한 대응방안 등 연구개발 전략수립의 기초자료로 활용될 수 있다. 주요 경쟁자들의 연구개발전략을 파악하고, 원천특허의 도출 및 그에 대한 대응전략의 수립 등을 위한 참고자료로 사용된다.

> **관련 사례**
>
> 1. 호주의 연구계획과 연구기금에 대한 자문기관인 ARC(Australian Research Council)와 호주 최대의 국립과학연구기관인 CSIRO(Commonwealth Scientific and Industrial Research Organization: 호주연방 산업과학연구협회)는 1999년 CHI Research Inc(미국)에게 특허정보분석을 의뢰하여 특허 활동에 대한 경향과 국가·기술·연구주체별로 호주인이 발명한 미국특허에 대한 특허인용분석(Patent Citation Analysis)을 실시하였으며, 이를 바탕으로 2000년에 호주의 국가 경쟁력을 분석한 '국가 경쟁력 보고서'가 발행되었다.
> 주요 내용으로는 미국특허의 인용데이터를 바탕으로 호주인이 발명한 미국특허의 특허인용분석과 특허에 인용된 호주의 논문정보 및 호주인이 발명한 미국특허의 과학적 기반 등에 대한 분석결과를 통해 파악된 호주의 기술 경향 및 경쟁력 정보 등이 있다.
> 2. GSM 휴대폰의 핵심특허를 보유하고 있는 선진기업들이 후발업체인 국내업체들에 대한 시장진출을 봉쇄하고 경제적인 이익을 독점적으로 얻기 위하여 국내 업체에 대해 특허침해 주장 및 많은 비용의 로열티를 요구하는 사례가 빈번하게 발생하고 있다. 이와 같은 이유로 정보통신연구진흥원에서는 GSM 휴대폰과 관련된 특허정보를 통해 기술적인 동향을 분석하여 그 결과를 제공함으로써 관련 업체들이 기술개발전략, 마케팅전략, 수출전략 및 지식재산권(IPR)전략 등을 수립하는데 도움을 주고자 작성되었다.
> 주요 내용으로는 한국, 미국, 일본, 유럽의 특허를 중심으로 기술·출원인별 동향과 기술별 주요 기업의 특허출원 동향 및 기술개발동향을 분석하였다. 또한 중요도가 높은 것으로 판단되는 주요 특허를 선별하여 이들 기술의 인용 및 피인용 관계를 분석함으로써 가장 영향력 있는 기업 및 기업들 간의 의존도를 조사하였으며, 특허분쟁이 발생될 가능성이 높은 특허를 추출하여 이들 특허에 대한 간략한 정성분석 결과와 함께 기술표준과 관련된 특허 리스트를 정리하여 제공하고 있다. (2005년 3월)

---

[190] 과제단위 수준의 특허맵으로써 특허정보조사, 정량분석 및 정성분석 자료가 포함된다.
[191] 특정 기술분야에서 후발특허기술에 반드시 포함되는 필수적 구성요소로 이루어진 발명에 대하여 획득된 선행특허

## 2. 연구개발의 진행단계

### (1) 특허관리 매뉴얼의 사용

연구실 단위의 특허관리 매뉴얼을 작성하고 연구실의 특허담당자를 지정하여, 각 참여 연구원에게 주기적으로 특허관리 매뉴얼을 교육시킬 필요가 있다.

### (2) 비밀유지

연구개발 과정에서 발생하는 지식은 그 관리를 어떻게 하느냐에 따라서 경제적 가치가 크게 달라진다. 연구 성과가 경제적 가치를 창출하기 위해서는 특허 또는 영업비밀[192]로 보호될 필요가 있다. 그러나 연구 성과를 특허출원 전에 공개할 경우 새로운 지식이 아니어서 특허를 받지 못하고, 연구 성과를 공개할 경우 영업비밀로 보호받지 못하여 연구 성과가 경제적 가치를 가질 수 없다.

비밀정보관리를 위해 기본적으로는 연구기관차원에서 '비밀정보관리 규정'이 마련되어야 하며, 연구개발 과정에서 누적된 지식을 영업비밀로서 보호받기 위한 '영업비밀 요건 충족을 위한 문서관리'가 필요하다.

비밀정보 관리규정에는 연구기관과 연구원 사이의 '비밀유지계약(NDA·Non-Disclosure Agreement)'이 포함되어야 하며, 비밀유지계약에는 기밀정보가 명확하게 규정되어 있어야 한다. 계약이 체결되었더라도 연구개발자 스스로가 정보를 기밀로 유지하기 위한 합리적인 노력을 기울여야 한다. 비밀유지계약이 체결되면 법원으로부터 상대방의 기밀정보 누설에 대하여 추가적인 비밀정보 누설 금지명령을 받을 수 있고, 계약 위반에 대한 손해를 배상받을 수 있게 된다. 따라서 비밀유지계약을 함으로써 당사자들에게 기밀정보를 다루고 있음을 인식시키는 효과가 있고, 계약서에는 어떤 정보가 기밀정보인지를 특정하게 되므로 오해나 분쟁의 소지를 미리 예방할 수 있다.

> **관련 사례**
>
> **비밀유지계약의 중요성**
> 1997년 국내 모 업체에서는 기술개발을 위해 유치한 러시아 과학자가 동 업체에서 개발한 기술을 무단으로 인터넷에 게재하여, 판매를 시도하였으나 입사 시 작성한 계약서에 개발기술에 대한 소유권을 명기하지 않아 사법 처리하지 못하고 강제출국시키는 선에서 마무리할 수밖에 없었다.

---

[192] 공공연히 알려져 있지 아니하고 독립된 경제적 가치를 가지는 것으로서 상당한 노력에 의하여 비밀로 유지된 생산방법, 판매방법, 그 밖에 영업활동에 유용한 기술상 또는 경영상의 정보

### (3) 연구노트

연구결과와 관련된 특허권을 매도하거나 실시권[193] 계약을 체결할 경우, 통상 연구결과에 대한 실사를 하게 되고 이 과정에서 충실한 연구노트의 기재는 필수적인 사항이다. 또한 연구노트는 진정한 발명자를 증명할 수 있는 도구, 개인 및 기관의 노하우 관리 도구, 연구실 내 구성원 간의 지식의 전수 도구, 연구결과의 영업비밀로서의 보호 도구, 특허권에 대한 선사용권[194] 주장을 위한 도구로서 역할을 하므로 작성과 관리가 반드시 필요하다.

특히 외국기업들은 라이센스 계약을 맺기 위해 연구기관을 실사할 때 반드시 연구노트를 요구한다. 즉 연구자들이 아무리 좋은 논문을 쓰고 특허를 출원하더라도, 실험기록이 없거나 부실하면 기업들은 라이센스 계약을 꺼리게 되므로, 성공적인 특허 라이센스 계약을 체결하기 위해서는 특허출원 이전에 연구자가 연구노트를 충실히 작성하도록 교육할 필요가 있다.

나아가 이와 같은 연구노트는 공증하여 영업비밀의 원본 존재와 보유 시점의 입증 자료로서 활용될 수 있는데, 이를 위해 특허청에서는 '영업비밀 원본증명 서비스(http://www.tradesecret.or.kr)'를 제공하고 있다. 따라서 연구노트의 존재와 보유 시점을 증명하고자 하되, 문서의 비밀 유지를 계속 유지하기를 원하는 경우 연구노트를 전자파일 형태로 특허청에 등록하여 추후 발생 가능한 분쟁이나 라이센스 계약 시 활용할 수 있다.

> **관련 사례**
>
> **연구노트 작성의 중요성**
>
> 황우석 전 서울대 교수팀의 줄기세포 특허권 문제에서도 연구노트가 주목을 끌었다. 일부 네티즌들은 '공동연구자인 제럴드 섀튼 미국 피츠버그대 교수가 황 박사팀의 노하우를 도용해 특허를 출원했다.'고 주장했지만, 지식재산권연구원의 한 연구위원은 '이 같은 분쟁은 소송을 통해서만 가릴 수 있고 이 때 가장 중요한 증거는 연구노트'라며 '황 박사팀이 도용을 문제 삼더라도 사실상 연구노트를 제대로 기록하지 않아 입증할 길이 없어 보인다.'고 말했다.

### (4) 특허출원 검토

연구개발이 완료되지 않더라도, 연구개발 과제의 해결을 위한 과정에서 얻어지는 각 단계별 지식들도 연구개발 결과와 별개의 특허로 보호받을 수 있다. 따라서 연구개발의 각 단계에서 얻어진 지식들 각각에 대하여 특허출원 여부를 검토할 필요성이 있다.

---

[193] 특허발명을 사용할 수 있는 권리(라이센스)
[194] 특허출원 전부터 발명을 사용한 자에게 인정되는 권리로서, 특허된 발명을 먼저 사용한 자가 갖는 특허권에 대한 통상 실시권

이때 특허출원 여부를 결정하기 위하여 고려해야할 사항은 우선 대상 발명에 대한 기술적 평가이다. 즉, 발명이 종래기술과 비교하여 새롭고 진보된 것인지 여부를 개략적으로 평가해야 한다. 또한 대상 발명에 대한 사업적 평가가 이루어져야 한다. 발명의 내용이 시장의 요구에 부응하는지 여부를 검토해야 한다. 나아가 타인의 발명 실시 가능성과 라이센싱 가능성 등을 종합적으로 평가하여 특허출원 여부를 결정해야 한다.

## 3. 연구개발의 완성단계

### (1) 연구개발 결과 발표 시 유의사항

연구개발이 완성되면, 완성된 결과물에 대한 권리확보가 필요하다. 우선 특허출원을 하려면 소위 신규성[195]의 요건을 만족시켜야 하므로, 연구 결과의 발표, 예를 들어 학술논문의 발간일자가 특허출원 시점보다 앞서지 않도록 유의해야 한다. 인터넷 매체(예 학술잡지의 출간 이전에 발표되는 인터넷판 논문), 데이터베이스(예 GenBank, NCBI 등) 또는 학위 논문에 등재하여 제3자에게 자신의 연구결과를 발표하는 경우도 신규성 상실로 볼 수 있으므로, 특허출원 이후로 발표 시기를 늦춰야 한다.

**관련 사례**

**특허출원의 중요성**

하이브리도마 세포를 이용하여 MAb를 제조하는 방법을 처음으로 연구개발한 영국의 '캐사르 밀슈테인(Caesar Milstein)'과 '조지스 코헬러(Georges Koehler)'는 이를 유명 저널에 발표하고 그 연구업적으로 노벨상까지 받았다. 그러나 특허마인드 부재로 이 기술을 특허화 할 생각을 하지 못했다. 최근 이 원천기술을 이용한 세계 시장규모가 100억 달러를 넘고 있다. 그 후 로슬린 연구소에서 개발된 동물복제기술은 세계 104국에 특허출원되었다.

### (2) 특허권리 취득전략 수립 및 권리의 취득

연구개발이 완성되면, 연구 과정에서 영업비밀로 보호되던 각종 기술들과 연구개발 결과로 얻어진 기술들에 대한 독점적 권리를 획득하기 위한 특허권리 취득전략의 수립이 필요하다. 특허출원 대상을 특정하고 어떤 전략으로 이를 특허등록 받는 것이 유리한지 결정하여야 한다. 이 과정에서는 특허제도에 정통한 전문가의 도움을 받는 것이 좋다.

---

[195] 특허등록 요건으로서, 발명의 내용이 특허출원 전에 사회일반에 아직 알려지지 않음으로써 객관적 창작성이 있는 것을 말한다.

**특허권리 취득전략**

연구개발의 진행 과정 중 또는 연구개발이 완료됨으로서 획득하게 된 지식들은 각각 특허의 대상이 될 수 있다. 특허출원이 결정된 기술을 특허등록 받기 위하여 알아야할 각종 제도와 유의사항을 살펴본다.

## 1. 조속한 출원

미국을 제외한 세계 대부분의 국가에서는 최초 출원한 사람에게만 특허권을 부여하고 있으므로 개발된 기술은 가능한 한 빨리 출원하는 것이 유리하다[196]. 일단 출원한 후에 우선권제도[197]를 이용하여 그 내용을 개량하거나 구체화하여 보완하는 것이 가능하기 때문이다.

## 2. 신규성 상실의 예외 제도의 활용

원칙적으로 특허출원을 하려면 신규성의 요건을 만족해야 하므로, 연구 결과의 발표일자가 특허출원 시점보다 앞서는 경우, 해당 발명은 특허등록을 받을 수 없다. 그러나 각 나라에서는 예외적으로 이미 공지된 발명이라도 특정 요건을 만족하는 경우 신규성을 상실하지 않은 것으로 의제하는 신규성 상실의 예외 제도를 운영하고 있으므로, 부득이하게 연구개발 결과가 특허출원 이전에 공개된 경우 이와 같은 제도를 활용하는 방안을 고려할 수 있다.

우리나라의 경우 기술을 개발한 자가 스스로 자신의 발명을 공개한 경우 또는 기술을 개발한 자의 의사에 반하여 발명이 공개된 경우, 발명이 공개된 날로부터 12개월 이내에 특허출원을 하면 해당 발명은 신규성 및 진보성 판단 시 공개되지 않은 것으로 간주한다[198].

그러나 이와 같은 제도적 뒷받침이 있더라도 발명이 공개 시점으로부터 특허출원 사이에 동일한 발명을 타인이 공개하거나 특허출원하는 경우, 해당 발명을 특허 등록받기 어려우므로 되도록 특허출원 이전에는 발명이 공개되지 않도록 하는 것이 가장 바람직하다.

---

[196] 미국은 최초로 발명한 사람에게 특허권을 부여하는 소위 '선발명주의'를 채택하고 있다.
[197] 최초 출원에 대하여 우선권(Right of Priority)을 주장하면서 제2의 출원을 하게 되면, 특허요건 등의 판단에 있어서 제2의 출원의 출원일을 최초 출원의 출원일로 소급하는 제도
[198] 특허법 제30조

**관련 사례**

### 논문발표와 신규성 상실

A씨는 B전자에서 10년 동안 연구원으로 일하던 중 1998년 10월 15일 난수를 발생시켜 암호로 사용하는 전자키 (Electronic Key) 시스템에 관한 논문을 추계 학술대회에서 발표하였다. A씨는 전자키 시스템이 회사의 연구분야도 아니었고 A씨가 참여했던 프로젝트와도 상관이 없었기에 자유발명이라 판단하였고, 1999년 2월 10일 개인 비용을 들여서 특허청에 특허를 출원하였다. 출원일이 논문 발표일로부터 6개월 이내이므로 특허법 제30조(2012. 3. 14. 이전)에 근거한 신규성 의제에 적용받을 수 있었다.

이후 A씨는 회사에 사표를 내고 창업하였다. A씨의 회사는 수주량이 차츰 증가하고, 유망 벤처기업으로 언론에 보도되기도 하였다. 그런데 본격적으로 시장 조사를 해보니 국내 시장 규모는 한계가 있었고 미국, 유럽, 일본, 중국 등 해외 시장을 개척하기로 결정하였다.

A씨는 우선 해외 출원부터 해서 안전판을 마련하기로 마음먹고, 1999년 11월 1일에 특허사무소를 방문하였다. 국내 출원을 한지 만 1년이 되는 2000년 2월 10일 전에 해외 특허출원할 심산이었다. A씨는 B전자에서 일할 때 특허출원을 많이 해 보았으므로 국내 출원 후 1년 안에만 해외에 출원하면 선출원의 내용 때문에 거절되지 않는다는 파리조약상의 우선권(Right of Priority)의 권리를 잘 알고 있었다.

그런데 막상 변리사와 상담을 해 보니, 논문 발표 없이 국내에서 특허출원만 했거나 논문을 발표하는 것 보다 특허출원을 먼저 했다면 파리조약에서 보장하는 우선권 혜택 1년을 받을 수 있지만, 논문을 먼저 발표한 경우에는 우선권 혜택은 없고 그 논문 발표일로부터 6개월(현재는 12개월이나 과거에는 6개월이었음)만 인정을 받는다는 것이었다. 이미 날짜는 논문을 발표한 1998년 10월 15일로부터 6개월 후인 1999년 4월 15일을 훌쩍 지나가 버린 터였다. 결국 A씨는 해외 출원을 포기하고 국내에서만 사업을 해야 했다. 따라서 신규성 상실의 예외 제도가 있더라도, 논문발표 이전에 특허출원하는 것이 바람직하다.

Part 05

## 3. 국내우선권제도의 활용

하나의 기술적 사상에 대하여 실시 가능한 다양한 활용례를 최초 출원 시부터 포괄적으로 기재하여 완전한 출원명세서로 특허출원을 진행하는 것이 바람직하지만, 발명이 완성된 후 조속히 특허출원할 것이 요구되고 있기 때문에 현실적으로는 실시 가능한 활용례가 다소 누락된 상태로 특허출원이 진행되는 경우가 빈번하다. 기본적인 발명을 중심으로 개량 발명을 충분히 검토하여 출원명세서를 작성해야 관련 기술에 대해 더욱 튼튼한 권리를 확보할 수 있지만 이와 같은 경우 출원 시점이 지연되어 특허등록 가능성이 낮아지고 등록을 받더라도 권리 대항을 받게 될 염려가 늘어난다.

특히 특허출원된 발명에 대해 실험적 뒷받침이 이루어지지 않을 경우 미완성발명으로 특허등록이 어려운 생명·화학분야의 발명의 경우에는 특히 그러하다. 이런 경우에 국내우선권제도[199]를 활용해, 기본적인 발명의 출원을 진행한 후에 해당 발명과 기본 발명의 개량 발명을 포괄적인 발명으로 정리한 내용으로 특허출원을 할 수 있다.

---

[199] 최초 출원에 대하여 우선권(Right of Priority)을 주장하면서 제2의 출원을 하게 되면, 특허요건 등의 판단에 있어서 제2의 출원의 출원일을 최초 출원의 출원일로 소급하는 제도

국내우선권제도는 우리나라의 최초 출원에 대해 우선권을 주장하면서 다시 우리나라에 제2의 출원을 하는 경우, 특허요건 등의 판단시점이 최초 출원의 출원일로 소급[200]하는 제도로서 기본적인 발명을 먼저 출원한 후 이에 대한 개량 발명을 다시 출원할 때 사용할 수 있는 제도이다.

이와 같은 국내우선권제도는 연구를 진행함에 있어서, 연구개발의 진척 상황에 따른 발명들을 순차적으로 출원하면서 활용하기에 적합하다.

---

**관련 사례**

**우선권 주장 및 취하**

▣ 2008년 8월 1일에 한국에서 특허출원된 발명을 우선권 주장의 기초 출원으로 하여 2009년 6월 25일에 유럽 특허 출원을 하였으나, 우선권 주장을 취하하고자 한다. 언제까지 가능하며 그 효과는 어떠한가?

우선권 주장의 취하는 언제라도 가능하다. 다만, 우선권 주장을 취하하게 되면 우선권 주장의 효과가 상실되고, 따라서 출원일은 2009년 6월 25일이 된다. 특허성의 판단 시점 역시 유럽 특허출원일인 2009년 6월 25일이 된다. 우선권 주장의 취하가 출원공개 전에 있을 경우, 소급효가 상실되어 출원의 공개는 유럽 특허출원일인 2009년 6월 25일로부터 18개월 후인 2010년 12월 25일이 된다.

---

## 4. 논문을 명세서로 활용

현행 특허법은 특허출원일 인정요건으로서 명세서 및 필요한 도면을 첨부한 특허출원서가 특허청에 도달할 것을 요구한다. 명세서에는 발명의 설명 및 청구범위를 기재하여야 하나, 출원일 인정에 있어서는 명세서에 청구범위를 기재하지 않아도 된다. 따라서 연구개발 과정에서 획득된 기술을 하루빨리 출원하기 위하여 발명의 설명만을 기재한 명세서를 특허청에 제출하는 것을 고려할 수 있다.

또한, 출원일이 인정된 특허출원을 기초로 국내우선권주장출원이 가능하므로, 기술개발이 진척될 때마다 특허출원을 한 후, 연구개발이 완료되면 미리 제출해 둔 특허출원들을 기초로 국내우선권을 주장하면서 특허출원을 함으로써, 연구개발 과정에서 획득된 각종 기술들에 대한 권리를 우선적으로 보호받을 수 있다.

특히 특허출원 전에 논문을 작성한 경우, 논문 초안 내용을 명세서에 바로 기재하여 출원하면 빠른 출원일 확보에 유리할 수 있다.

또한, 명세서는 국어 외에 영어로 작성하는 것도 가능하다. 이에 따라 영어로 논문 등을 먼저 작성한 경우 영어로 먼저 출원하고 이후에 국어 번역문을 제출하거나 국내우선권제도를 활용하여 발명의 효과적인 보호를 도모할 수 있다.

---

[200] 과거로 거슬러 올라가 미치게 함

## 5. 심사청구제도의 활용

심사청구[201]는 특허출원으로부터 5년 이내로 할 수 있기 때문에, 특허권 획득이 필요한 출원에 대하여, 특허출원일로부터 5년 이내의 적절한 시기에 심사청구를 하는 것은 특허권의 취득 및 유지에 있어서 중요하다.

특허출원 후 기간 경과에 따라 특허출원된 발명과 관련된 기술분야의 시장성 및 기술 적용가능성 등이 달라질 수 있으며, 특히 생명·화학분야를 포함하는 중장기적인 사업과 관련되는 발명에 대해서는 특허출원 후 기술분야에 대한 시장 상황이 악화되거나 해당 기술이 불필요해질 수 있으므로, 미리 심사청구하지 않고 시장 상황을 관망할 수 있다. 특허의 취득이 불필요해지는 경우 심사청구를 하지 않음으로써 비용을 절감할 수도 있고, 시장에서 유행하는 기술에 맞추어 청구범위를 보정한 후 심사청구를 함으로써 권리 행사가 용이한 방향으로 권리를 취득할 수도 있다.

이와 반대로 취급하고 있는 기술이나 제품의 라이프 사이클이 짧거나 타인의 기술 사용을 저지하고자 하는 경우, 또는 타인에게 라이센스를 허여하여 로열티 수입을 얻고자 하는 경우 등의 이유로 특허권을 조기에 획득하여야 할 경우도 있다. 이 경우 우선심사제도[202]를 활용함으로써 발명의 조기권리화가 가능하다.

---

[201] 특허청에 특허출원된 발명에 대한 심사를 요청하는 행정적 절차. 심사청구를 하지 않은 특허출원에 대해서는 심사하지 않는다.
[202] 일정한 요건을 갖춘 특허 출원에 대해 다른 출원보다 우선적으로 심사를 해주는 제도

## 6. 출원공개제도의 활용

공개된 출원발명은 공개일 이후에 출원되는 동일·유사한 발명에 대하여 등록을 배제할 수 있는 효과를 가진다. 따라서 자사가 독점권을 취득할 필요가 없지만, 타사가 이에 대하여 특허 등록을 받는 것을 방지하고자 하는 경우에는 심사청구 없이 발명 내용의 공개만을 유도할 수 있다.

또한 특허출원을 하였으나 특허등록가능성에 문제가 있으며, 기술공개에 따른 위험부담이 큰 경우에는 최초출원일로부터 1년 6개월이 경과하기 전 출원을 취하함으로써 특허공보[203]를 통한 기술개시를 막을 수 있다.

반대로 경쟁기업 등이 자사의 특허를 사용하고 있을 경우에는 특허조기공개제도[204]를 활용할 수 있으며, 이 경우 특허침해관련 소송 시 불법행위로 인한 손해배상 성립 요건 중 고의 또는 과실부분에 대하여 경쟁기업에 비하여 유리한 법적 지위를 가지게 된다.

한편 특허출원을 하지 않고도 기술을 공개하여 타인이 특허권을 획득하여 기술을 독점하는 행위를 막을 수도 있으며, 이를 위해 특허청에서는 '사이버 공지'를 위한 '공지자료실[205]'을 운영하고 있다.

---

[203] 특허출원된 발명을 공개하거나, 특허등록된 발명을 공개하기 위하여 발행하는 문헌
[204] 일반적인 공개시점(특허출원일부터 1년 6월)이 경과하기 전이라도 출원인의 신청이 있는 경우 특허출원된 발명을 조기에 공개하는 제도
[205] http://www.kipo.go.kr/kpo2/user.tdf?a=user.etc.cyberPost.BoardUserApp&c=1001&catmenu=m04_05_02

## 3 해외출원전략

특허권은 그 권리를 획득한 국가 내에서만 유효하므로, 연구개발 결과물을 보호하기 위해서는 우리나라 뿐 아니라 특허출원하고자 하는 발명과 관련된 기술의 연구개발분야 선진국이나 해당 기술에 대해 시장이 형성된 국가 등에도 특허출원을 하는 것이 유리하다.

그러나 외국에서 특허를 취득하는 데는 많은 비용이 소요되므로, 특허취득까지의 소요비용과 외국 특허획득에 의해 얻게 될 잠재적 이점 등을 충분히 고려하여 출원 대상국을 선정하여야 한다.

해외 각국에 특허를 출원하기 위해서는 우선 특허출원할 국가를 선택하고, 특허출원 루트를 결정하는 과정이 선행되어야 한다. 이하에서는 해외 특허출원을 위한 전략을 수립하기 위하여 고려할 사항들을 정리한다.

### 1. 출원국의 선택

특허출원할 국가의 선택 기준으로서 고려할 사항은 시장(Market), 경쟁자(Competitor), 생산기지(Manufacturer)의 위치 등이다.

우선 특허출원할 발명과 관련된 기술분야에서 큰 시장이 어디인지 파악하고 가장 큰 시장을 보유한 국가를 선택하는 것이 좋다. 또한 관련 기술분야의 경쟁자들이 많이 분포한 국가도 출원국으로 하여 먼저 해당 국가의 특허권을 획득할 수 있다. 나아가 관련 제품의 생산국을 출원국으로 선택함으로써, 적어도 선택된 국가 내에서는 타인의 특허 발명의 생산 및 사용을 저지할 수 있도록 하는 것이 바람직하다.

---

**관련 사례**

**특허출원국의 선택**

국내 전자 회사인 ABC사는 아래 표와 같이 출원국 결정 기준표를 작성하여, 출원국 결정 시 활용한다.
예를 들어, 중요한 발명인 경우 출원국은 미국, 유럽, 중국, 일본인데 이들 나라들은 상대적으로 현재 큰 시장을 가지고 있을 뿐 아니라 장래에도 현재의 시장 규모를 유지할 가능성이 큰 나라이다. 특히 중국의 경우에는 현재 및 장래의 제조국인 점을 고려하였다.

| 발명 수준 | 출원국 | 표준 비용 |
|---|---|---|
| 가장 중요한 발명 | 미국, 유럽, 중국, 일본, 대만, 인도 | 6,000만 원 |
| 중요한 발명 | 미국, 유럽, 중국, 일본 | 4,500만 원 |
| 중간 레벨 발명 | 미국, 유럽 | 2,500만 원 |
| 하위 레벨 발명 | 국내 | 250만 원 |

## 2. 출원 루트의 선택

해외출원은 PCT[206] 국제출원[207] 및 개별국 출원[208] (일반 해외출원)으로 크게 2가지 형태로 나눌 수 있다.

### (1) PCT 출원

PCT는 대만을 제외한 주요 국가들을 모두 체약국으로 하고 있다. 국적국 또는 거주국의 특허청(수리관청)에 하나의 PCT 출원서를 제출하고, 그로부터 정해진 기간 이내에 특허획득을 원하는 국가(지정(선택)국가)로의 국내단계에 진입할 수 있는 제도로 PCT 국제출원의 출원일이 지정국가에서 출원일로 인정받을 수 있다. 다만, 선(先)출원에 대한 우선권을 주장하여 출원하는 경우 선출원의 출원일로부터 12개월 이내에 PCT 국제출원을 하여야 우선권 주장을 인정받을 수 있다.

[그림 5-1] PCT 국제출원 절차도[209]

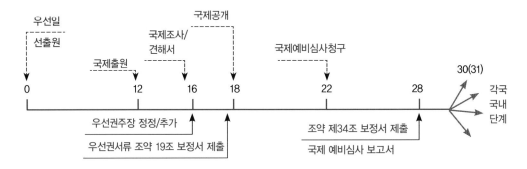

PCT 국제출원에 의하면 특허획득을 원하는 국가의 국내단계 진입 전에 국제단계에서 예비적으로 심사를 받을 수 있고 특허성에 대한 판단을 받을 수 있으며, 국제단계에서 일괄적으로 출원명세서를 보정할 수 있다.

### (2) 일반 해외출원

특허획득을 원하는 모든 나라에 각각 개별적으로 특허출원하는 방법으로 파리(Paris)루트를 통한 출원이라고도 한다. 다만, 선(先)출원에 대한 우선권을 주장하여 출원하는 경우 선출원의 출원일로부터 12개월 이내에 해당 국가에 출원하여야 우선권을 인정받을 수 있다.

---

[206] Patent Cooperation Treaty: 특허협력조약. 특허의 출원, 조사 및 심사에 있어서의 국제적인 협력을 위한 조약
[207] 특허협력조약에 의한 출원으로서 체약국에 일괄 출원된 것과 동일한 효과를 갖는 출원. 추후 정해진 기간이 만료하면 체약국 중 선택된 국가의 출원으로 취급된다.
[208] 각 나라 특허청에 직접 출원서류를 제출하여 특허출원하는 방법
[209] 특허청 홈페이지

[그림 5-2] **일반 해외출원 절차도**[210]

각국에 별도의 특허출원을 해야 하므로, 우선권의 기초가 되는 선출원으로부터 1년 내에 각국에 제출할 출원명세서 작성 및 번역, 각국의 해외 대리인 선임 등을 완료해야 한다.

## (3) PCT 국제출원과 일반 해외출원의 장단점

[표 5-1] **PCT 국제출원과 일반 해외출원의 장단점 비교**

| | PCT 출원 | 일반 해외출원 |
|---|---|---|
| 장점 | • 국제조사[211]와 국제예비조사[212]로 국내단계 진입 이전에 등록가능성 예측이 가능하고, 특허청구범위를 보정할 수 있으므로, 국내단계 진입 후 거절되거나 보정절차 진행함으로써 낭비되는 비용을 절감할 수 있음<br>• 국내단계 진입 전까지 출원국 결정을 위한 기간을 벌 수 있음<br>• 국내단계 진입 전까지 번역문 등 각종 제출 서류 준비 및 해외 대리인 선임을 위한 기간을 벌 수 있음 | • 출원국의 수가 적은 경우 PCT 국제출원보다 소요되는 비용이 적음<br>• 빠른 권리화가 가능함 |
| 단점 | • 국제단계 진행을 위한 비용 및 기간이 추가됨<br>• 권리화가 지연됨<br>• 절차가 복잡함 | • 짧은 기간 내에 제출 서류 준비 및 해외 대리인 선임을 완료해야함<br>• 출원국 선택에 신중해야함 |

## (4) 출원 루트의 선택

PCT 국제출원과 일반 해외출원 중 출원 루트를 선택함에 있어서 두 제도의 특성과 장단점을 면밀히 검토하여야 한다. 일반적으로 선택된 출원국이 3개 이하인 경우 일반 해외출원이 3개를 넘는 경우 PCT 국제출원이 비용 절감 면에서는 유리하다.

PCT 국제출원 루트를 선택한 경우 국제단계에서의 심사결과를 참고하여 청구항 보정을 수행하면 선택된 각 나라의 국내단계에서의 해외 대리인 비용을 절감할 수 있다.

---

[210] 특허청 홈페이지

[211] International Search: 국제조사기관이 국제출원에 기재된 발명의 선행문헌을 조사하여 국제조사보고서 및 견해서를 작성하고 이를 출원인 및 국제사무국에 송부하는 업무

[212] International Preliminary examination: 국제예비심사기관이 일정한 기준에 따라 국제출원에 기재된 발명의 신규성, 진보성 및 산업상 이용가능성에 대하여 예비적인 판단을 하여 국제예비심사보고서를 작성하고 이를 출원인 및 국제사무국에 송부하는 업무

## 3. 특허심사 하이웨이 제도의 활용

### (1) 특허심사 하이웨이(Patent Prosecution Highway, PPH)

자국에서 특허가 된 출원과 대응하는 외국출원하여, 완화된 수속으로 조기에 심사를 받게 되는 제도이다. 타국에 있어 자국의 심사 결과를 이용하는 것으로, 자국 출원인이 타국에서 강하고 안정적인 권리를 신속히 얻는 것을 지원한다.

[표 5-2] **특허심사 하이웨이제도 안내**

| | | |
|---|---|---|
| | 한·일본 특허심사 하이웨이 | '07.04.01~ |
| | 한·미국 특허심사 하이웨이 | '08.01.28~ |
| | 한·덴마크 특허심사 하이웨이 | '09.03.01~ |
| | 한·영국 특허심사 하이웨이 | '09.10.01~ |
| | 한·캐나다 특허심사 하이웨이 | '09.10.01~ |
| | 한·러시아 특허심사 하이웨이 | '09.11.02~ |
| | 한·핀란드 특허심사 하이웨이 | '10.01.04~ |
| | 한·독일 특허심사 하이웨이 | '10.07.01~ |

〈표 5-2〉에 기재된 내용 이외에도, 우리나라와 미국, 중국, 일본, 스페인 등의 국가 간에는 PCT-PPH를 시범실시하고 있다. 또한 한국, 미국, 중국, 유럽(EPO), 일본 특허청은 IP5 특허심사하이웨이(IP5 PPH) 프로그램을 2014년 1월 6일부터 3년 간 시행하기로 하였으며, 한국, 노르딕 특허기구 노르웨이, 덴마크, 러시아, 미국 등 21개 특허청은 글로벌 특허심사하이웨이(글로벌 PPH) 프로그램을 2014년 1월 6일부터 기한을 정하지 않고 시행하기로 하였다. 특허심사 하이웨이 적용 국가는 계속 확대되고 있으므로 국내출원과 대응하는 외국 출원이 함께 진행되는 경우 특허심사 하이웨이의 활용을 검토할 필요가 있다.

## (2) 특허심사 하이웨이 제도의 개요

[그림 5-3] **특허심사 하이웨이 제도의 개요**

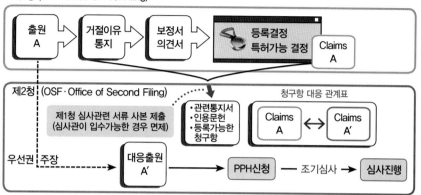

**관련 사례**

**미국의 특허심사 하이웨이 제도 이용 사례**

1. 특허심사를 청구한지 약 3개월 만에 심사처리결과를 통보 받은 것으로 알려졌는데, 이는 미국의 일반출원 심사처리기간이 평균 25개월인 것을 고려해본다면, 약 22개월 빨리 심사를 받은 것으로 보인다.

2. 미국 특허청으로부터 심사 결과를 통지 받기까지는 거의 2년 여의 시간이 소요되던 것을 한국에서의 특허 결정을 근거로 조기 심사 청구함으로써 3개월 정도면 특허결정을 받을 수 있어, 특허출원인 입장에서는 그만큼 조속하게 권리를 획득하게 되는 효과가 있으며, 존속기간이 특허출원일로부터 20년을 초과할 수 없는 규정을 고려할 때 실질적인 특허권의 존속기간이 확장되는 효과가 있어 출원인에게 상당히 유리하다. 특히, 한국 특허청의 심사기간이 1년 이내인 점을 고려할 때 이러한 효과는 배가될 수 있으며, 특히 라이프 사이클이 짧은 기술분야의 특허 출원인 경우 적극적인 활용이 필요하다.

# 특허심판 및 심결취소소송

Understanding Patents

연구개발 과정에서 지득한 기술을 보호하기 위해서는 이에 대한 독점적인 권리를 획득하는 것이 바람직하지만 이와 같은 권리의 획득 및 유지 과정에서 타인의 대항을 받을 가능성이 있다. 또한 반대로 연구개발 과정에서 문제되는 타인의 특허권 등의 권리를 무효 또는 취소시키거나, 타인의 권리와 실시하고자 하는 기술 사이의 관계를 보다 명확히 할 필요성이 있는 경우가 있다. 이와 같은 산업재산권의 발생·변경·소멸 및 그 효력범위에 관한 분쟁은 특허심판이나 심결취소소송 등에 의한다.

## 1 특허심판의 의의 및 종류

특허심판은 형식적으로는 특허 등의 산업재산권에 관한 분쟁을 해결하기 위하여 특허심판원에 의해 심리 및 결정되는 행정상의 쟁송절차라 할 수 있지만 사실상 특허법원의 전심(前審)절차로서 민사소송에 준하는 엄격한 절차를 거쳐 판단되는 준사법적 성질을 갖는 특별행정절차이다.

이와 같은 특허심판에 의하면 이미 특허청에 의해 이루어진 행정처분을 무효·취소·확인하는 등의 효과를 갖는다. 따라서 나의 연구결과에 대한 특허출원 등에 대한 특허청의 심사결과가 부당하다고 판단되거나, 타인의 발명에 대한 특허 허여가 부당하다고 판단되는 경우 특허청의 행정처분에 대하여 특허심판을 청구할 수 있다.

## 1. 특허심판

### (1) 의미

산업재산권, 즉 특허·실용신안·디자인·상표의 발생·변경·소멸 및 그 효력범위에 관한 분쟁을 해결하기 위한 행정심판을 말한다.

### (2) 특허심판과 특허침해소송의 차이

특허침해소송은 산업재산권과 관련된 침해금지청구 및 손해배상청구와 관련된 소송을 말하며 일반법원에서 담당하는 반면, 특허심판은 전문적인 지식과 경험이 필요하기 때문에 특허청 소속 특허심판원에서 진행하고 있다.

### (3) 특허심판 결과에 대한 불복

특허심판원은 분쟁에 대하여 심리를 진행한 후 심결(심판에 대한 결정)을 내리게 된다. 이와 같은 심결에 불복하고자 하는 자는 고등법원급의 전문법원인 특허법원에 소를 제기할 수 있고, 대법원에 상고할 수도 있으므로 특허심판은 사실상 제1심 법원의 역할을 수행하고 있다.

## 2. 특허심판의 종류

### (1) 심판의 유형

특허심판은 결정계 심판과 당사자계 심판으로 구분된다. 결정계 심판이란 특허출원에 대한 거절결정과 같은 심사관의 처분(결정)에 불복하여 청구하는 심판으로 청구인만이 존재하는 심판을 말한다. 한편 당사자계 심판이란 이미 설정된 권리에 관련한 당사자의 분쟁에 대한 심판으로 청구인과 피청구인이 존재하여 당사자 대립구조를 취하는 심판을 말한다.

[표 5-3] 결정계 심판과 당사자계 심판의 종류 및 특징

| 심판 유형 | 특징 | 심판의 종류 |
|---|---|---|
| 결정계 심판 | • 심판의 당사자로서 청구인과 피청구인이 대립구조를 취하지 않고 청구인만 존재하는 심판, 특허청장이 상대방이 됨<br>• 심판 참가[213]가 인정되지 않고, 일사부재리[214]가 적용되지 않으며, 심판비용은 청구인 부담 | • 거절결정불복심판<br>• 취소결정불복심판<br>• 보정각하불복심판<br>• 정정심판 |
| 당사자계 심판 | • 당사자로서 청구인과 피청구인이 존재하고 그 당사자가 서로 대립구조를 취하는 심판<br>• 심판 참가가 인정되고 일사부재리가 적용되며, 심판비용은 패심자 부담 | • 무효심판<br>• 권리범위확인심판<br>• 통상실시권허여심판<br>• 등록취소심판<br>• 정정무효심판 |

## (2) 결정계 심판

### (가) 거절결정불복심판

특허·실용신안·디자인 또는 상표 등록출원, 특허권의 존속기간 연장등록출원[215], 상표권 존속기간 갱신등록출원[216], 상품분류전환등록출원[217], 지정상품추가등록출원[218]에 대한 거절결정을 받은 자가 이에 불복하여 제기하는 심판이다.

---

[213] 타인 간의 심판 계속 중에 그 심결에 대해 이해관계 있는 제3자가 자기의 법률상의 이익을 보호하기 위해 심리가 종결될 때까지 일방 당사자의 심판을 보조하거나 또는 스스로 심판청구의 당사자가 되어 심판절차에 관여하는 것

[214] 심판의 본안심결이 확정된 때에 그 사건에 대하여 누구든지 동일사실 및 동일증거에 의하여 다시 심판을 청구할 수 없는 것

[215] 특허발명을 실시하기 위하여 다른 법령의 규정에 의하여 허가를 받거나 등록 등을 하여야 하고, 그 허가 또는 등록을 위하여 필요한 활성, 안전성 등의 시험으로 인하여 장기간이 소요되는 발명에 대하여 그 실시할 수 없었던 기간에 대해 5년 이하의 존속기간 연장을 인정받기 위한 특허출원

[216] 존속기간이 만료되는 상표권의 존속기간을 10년씩 갱신하기 위한 상표출원

[217] 개정법률 시행 이전의 구 상품류구분에 따라 상품을 지정하여 출원한 상표에 대해 현행법상의 상품류구분에 따라 지정상품을 전환하기 위한 상표출원

[218] 등록상표 또는 상표등록출원의 지정상품을 추가하기 위한 상표출원

**거절결정불복심판**

▣ A는 a특허출원을 하였다. 이후 A는 진보성 위반을 근거로 하는 거절이유를 통보받고 이에 대해 의견서를 제출하였으나, 2008년 3월 19일 거절결정을 통보받았다. A가 거절이유에 대해 검토한 결과 심사관의 견해는 전적으로 부당하여, 모든 결정을 취소하고 현재의 청구항대로 특허권을 등록받는 것이 타당하다고 판단하였다. A가 심사관의 거절결정에 불복하여 심판으로 다투려고 하는 경우 어떻게 해야 하는가?

A는 거절결정 통보받은 후 30일 이내(2008년 4월 18일 까지)에 서면으로 거절결정불복심판을 청구할 수 있다. 심판청구서에는 심판 청구인인 A의 명칭과 주소를 기재하고 a특허출원에 대한 거절결정을 취소하고 현재 청구항대로 등록결정한다는 결정을 구한다는 내용을 기재하여야 한다. 또한 A는 2008년 4월 18일 까지 심판청구료를 납부하고, 심판 청구의 이유를 제출해야 한다. 이후 심판부의 요청에 따라 의견서를 제출하면서 거절결정의 부당함을 주장·증명해야 한다.

### (나) 취소결정불복심판

취소결정이란 이의신청이 이유 있다고 인정되는 경우 또는 실용신안법에 따른 기술평가의 결과 심사관이 실용신안·디자인의 등록을 취소하는 행정처분으로써, 취소결정을 받은 자가 그 처분에 대하여 불복하여 제기하는 심판이다. 특허의 경우 이의신청제도가 폐지되어 현재는 활용할 수 없다.

### (다) 보정각하불복심판

보정각하결정이란 디자인 등록출원 또는 상표등록출원에 관하여 한 보정이 요지변경[219]에 해당할 경우 심사관이 그 보정을 각하하기 위해 행하는 처분으로써, 보정각하결정[220]을 받은 자가 그 결정에 불복하여 제기하는 심판이다. 특허의 경우에는 2001년 2월 3일에 폐지되었다.

### (라) 정정심판

특허권·실용신안권이 설정 등록된 후 명세서 또는 도면에 잘못된 기재 또는 불명료한 점이 있는 경우 이를 정정하기 위해 등록권자가 제기하는 심판이다. 정정심판제도는 특허권자가 자발적으로 특허발명의 명세서나 도면을 정정할 수 있도록 함으로써, 무효심판이 청구되는 것을 예방하고 제3자의 이익에 관련되는 불명료한 부분을 명확하게 하기 위한 것이다.

---

[219] 출원의 실체적인 내용이 최초 출원된 내용과 다른 내용으로 변경된 것
[220] 보정을 인정하지 아니한다는 취지의 결정

**정정심판 관련 대법원 판시 사례**

심판청구서의 보정은 청구의 이유에 대한 것을 제외하고는 그 요지를 변경할 수 없고, 정정심판에 있어서 정정을 구하는 부분의 특정은 청구의 취지에 해당하므로 그 요지를 변경할 수 없는바, 원고가 별지 정정 청구범위 목록 1항을 별지 정정 청구범위 목록 2항으로 보정한 것이 그 요지를 변경한 것인지 여부를 살펴보면, ① 특허청구범위 제1항의 '여러 조각으로 가닥난 필름'을 '6조각으로 가닥난 필름'으로 보정한 것은 그 요지를 변경하는 것이 되고, ② 특허청구범위 제2항의 '위 조각난 필름'을 '위 냉각시킨 조각난 필름'으로 보정한 것도 흠집 공정이 6조각으로 커팅한 후 연신, 냉각, 권취의 어느 단계에서도 가능하던 것을 반드시 냉각 이후의 단계에서만 가능하게 하는 것으로서 그 요지를 변경한 것이 되므로, 이와 같이 보정하는 것은 허용되지 않는다.

## (3) 당사자계 심판

### (가) 무효심판

일단 유효하게 설정 등록된 특허·실용신안·디자인 또는 상표권을 법정무효사유를 이유로 심판에 의하여 그 효력을 소급적으로 상실시키는 심판이다. 착오로 허여된 권리가 계속 존속하면 권리자에 대한 부당한 보호가 되므로 등록무효심판을 통하여 부실 권리를 정리하기 위한 제도이다.

**Tip  특허의 무효**

**1. 특허무효사유**
① 특허권을 향유할 수 없는 외국인에게 특허가 허여된 경우
② 산업상 이용가능성이 없는 경우, 신규성이 없는 경우, 진보성이 없는 경우
③ 발명 내용이 공서양속이나 공중위생을 해할 염려가 있는 경우
④ 동일한 특허나 실용신안이 먼저 출원된 경우, 같은 날에 출원되어 협의에 의하지 않고 특허권이 설정된 경우(선출원주의 위배)
⑤ 발명의 상세한 설명이 당업자가 용이하게 실시할 수 있도록 기재되지 않은 경우
⑥ 특허청구범위가 상세한 설명에 뒷받침되지 않거나 명확하지 않은 경우
⑦ 특허를 받을 수 있는 권리가 공유인 때, 공유자 전원이 특허출원하지 않은 경우
⑧ 특허를 받을 수 있는 권리가 없는 자에게 특허가 허여된 경우
⑨ 조약에 위반되어 허여된 경우
⑩ 특허된 후 권리자가 권리 향유능력이 없는 자가 되거나 특허가 조약에 위반된 경우
⑪ 최초 출원명세서 또는 도면에 기재된 사항의 범위 안에서 보정이 되지 않은 경우

**2. 특허무효심판 계속 중의 정정심판 청구**
종래에는 무효심판과 정정심판절차를 독립하여 진행할 수 있었으나, 2001. 2. 3 개정법에서는 무효심판이 계속되고 있는 경우 무효심판에서 정정기회를 부여하는 대신 별도의 정정심판청구를 허용하지 않고 있다(특허법 제136조제1항 단서)

### (나) 권리범위확인심판

특허·실용신안·디자인 또는 상표권자·이들의 전용실시권자 또는 이해관계인이 권리의 보호범위를 확인하기 위하여 청구하는 심판이다. 권리자가 자신의 권리의 범위를 확인하고자 청구하는 적극적 권리범위확인심판과 이해관계인이 자신이 실시하는 발명이 타인의 권리의 범

위 내에 속하지 아니함을 확인받기 위해 청구하는 소극적 권리범위확인 심판이 있다. 권리자는 자기의 권리 범위를 넓게 해석하려고 하고 이해관계인은 이를 좁게 해석하려는 경향이 있어 국가기관의 객관적인 해석을 통하여 분쟁해결에 기여코자하는 제도이다.

> **관련 사례**
>
> ### 권리범위확인심판 관련 대법원 판시 사례
>
> 확인대상발명이 특허발명의 권리범위에 속한다고 할 수 있기 위해서는 특허발명의 특허청구범위에 기재된 각 구성요소와 그 구성요소 간의 유기적 결합관계가 확인대상발명에 그대로 포함되어 있어야 한다. 한편, 확인대상발명에서 특허발명의 특허청구범위에 기재된 구성 중 치환 내지 변경된 부분이 있는 경우에도 양 발명에서 과제의 해결원리가 동일하고, 그러한 치환에 의하더라도 특허발명에서와 같은 목적을 달성할 수 있고 실질적으로 동일한 작용효과를 나타내며, 그와 같이 치환하는 것이 그 발명이 속하는 기술분야에서 통상의 지식을 가진 사람이라면 누구나 용이하게 생각해 낼 수 있는 정도로 자명하다면 확인대상발명은 전체적으로 특허발명의 특허청구범위에 기재된 구성과 균등한 것으로서 여전히 특허발명의 권리범위에 속한다고 보아야 한다.
>
> 특허발명과 확인대상발명의 양 발명에서 과제의 해결원리가 동일하다는 것은 확인대상발명에서 치환된 구성이 특허발명의 비본질적인 부분이어서 확인대상발명이 특허발명의 특징적 구성을 가지는 것을 의미하는바, 특허발명의 특징적 구성을 파악하기 위하여는 명세서 중 발명의 상세한 설명의 기재와 출원 당시의 공지기술 등을 참작하여 선행기술과 대비하여 볼 때 특허발명에 특유한 해결수단이 기초하고 있는 과제의 해결원리가 무엇인가를 실질적으로 탐구하여야 한다.

### (다) 통상실시권허여심판

특허발명이 선출원된 타인의 특허발명·등록실용신안·등록디자인 또는 이와 유사한 디자인을 이용하거나 특허권이 선출원된 타인의 디자인권과 저촉되는 경우에 그 타인이 특별한 사유 없이 실시에 대한 허락을 하지 않는 때에 한하여 강제적으로 특허발명을 실시할 수 있는 통상실시권을 허여하는 심판이다. 선·후원 권리 간에 이용 또는 저촉관계가 있을 경우 그 권리간의 조정을 통하여 발명의 실시가 원활히 이루어지도록 하기 위한 제도이다.

> **관련 사례**
>
> ▣ A사는 냉장고용 압축기 발명(이하 'a발명'이라고 한다)에 대한 특허권자이다. 한편 경쟁사인 B사에서는 A사의 특허발명을 이용한 새로운 압축기(이하 'a+b발명'이라고 한다)를 개발하여 특허등록을 받았다. B사의 a+b발명은 a발명에 비하여 상당한 경제적 가치가 있는 중요한 기술적 진보를 가져오는 것이었다. 한편 B사가 자신의 특허발명인 a+b발명을 사용하기 위하여 A사에게 a발명에 대한 실시권 계약 체결을 제안하였으나 A사는 이를 거절하였다. 그러자 B사가 A사에게 통상실시권 허여 심판을 청구하여 인용심결이 확정됨으로써 B사는 a발명에 대한 통상실시권을 얻게 되었고, 그에 따라 A의 특허발명을 사용한 a+b발명을 실시하게 되었다. a+b발명은 a발명에 비하여 그 성능이 탁월하여 B사는 시장에서 막대한 경제적 이익을 얻게되었다. A사가 자신의 특허발명을 이용한 a+b발명을 실시하기 위한 방법은 무엇일까?
>
> A사는 B사에게 통상실시권허여심판에 의한 통상실시권을 허여한 특허권자이므로, 먼저 B사에게 B사의 득허빌명을 실시힐 것을 허락해 주도록 요청하고 B사가 허락해 주지 않는 경우 통상실시권의 허여를 구하는 통상실시권허여심판(Cross-License)을 다시 청구할 수 있다.

### (라) 등록취소심판

일단 유효하게 설정 등록된 상표에 일정한 법정사유에 해당함을 이유로 그 등록의 효력을 장래를 향하여 소멸시켜줄 것을 요구하는 심판이다. 상표등록 후의 올바른 상표사용을 담보하기 위한 제도로, 상표를 등록만 해놓고 사용하지 않아 제3자의 상표선택의 자유를 부당하게 제한하는 등의 폐단을 방지하여 건전한 거래질서를 확립하기 위한 제도이다.

> **Tip** 상표취소 사유
>
> 1. 상표권자가 고의로 지정상품에 등록상표와 유사한 상표를 사용하거나 지정상품과 유사한 상품에 등록상표 또는 이와 유사한 상표를 사용함으로써 수요자에게 상품의 품질 오인 또는 타인의 업무에 관련된 상품과의 혼동을 생기게 한 경우
> 2. 상표권자, 전용사용권자 또는 통상사용권자 중 어느 누구도 정당한 이유없이 등록상표를 그 지정상품에 대하여 취소심판청구일전 계속하여 3년 이상 국내에서 사용하고 있지 않은 경우
> 3. 조약당사국에 등록된 상표와 동일, 유사한 상표로서 출원일 당시 또는 출원일 전 1년 이내에 그 상표에 관한 권리를 가진 자의 대리인이나 대표자였던 자가 정당한 이유없이 그 상표의 지정상품과 동일, 유사한 상품을 지정상품으로 하여 상표등록출원하여 등록된 경우
> 4. 전용사용권자 또는 통상사용권자가 지정상품 또는 이와 유사한 상품에 등록상표 또는 이와 유사한 상표를 사용함으로써 수요자로 하여금 상품의 품질의 오인 또는 타인의 업무에 관련된 상품과의 혼동을 생기게 한 경우. 다만, 상표권자가 상당한 주의를 한 경우에는 그러하지 아니하다.
> 5. 상표권의 이전으로 인하여 유사한 등록상표가 각각 다른 상표권자에게 속하게 되고 그 중 1인이 자기의 등록상표의 지정상품과 동일 또는 유사한 상품에 부정경쟁을 목적으로 자기의 등록상표를 사용함으로써 수요자로 하여금 상품의 품질의 오인 또는 타인의 업무에 관련된 상품과의 혼동을 생기게 한 경우

## 3. 특허심판의 절차

### (1) 심판절차 개요

#### (가) 심판의 청구

특허심판을 청구하고자 하는 자는 특허심판청구서를 특허심판원장에게 제출하여야 하고, 이로서 심판절차가 진행된다. 심판이 청구되는 경우 특허심판원장은 심판번호를 부여하고 당사자에게 통지한다.

#### (나) 심판부의 구성

심판은 3인 또는 5인의 심판관의 합의체가 행하며, 합의는 심판관 중 과반수에 의하여 결정하며 특허심판원장은 심판관중 1인을 심판장으로 지정하여 사무를 총괄하게 한다.

#### (다) 심리

심리란 심판관이 종국적인 판단을 하기에 앞서 기초가 되는 사실 관계 및 법률 관계를 명확히 하기 위하여 증거나 방법 따위를 심사하는 행위를 말한다. 심판은 구술심리[221] 또는 서면심리로 진행된다.

---

[221] 당사자 및 법원이 하는 변론이나 증거조사 등의 소송행위를 구술로 하는 것

**(라) 심결**

심판은 일반적으로 심결(심리의 결과)에 의하여 종료되며, 심결의 종류는 결정각하, 심결각하, 기각심결, 및 인용심결이 있다.

## (2) 특허 결정계 심판절차 흐름도 (특허 거절결정불복심판의 경우)

**[그림 5-4] 특허 거절결정불복심판절차 흐름도**[222]

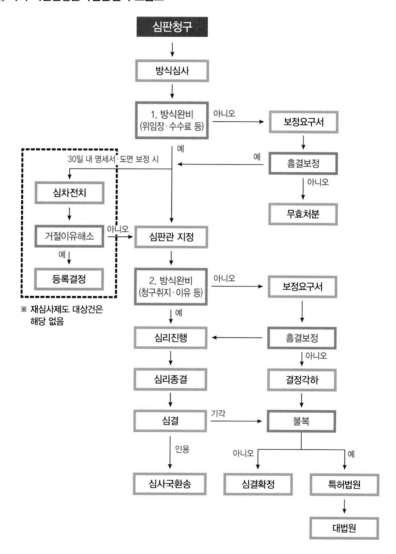

222) 특허심판원 홈페이지 (www.kipo.go.kr/ipt)

## (3) 특허 당사자계 심판절차 흐름도

**[그림 5-5] 특허 당사자계 심판절차 흐름도**[223]

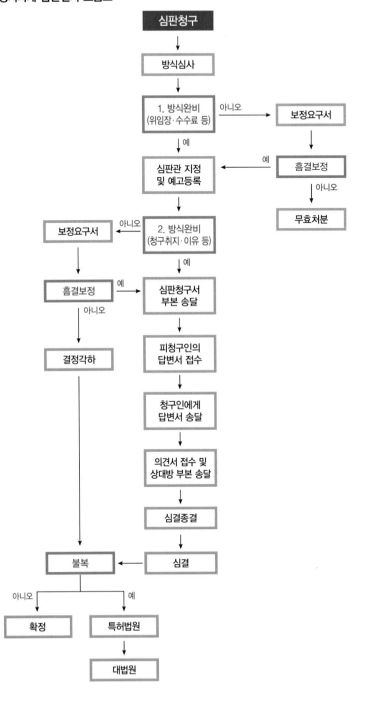

---

[223] 특허심판원 홈페이지(www.kipo.go.kr/ipt)

## 2 심결취소소송과 특허소송

위에서 살펴본 바와 같은 특허심판에 대한 특허심판원의 심결이 부당하다고 판단되는 경우, 특허심판의 청구인 또는 피청구인은 특허법원에 심결에 대한 소를 청구하여 특허심판원의 심결을 취소할 수 있다.

또한 나의 특허권을 타인이 침해하는 등 특허에 대한 행정처분과 무관한 분쟁이 발생한 경우에는 일반적인 민·형사소송 절차를 활용하여 권리를 보호받을 수 있다.

## 1. 심결취소소송

### (1) 심결취소소송의 의미

특허심판원의 심결 또는 심판청구서나 재심청구서의 각하결정을 받은 자가 이에 불복하고자 하는 경우에 특허법원에 그 취소를 구하는 소송이다.

**관련 사례**

**심결취소소송 관련 대법원 판시 사례**

심판은 특허심판원에서의 행정절차이며 심결은 행정처분에 해당하고, 그에 대한 불복의 소송인 심결취소소송은 항고소송에 해당하여 그 소송물은 심결의 실체적·절차적 위법성 여부라 할 것이므로, 당사자는 심결에서 판단되지 않은 처분의 위법사유도 심결취소소송단계에서 주장·입증할 수 있고, 심결취소소송의 법원은 특별한 사정이 없는 한 제한 없이 이를 심리·판단하여 판결의 기초로 삼을 수 있는 것이며, 이와 같이 본다고 하여 심급의 이익을 해한다거나 당사자에게 예측하지 못한 불의의 손해를 입히는 것이 아니다(대법원 2002. 6. 25. 선고 2000후1290 판결, 대법원 2004. 7. 22. 선고 2004후356 판결 등 참조).

원심판결 이유를 위 법리에 비추어 살펴보면, 원심은 원고가 특허심판단계에서 다른 주장은 하면서 확인대상발명을 실시하고 있지 않다는 주장을 하지 않은 점 등을 들어 이와 같은 주장을 심결취소소송단계에서 하는 것이 금반언 내지 신의칙에 반하여 허용되지 않는다고 보았으나, 특허심판단계에서 소극적으로 하지 않았던 주장을 심결취소소송단계에서 하였다는 사정만으로 금반언 내지 신의칙에 위반된다고 볼 수 없을 뿐만 아니라, 이를 금반언 내지 신의칙 위반으로 보는 것은 심결취소소송의 심리범위에 관한 위 법리와 양립될 수 없어서 허용될 수 없다. 따라서 특허심판단계에서 확인대상발명을 실시하고 있지 않다는 주장을 하지 않았다고 하더라도 심결취소소송단계에서 이를 심결의 위법사유로 주장할 수 있다고 할 것임에도, 이와 같은 주장이 금반언 내지 신의칙에 반하여 허용되지 않는다고 본 원심에는 심결취소소송의 심리범위에 관한 법리를 오해하여 판결에 영향이 있는 원고의 주장에 대한 판단을 누락한 잘못이 있다.

## (2) 심결취소소송의 소의 이익 및 당사자

### (가) 소의 이익의 의미

소의 이익은 당사자가 소송을 이용할 정당한 이익 또는 필요성을 의미하는 것으로 소송요건 중 하나이다. 심결취소소송에서 소의 이익이 없으면 그 소송은 부적법한 것으로서 소 각하 판결이 내려진다. 소의 이익 유무는 변론종결시를 기준으로 판단한다.

### (나) 당사자

결정계 심판(예 거절결정불복심판, 정정의 심판)에서는 심판청구인, 당사자계 심판(예 특허무효심판, 권리범위확인심판)에서는 심판청구인 또는 심판피청구인 또는 참가인이 될 수 있다. 즉, 불이익한 심결에 대해 불복을 하는 자가 원고가 된다. 결정계 심판에 있어서는 특허청장이 피고가 되며, 당사자계 심판에 있어서는 심판의 청구인 또는 피청구인이 피고가 된다.

## (3) 소제기 기간

심결 또는 결정의 등본을 송달받은 날부터 30일 이내에 소를 제기하여야 한다.

## (4) 전속관할[224]

특허심판원의 심결에 불복하고자 하는 자는 특허법원에만 소를 제기할 수 있고, 다른 일반 법원에 소를 제기할 수 없다.

## (5) 심결취소소송의 절차

### (가) 소의 제기

원고가 심결 또는 결정의 등본을 송달받은 날부터 30일 이내에 특허법원에 소장을 제출하며, 재판장은 제출된 소장을 심사하여 소송 제기 요건을 만족했는지 여부에 대해 판단한다.

---

[224] 전속관할이란 민사소송법상 법정관할 가운데 특히 고도의 적정(適正)과 신속의 공익적 요구 때문에 특정법원에만 재판권을 행사하게 하는 관할을 의미한다.

**[그림 5-6] 특허등록무효심결 취소의 소의 소장**

**소 장**

원 고　　○○ 주식회사
　　　　　서울 서초구 서초동 ○○
　　　　　대표이사 ○○○
　　　　　소송대리인 변호사 ○○○
　　　　　서울 강남구 역삼동 ○○
　　　　　(전화번호 02-123-4567, 팩스번호 02-234-5678, 이메일 주소)

피 고　　○○○(700101-1234567)
　　　　　서울 강남구 양재동 ○○
　　　　　(전화번호 02-345-6789, 팩스번호 02-456-7890, 이메일 주소)

등록무효(특) 심결취소의 소

**청구취지**

1. 특허심판원이 2004. 1. 1 2004당1234호 사건에 관하여 한 심결을 취소한다.
2. 소송비용은 피고의 부담으로 한다.
라는 판결을 구합니다.

**(나) 준비절차**

양 당사자가 서면 및 구술로서 사건의 쟁점에 대하여 공격과 방어를 진행한다. 이와 같은 준비절차를 진행하기 전에 기술심리관이 재판장 및 판사에게 기술에 관한 설명을 하여 재판부에게 배경기술을 충분히 설명한다.

**(다) 변론**

준비절차가 진행된 후에 변론(소송 당사자가 법정에서 하는 진술)이 진행된다. 변론과정에서는 원고가 청구원인의 개요를 진술하고, 준비절차의 결과를 진술하는 방식으로 진행한다.

**(라) 판결 선고 및 정본 송달**

판결은 심결취소송이 이유 없다는 취지의 기각판결(원고 패)과 심결취소송이 이유 있다는 취지의 인용심결(원고 승)이 이루어진다. 판결이 난 후 판결의 정본은 당사자에게 송달된다.

**[그림 5-7] 심결취소소송의 절차**

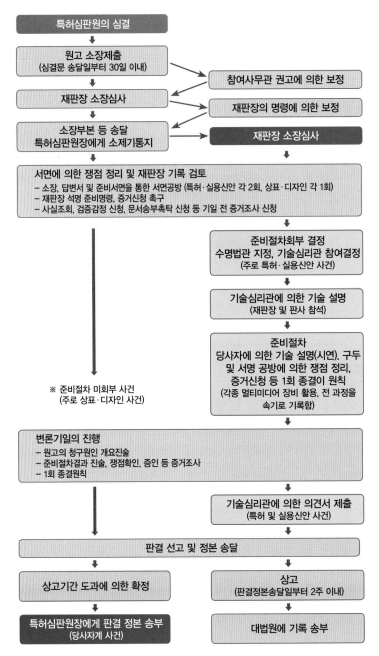

### (6) 판결의 효력

심결취소소송의 판결이 확정되면 특허심판원은 그 사건을 다시 심리하여 심결 또는 결정을 하여야 하며, 판결에 있어서 취소의 기본이 된 이유는 그 사건에 대해 특허심판원을 기속한다. 특허법원의 판결에 대하여 불복하고자 하는 자는 판결문이 송달된 날로부터 2주일 내에 대법원에 상고할 수 있다.[225]

### (7) 기타

심결취소소송절차에 있어서도 민사소송의 경우와 마찬가지로 공개심리주의[226], 구술심리주의[227]와 변론주의[228]가 적용된다. 다만, 이는 행정소송의 일종 이므로 재판부가 당사자의 입증이 불충분하여 심증을 얻기 어려운 경우 등 필요하다고 인정할 때에는 보충적으로 당사자의 증거신청이 없어도 직권으로 증거조사를 할 수 있다.

## 2. 특허소송

### (1) 특허민사소송

#### (가) 특허침해금지 청구의 소

특허권 또는 전용실시권이 현재 침해되고 있거나 객관적 정황으로 보아 장래에 침해될 가능성이 있는 경우 제기하는 것으로 침해자의 고의 과실을 불문하고 권리자는 자기의 권리를 침해한 자 또는 침해할 우려가 있는 자에 대하여 하는 금지 및 예방, 조성물건의 폐기 등을 청구할 수 있다.

#### (나) 특허침해금지 가처분

침해 여부를 확정하는 민사소송절차(침해금지청구)는 많은 시간이 소요되고 그 사이 침해자가 침해품의 멸실이나 처분 등으로 사실적인 변경 또는 법률적인 변경이 생기게 되면 특허권자는 집행권원[229]을 받더라도 실질적으로 그 권리는 실현할 수 없는 경우가 발생한다. 가처분은 이와 같은 경우에 대비하여 임시로 잠정적인 법률관계를 형성시켜 채권특허권자가 입게 될 손해를 사전에 예방할 수 있는 수단이다.

---

[225] 특허법 제186조제8항
[226] 재판의 공정성을 확보하기 위하여 소송의 심리 과정과 판결을 일반인들에게 공개하여야 한다는 주의
[227] 소송심리의 방식에 관하여 당사자 및 법원이 하는 변론이나 증거조사 등의 소송행위를 구술로써 하여야 한다는 주의. 서면심리주의(書面審理主義)에 대응한다.
[228] 당사자가 판결의 기초가 되는 사실과 증거의 수집을 책임지는 주의
[229] 국가의 강제력에 의하여 실현될 청구권의 존재와 범위를 표시하고 또한 집행력이 부여된 공정증서(公正證書)

### (다) 손해배상청구의 소

고의 또는 과실에 의하여 특허권 또는 전용실시권이 침해된 경우, 특허권자 등이 침해로부터 발생한 손해를 청구할 수 있다.

### (라) 특허권자 등의 신용회복청구의 소[230]

고의 또는 과실에 의하여 특허권 또는 전용실시권을 침해함으로써, 특허권자 등이 업무상의 신용을 실추된 때에는 업무상의 신용회복을 위하여 소를 제기할 수 있다.

[그림 5-8] 민사소송절차 흐름도

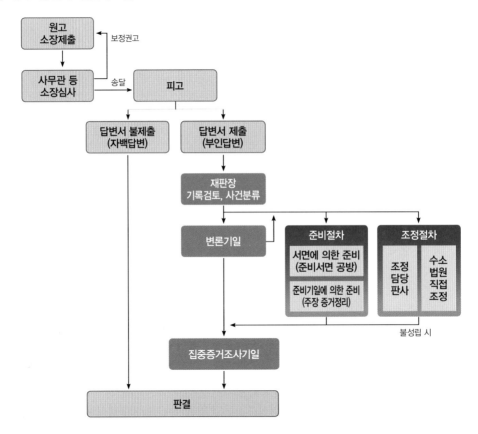

### (2) 특허형사소송

특허권자등은 특허권 또는 전용실시권을 침해한 자에 대해서 관할 경찰서나 검찰청에 형사고소를 할 수 있다. 침해로 인정된 자에 대해서는 7년 이하의 징역 또는 1억 원 이하의 벌금에 처한다. 특허침해죄는 친고죄(親告罪)이므로 특허권자 또는 전용실시권자가 직접 고소하여야 한다. 고소기간은 범인을 안 날로부터 6개월 이내이며, 절차는 형사소송법에 의한다.

---

[230] 예 사죄광고 게재 등

**[그림 5-9] 형사소송절차 흐름도**

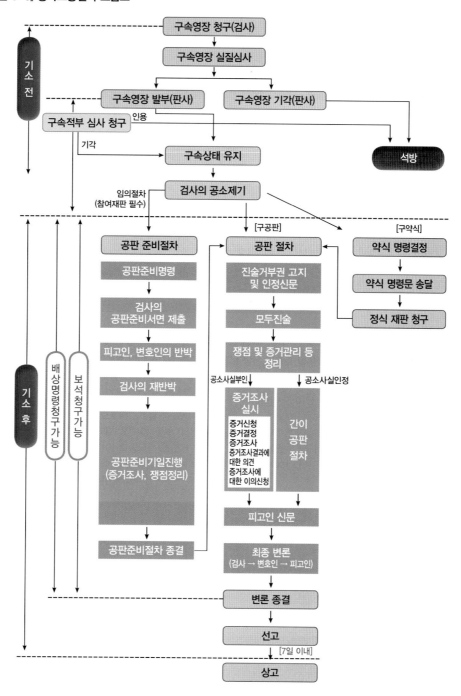

특허 등 산업재산권은 그 권리자가 산업재산권의 대상이 되는 발명이나 고안, 상표, 디자인 등을 독점적으로 실시 또는 사용하고, 타인의 실시 또는 사용을 배제할 수 있는 독점배타권이다. 따라서 연구결과에 대한 독점권을 얻고자 산업재산권을 획득한 경우 타인이 권리를 무단으로 침해하지 않도록 감시하고 침해에 대한 책임을 물을 필요가 있다.

또한 반대로 내가 실시하거나 사용하고 있는 발명이나 고안, 상표, 디자인 등이 타인의 산업재산권을 침해하지 않는지 항상 주의하여야 하고 타인으로부터 산업재산권 침해 경고를 받게 된 경우에 대한 대비책을 준비해두어야 한다.

산업재산권 중 특허권[231]을 중심으로 침해의 의의와 침해 판단방법, 침해의 예외 등에 대해 살펴본다.

> **Tip 상표권과 디자인권의 침해**
>
> **1. 상표권**
> ① 침해의 의의 : 상표권자 이외의 자가 법률상 정당한 권원 없이 등록된 상표와 동일 또는 유사한 상표를 그 지정상품과 동일 또는 유사한 상품에 사용하는 것을 의미한다.
> ② 침해 요건 : i) 정당한 권원 없는 타인이 ii) 등록된 상표와 iii) 동일 또는 유사한 상표를 iv) 동일 또는 유사한 상품 또는 서비스업에 v) 출처표시로서 사용하되, vi) 그와 같은 사용이 상표권 효력 제한사유[232]에 해당하지 않는 경우 상표권 침해로 판단된다.
>
> **2. 디자인권**
> ① 침해의 의의 : 제3자가 정당한 권원 없이 등록의장 또는 이와 유사한 의장을 업으로서 실시하는 것을 의미한다.
> ② 침해 요건 : i) 정당한 권원 없는 타인이 ii) 등록된 디자인과 iii) 동일 또는 유사한 디자인을 iv) 산업적 수요에 응하여 계속적으로 영위할 의사로 v) 디자인 물품을 생산·사용·양도·대여 또는 수입하거나 양도 또는 대여의 청약을 하는 경우 디자인권 침해로 판단된다.

---

[231] 실용신안권의 침해는 특허권과 유사하다.

[232] ① 자신의 성명, 명칭, 상호 등을 보통으로 사용하는 방법으로 표시하는 상표로서 부정경쟁의 목적이 없는 경우, ② 상품의 보통명칭, 성질 등을 보통으로 사용하는 방법으로 표시하는 상표, ③ 입체적 형상을 포함하여 등록된 상표에 대하여 식별력 없는 입체적 형상 부분만 유사성이 인정되는 상표, ④ 관용상표 또는 현저한 지리적 명칭, ⑤ 상품의 포장 기능을 확보하는데 불가결한 입체적 형상이나 색채 또는 색채의 조합으로 이루어진 상표 등

# 1 특허침해의 의미와 유형

## 1. 의미

특허침해란 정당한 권원이 없는 자가 유효하게 존속 중인 특허권의 특허청구범위에 기재된 기술과 동일하거나 균등한 범위의 발명을 특허권이 존속하고 있는 국가 내에서 업으로서 실시[233]하는 것을 의미한다.

특허침해는 그 실시 형태에 따라 크게 직접침해와 간접침해로 나눌 수 있다. 직접침해는 청구범위에 기재된 발명과 동일하거나 균등한 발명을 실시하는 경우이고 간접침해는 직접적인 침해로 보기는 어려우나 침해의 예비단계로서 그대로 방치하면 침해로 이어질 개연성이 높은 예비적 행위이다.

## 2. 특허청구범위의 해석

### (1) 의미

특허침해는 위에서 살펴본 것처럼 특허청구범위에 기재된 기술과 동일하거나 균등한 범위의 발명을 실시하는 것으로서 특허청구범위를 판단 기준으로 하고 있다. 즉, 타인이 실시하는 발명을 특허청구범위에 기재된 기술과 비교하여 특허권의 침해 여부를 판단하므로 특허청구범위의 해석이 매우 중요하다.

특허청구범위의 해석이란 특허청구범위 전체의 문맥을 고려하여 특허 침해 여부를 판단하는 일련의 과정을 의미하며 이와 같은 특허청구범위 해석을 위한 일반 원칙으로 특허청구범위 기준의 원칙, 발명의 상세한 설명 참작의 원칙, 출원경과참작의 원칙이 있다.

---

[233] ① 청구범위의 말미가 물건(~ 하는 조성물)으로 끝나는 물건발명에 대해 해당 물건을 생산(제조)·사용·양도(판매)·대여, 수입하거나 양도 또는 대여의 청약(전시 포함)하는 행위
② 청구범위의 말미가 방법(~ 조성물을 ~하는 방법)으로 끝나는 방법발명에 대해 해당 방법을 사용하는 행위
③ 청구범위의 말미가 제조방법(~ 조성물을 제조하는 방법)으로 끝나는 제조방법발명에 대해 해당 방법을 사용하는 행위 이외에 그 제조방법에 의해 생산된 물건을 사용·양도·대여·수입하거나 양도 또는 대여의 청약(전시 포함)하는 행위

## (2) 특허청구범위 해석을 위한 원칙

### (가) 특허청구범위 기준의 원칙

청구범위의 해석은 특허청구범위를 기준으로 해석한다. 따라서 특허출원명세서의 발명의 상세한 설명에만 기재되어 있고, 특허청구범위에 기재되어 있지 않은 발명은 특허권의 권리범위가 미치지 않는다.

### (나) 발명의 상세한 설명 참작의 원칙

특허청구범위에 기재된 사항이 불분명하거나 추상적으로 기재되어 판단이 애매한 경우 특허출원 명세서의 발명의 상세한 설명이나 도면을 참작하여 보호범위를 판단한다. 다만, 특허청구범위에 기재된 사항보다 확장하여 해석할 수는 없다.

### (다) 출원경과 참작의 원칙

특허출원 과정에서 출원인이 표시한 의사 및 특허청이 표시한 견해를 참작하여 보호범위를 판단한다. 즉, 출원인이 특허출원 과정에서 보정서 및 의견서 등에서 출원발명의 내용을 감축하여 한정한 사항을 나중에 다시 원래의 범위로 해석하는 등 자신의 주장을 뒤집는 것은 허용되지 않는다.

## 3. 직접침해의 판단

### (1) 직접침해의 의미

특허청구범위에 기재된 문언 자체와 침해 대상물을 비교하였을 때, 침해 대상물이 특허청구범위에 기재된 내용을 그대로 포함하는 경우를 의미한다. 이는 다시 문언적 침해와 균등침해로 구분할 수 있다.

### (2) 문언적 침해의 판단 – 구성요건 완비의 법칙(All Element Rule)

특허청구범위에서 발명을 이루는 각각의 요소를 구성요소(Element)라고 하는데, (가)호발명(침해대상물)[234]이 특허청구범위에 기재된 모든 구성요소를 포함하는 경우 특허침해가 성립한다는 원칙을 '구성요건 완비의 법칙'이라고 한다. 또한 이와 같이 특허청구범위에 기재된 모든 구성요소와 동일한 요소를 포함하는 경우를 '문언적 침해'로 구분한다.

이에 따르면 (가)호발명이 특허발명의 구성요건과 동일한 구성요소를 가지고 있는 경우이거나 특허발명의 구성요건과 다른 구성요소를 추가로 가지고 있는 경우 침해가 성립되지만, 특허발명의 구성요건 중 일부를 가지고 있지 않는 경우 침해가 성립되지 않는다.

---

[234] 침해가 의심되는 발명으로서, 특허권 침해 여부의 판단 대상이 되는 발명

### (3) 균등침해의 판단 - 균등론(Doctrine of Equivalent)

균등론이란 침해대상물이 특허청구범위에 기재된 발명과 완전히 일치하지는 않지만, 그 구성요소 중 일부가 균등관계에 있는 경우에는 (가)호발명이 특허발명의 보호범위에 속한다고 판단하는 이론이다. 많은 침해자가 발명의 비교적 경미한 구성을 변형하여 침해를 회피하고자 하는 반면, 특허권자가 모든 형태의 변형 실시예를 예측하여 청구범위를 기재하는 것은 어렵기 때문에 특허권자를 보호하기 위한 이론이다. 또한 균등론에 따라 특허발명과 균등한 것으로 판단되어 특허권의 침해를 이루는 경우를 균등침해로 구분한다.

> **Tip  균등론의 적용 요건**
>
> (가)호발명이 특허발명의 구성요소 중 일부를 변형(치환)하여 실시하더라도 ① 기술적 사상 내지 과제의 해결원리가 공통하거나 동일하고 ② 치환된 요소가 특허발명의 요소와 실질적으로 동일한 작용효과를 가며 ③ 그러한 치환이 당업자에게 자명하면 균등론이 적용된다. 단, 확인대상발명이 출원 시 공지기술인 경우와 치환된 요소가 특허권자가 의식적으로 제외한 사항이라면 균등론의 적용이 배제된다.

## 4. 간접침해의 판단

### (1) 간접침해의 의미

현재 특허권을 침해하고 있지는 않으나 그대로 방치하면 침해로 이어질 개연성이 높은 예비적 행위, 예컨대 특허발명의 구성부품만을 업으로서 판매하면서 개인이 최종 조립을 하도록 유도하는 등의 행위는 특허권자에게 손해를 미칠 우려가 매우 크다. 이와 같이 특허발명 자체의 실시(직접침해)는 아니라도 직접침해의 전 단계로 침해의 개연성이 높은 일정한 행위를 간접침해라 한다.

### (2) 간접침해의 요건

#### (가) 물건발명

물건의 생산 '에만' 사용하는 물건을 생산·양도·대여·수입 또는 청약하는 경우에 물건발명에 대한 간접침해가 성립한다. 예를 들어 엔진에 특허가 있는 경우, 그 엔진에만 사용하는 피스톤을 생산·양도·대여·수입 또는 청약하는 행위 등이다.

#### (나) 방법발명

방법의 실시 '에만' 사용하는 물건을 생산·양도·대여·수입 또는 청약하는 경우에 성립한다. 예를 들어, A라는 조성물을 사용하여 반도체 웨이퍼기판을 세정하는 방법에 대한 특허가 있고, A라는 조성물이 다른 용도가 없고 기판 세정에만 사용되는 경우 A를 생산·양도·대여·수입 또는 청약하는 행위는 간접침해에 해당한다.

**간접침해 관련 대법원 판시 사례**

특허법 제127조제1호는 이른바 간접침해에 관하여 '특허가 물건의 발명인 경우에는 그 물건의 생산에만 사용하는 물건을 생산·양도·대여 또는 수입하거나 그 물건의 양도 또는 대여의 청약을 하는 행위를 업으로서 하는 경우에는 특허권 또는 전용실시권(이하 '특허권'이라고 한다)을 침해하는 행위로 본다.'고 규정하고 있다.

이는 발명의 모든 구성요소를 가진 물건을 실시한 것이 아니고 그 전 단계에 있는 행위를 하였더라도 발명의 모든 구성요소를 가진 물건을 실시하게 될 개연성이 큰 경우에는 장래의 특허권 침해에 대한 권리 구제의 실효성을 높이기 위하여 일정한 요건 아래 이를 특허권의 침해로 간주하더라도 특허권이 부당하게 확장되지 않는다고 본 것이라고 이해된다. 위 조항의 문언과 그 취지에 비추어 볼 때, 여기서 말하는 '생산'이란 발명의 구성요소 일부를 결여한 물건을 사용하여 발명의 모든 구성요소를 가진 물건을 새로 만들어내는 모든 행위를 의미하므로, 공업적 생산에 한하지 않고 가공, 조립 등의 행위도 포함된다고 할 것이다.(대법원 2002. 11. 8. 선고 2000다27602 판결 등 참조)

나아가 특허 물건의 생산'에만' 사용하는 물건에 해당되려면 사회통념상 통용되고 승인될 수 있는 경제적, 상업적 내지 실용적인 다른 용도가 없어야 할 것이고, 이와 달리 단순히 특허 물건 이외의 물건에 사용될 이론적, 실험적 또는 일시적인 사용가능성이 있는 정도에 불과한 경우에는 간접침해의 성립을 부정할 만한 다른 용도가 있다고 할 수 없다.(대법원 2001. 1. 30. 선고 98후2580 판결 참조)

## 5. 특허권의 침해가 아닌 경우

### (1) 연구 또는 시험 목적의 실시

연구 또는 시험을 하기 위한 특허발명의 실시에는 특허권의 효력이 미치지 않는다. 따라서 연구 또는 시험만을 목적으로 특허발명을 실시하더라도 특허권의 침해를 구성하지 않는다. 이는 연구 또는 시험 목적의 특허발명 실시가 영리를 목적으로 하지 않으므로 특허권자에게 불이익을 초래하지 않을 뿐 아니라 학술의 진보발전을 도모하기 위함이다[235].

### (2) 국내를 통과하는데 불과한 선박, 항공기, 차량 등

단순히 국내를 통과하는데 불과한 선박, 항공기, 차량 또는 이에 사용되는 기계, 기구, 장치 기타의 물건은 우리나라를 통과할 뿐 특허권자에게 주는 손해가 없고, 이와 같은 경우까지 특허권의 효력이 미친다고 하면 우리나라를 경로로 하는 교통과 물류수송 등에 차질이 발생하기 때문에 효력을 제한한다.

---

[235] 특허발명 자체에 대한 시험 또는 연구인 경우에만 특허권의 효력이 제한되는 것이고, 다른 목적의 시험 또는 연구를 하면서 특허발명을 실시하는 경우까지 특허권이 미치지 않는 것은 아니므로 주의해야 한다.

### (3) 특허출원 시부터 국내에 있는 물건

특허출원 시에 이미 국내에 존재하고 있던 물건에 까지 특허권이 효력이 미친다고 하면 법적 안정성을 현저하게 해할 뿐 아니라 그로 인해 특허권자의 이익을 특별히 해친다고 보기 어렵기 때문에 특허권의 효력을 제한한다[236].

### (4) 약사법에 의한 조제행위와 그 조제에 의한 의약

2 이상의 의약을 혼합함으로써 제조되는 의약의 발명 또는 2 이상의 의약을 혼합하여 의약을 제조하는 방법의 발명에 관한 특허권의 효력은 약사법에 의한 조제하는 행위 및 그 조제에 의한 의약에는 미치지 않는다[237].

---

[236] 특허출원 시에 이미 국내에 공개된 상태로 특허발명과 동일한 물건이 존재했다면, 특허가 등록되었더라도 특허발명의 신규성을 인정할 수 없는 경우가 되어 특허권을 무효시킬 수 있고, 특허권을 무효로하지 않더라도 해당 물건의 사용자는 선사용권을 갖는다. 따라서 실제 본 규정은 해당 물건이 비밀상태로 존재하였던 경우에 의미가 있다.

[237] 2 이상의 의약을 화학 반응시켜 얻어지는 의약에까지 특허권의 효력이 제한되는 것은 아니다.

## 2 특허권 침해에 대한 대응방법

### 1. 특허권 침해에 대한 대응절차

타인의 특허권 침해에 대한 대응절차는 다음 도면으로 요약될 수 있다.

[그림 5-10] **특허침해에 대한 대응절차**

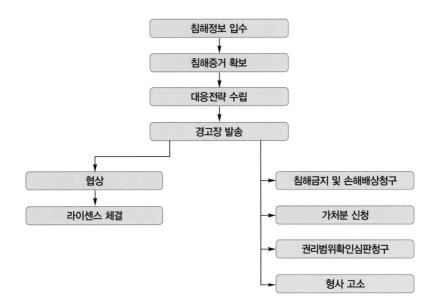

#### (1) 침해정보 입수

특허권자는 경쟁사의 인터넷 홈페이지나 기사, 박람회 등을 조사하여 타인의 특허권 침해에 대한 정보를 입수할 수 있다.

#### (2) 침해증거 확보

특허권 침해에 대한 정보를 입수하면 침해가 의심되는 물품을 확보하고, 물품과 관련된 각종 기사나 카탈로그 등의 자료를 모아 침해 입증에 노력해야 한다. 또한 물품의 생산이나 판매 사실 등을 입증할 수 있는 자료가 있으면 침해 경고장 발송전에 미리 확보하는 것이 좋다.

### (3) 대응전략 수립

침해 경고장을 발송하기 전에 우선 침해가 의심되는 물품 등이 특허발명과 동일한지, 즉 특허권을 실제로 침해하는 것인지 여부를 명확하게 검토하여야 한다[238]. 특허권의 침해라고 판단되는 경우[239], 협상을 통한 특허권 이전이나 라이센스 허여, 또는 민·형사소송을 통한 법적구제 등의 대응방안을 수립한다.

### (4) 경고장 발송

구체적인 대응방안이 수립되면 특허발명을 실시하고 있는 타인에게 특허등록번호, 현재 특허발명을 실시 중인 사실, 향후 조치 계획 등의 내용을 포함하는 경고장을 내용증명 우편으로 발송한다.

## 2. 침해에 대한 구체적인 대응방안

### (1) 침해금지 및 손해배상청구

특허권자는 침해 또는 침해할 우려가 있는 제3자를 상대로 침해금지청구 소송 또는 침해예방청구소송을 진행할 수 있다. 이 경우 특허권자는 침해행위를 조성한 물건 및 침해행위에 제공된 설비의 폐기나 제거를 함께 청구할 수 있다.

또한 침해자에게 고의 또는 과실이 인정되는 경우 손해배상을 함께 청구할 수 있다. 다만 손해배상청구 소송은 그 손해 또는 침해자를 안 날로부터 3년, 침해행위가 있는 날로부터 10년 내에 청구하여야 한다.

### (2) 가처분[240] 신청

침해자의 침해에 대한 증거 인멸을 방지하거나 소송지연에 따른 불이익을 제거하기 위하여 특허권자 또는 전용실시권자는 제3자에게 침해품 생산 중지 또는 판매 중지의 가처분을 신청할 수 있다. 다만, 가처분 결정이 내려지는 경우 제3자는 큰 타격을 입게 되므로 엄격하게 판단하는 경향이 있어 승소하기가 쉽지 않다는 단점이 있다.

---

[238] 변리사 등 전문가에게 침해 여부를 감정 받는 것이 바람직하다.
[239] 특허권 침해가 아님에도 불구하고 부당하게 경고장을 발송하여 타인이 실시행위를 중단하였을 경우 추후 침해가 아니라고 결정되면 타인의 실시중단에 따른 손해배상책임을 질 수 있다.
[240] 금전채권 이외의 특정의 지급을 목적으로 하는 청구권을 보전하기 위하거나 또는 쟁의(爭議) 있는 권리관계에 관하여 임시의 지위를 정함을 목적으로 하는 재판

### (3) 적극적 권리범위확인심판

분쟁을 조기에 해결하고, 민사 또는 형사 소송에서 침해 여부에 대한 보다 명확한 판단기준을 제공할 목적으로 특허권자 또는 전용실시권자는 제3자가 실시하고 있는 확인대상발명이 자신의 특허권의 권리범위에 속한다는 취지의 심결을 구하는 심판을 청구할 수 있다.

### (4) 형사고소

특허발명을 고의로 실시하고 있는 자에 대해서는 관할 경찰서에 침해죄로 고소할 수 있다. 침해죄가 확정되면 7년 이하의 징역 또는 1억 원 이하의 벌금형[241]이 처해진다. 또한 종업원이 침해한 경우 그 사용자도 함께 처벌을 받는다. 다만 이 경우 사용자는 벌금형만 부과된다[242].

### (5) 화해·중재·조정

특허권자와 특허권의 침해 주장을 받은 자는 서로 화해하거나, 중재[243] 또는 조정[244]제도에 의해 간소한 절차로 서로 양보와 합의를 할 수 있다. 이 경우 특허권자는 상대방에게 특허 라이센스를 허여하여 경제적 수익을 얻을 수도 있다.

> **Tip** **특허등록 전의 권리보호**
>
> 특허가 등록되기 전이라도 특허출원된 발명을 일정범위 내에서 보호받을 수 있다. 특허출원인은 출원공개가 있은 후, 그 특허출원된 발명을 업으로서 실시한 자에게 특허출원된 발명임을 서면으로 경고한 후, 발명을 실시한 자가 그 경고를 받거나 출원공개된 발명임을 안때로부터 특허권의 설정등록시까지의 기간동안 그 특허발명의 실시에 대하여 통상 받을 수 있는 금액에 상당하는 보상금을 청구할 수 있다. 다만 보상금청구권은 특허출원이 등록된 이후에만 행사할 수 있다. 특허권이 설정등록된 이후에는 특허권을 행사할 수 있으므로, 보상금청구권은 설정등록 이전까지의 실시행위에 대해서만 인정된다.

---

[241] 특허법 제225조 침해죄
[242] 특허법 제230조 양벌규정
[243] 분쟁해결을 법원의 판결에 의하지 아니하고 제3자인 중재인의 판정에 의하는 것으로서 중재인의 판정은 법원의 확정판결과 동일한 효력을 갖는다.
[244] 소송에 비하여 저렴하고 간이한 절차로 당사자 간 합의를 유도하는 제도이다.

## 3 특허권 침해경고에 대한 대응방법

### 1. 특허권 침해경고에 대한 대응절차

특허권자 등으로부터 특허권 침해경고를 받은 경우, 그에 대한 대응절차는 다음 도면으로 요약될 수 있다.

[그림 5-11] **특허 침해경고에 대한 대응절차**

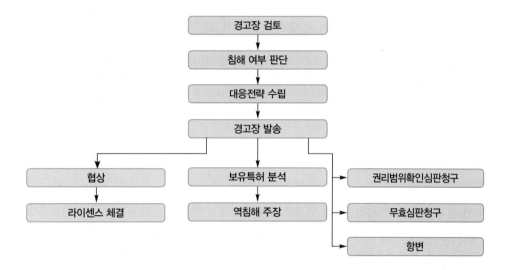

### (1) 경고장 검토

특허권 침해 경고장을 받은 경우 경고장을 발송한 자가 권리자인지, 유효한 특허권이 존재하고 있는지 등 경고요건을 만족하는지 여부를 확인한다.

또한 특허권자가 경쟁업체인지 또는 특허괴물, 개인, 대학 등인지 여부를 확인하여 경고장을 발송한 의도가 무엇인지 파악하는 것이 중요하다. 권리자가 라이센스 체결을 원하는 경우와 침해의 중단을 원하는 경우 등 권리자의 의도가 무엇인지 여부에 따라 그 대응방법이 달라질 수 있으므로, 권리자가 침해 경고장을 발송한 의도를 파악하는 것이 바람직하다.

## (2) 침해 여부 판단

경고장을 받은 후 경고장에 기재된 등록특허의 특허청구범위를 중심으로, 실시 중인 발명이 특허발명의 보호범위에 포함되는지 여부를 판단한다. 이때 특허권이 등록될 때까지 특허출원과정에서 제출되거나 특허청에서 통지된 서류들을 검토하여 경고를 받은 자가 실시 중인 발명을 출원인이 자신의 권리에서 의식적으로 제외한 사실이 있는지 판단한다[245].

---

**관련 사례** 🖎

**의식적 제외에 대한 대법원 판시 사례**

특허출원인 내지 특허권자가 특허의 출원·등록과정 등에서 대상제품을 특허발명의 특허청구범위로부터 의식적으로 제외하였다고 볼 수 있는 경우에는 대상제품이 특허발명의 보호범위에 속하여 그 권리가 침해되고 있다고 주장하는 것은 금반언의 원칙[246]에 위배되므로 허용되지 아니한다. 그리고 대상제품이 특허발명의 출원·등록과정 등에서 특허발명의 특허청구범위로부터 의식적으로 제외된 것에 해당하는지 여부는 명세서뿐만 아니라 출원에서부터 특허될 때까지 특허청 심사관이 제시한 견해, 특허출원인이 제출한 보정서와 의견서 등에 나타난 특허출원인의 의도 등을 참작하여 판단하여야 한다.(대법원 2002. 9. 6. 선고 2001후171 판결, 2006. 6. 30. 선고 2004다51771 판결 등 참조)

---

## (3) 대응전략 수립

특허권 침해 여부에 따라 특허침해의 경고를 받은 자가 대응할 수 있는 방법이 달라질 수 있다. 우선 경고 받은 자가 특허권자의 권리를 침해하고 있는 것으로 판단된 경우에는 권리자가 침해 경고를 한 의도에 따라 대응전략이 달라질 수 있다. 또한 특허권자의 권리를 침해하지 않는 것으로 판단된 경우 특허권자의 침해 주장에서 벗어나기 위한 적절한 전략을 선택하는 것이 중요하다.

# 2. 구체적인 대응전략

## (1) 특허권 침해 주장이 타당하다고 판단되는 경우

침해 여부의 검토결과, 경고를 받은 자가 실제로 특허권을 침해하고 있는 것으로 판단되는 경우, 특허권자의 경고 의도에 따라 여러 가지 방법으로 대응할 수 있다.

### (가) 실시 중지 및 회피설계

침해 주장이 타당하다고 판단된 경우 일단 실시를 중지한다. 다만, 실시를 중지한 경우에도 과거의 실시행위에 대해서 특허권자가 손해배상을 청구할 수 있다. 그리고 향후 실시를 위하여 특허권에 저촉되지 않도록 청구항의 일부 구성요소를 실시하지 않거나, 다른 내용으로 치환하여 사용할 수 있는지 여부를 검토한다.

---

[245] 특허출원인이나 특허권자가 특허의 출원경과 중 특허청구범위에서 의식적으로 제외한 부분에 대하여 특허등록 후 권리를 주장하는 것은 '금반언의 원칙'에 위배되어 허용되지 않는다.
[246] 행위자가 일단 특정한 표시를 한 이상 나중에 그 표시를 부정하는 주장을 하여서는 안된다는 원칙

### (나) 협상을 통한 라이센스 또는 특허권 이전 계약 체결

특허권자와 라이센스 계약을 체결하거나, 특허권자의 특허를 적극적으로 매입한다. 한편 대응 특허가 존재하는 경우 대응 특허를 활용하여 크로스 라이센스[247]를 체결한다.

### (다) 대응특허 검토

특허권자가 실제 실시하고 있는 제품을 분석하고 상기 특허권자의 제품이 침해가 될 수 있는 특허를 보유하고 있는지 여부를 검토한다. 만일 제3자가 이와 같은 특허를 가지고 있는 경우 매입하거나 전용·실시권[248] 등을 설정하여 협상에 활용한다.

## (2) 특허권 침해 주장이 부당하다고 판단된 경우

### (가) 권리범위확인심판 청구

분쟁의 조기 해결 및 민사 또는 형사 소송의 판단기준의 제공을 목적으로, 자신이 실시하고 있는 확인대상 발명은 문제가 되고 있는 특허발명의 보호범위에 속하지 않는다는 취지의 심결을 구하는 심판을 청구할 수 있다.

### (나) 특허무효심판 청구

특허에 대한 선행기술을 조사하여 무효가 가능하다고 판단되면, 무효 심판을 청구할 수 있다. 이 때, 심사과정을 고려할 필요가 있고, 동일한 특허가 타국에 출원(Family 특허)되어 있다면 각국의 심사과정도 함께 고려할 필요가 있다.

### (다) 답변서 제출 및 항변

침해가 성립하지 않는다는 취지의 답변서를 제출하여 침해 주장으로부터 벗어나고자 할 수도 있다. 침해제품이 정당한 권리자로부터 구입한 경우 침해가 성립되지 않으므로[249] 이와 같은 주장을 하거나, 연구 또는 시험을 위한 실시로 특허권의 침해에 해당하지 않는다고 주장하거나, 특허법에서 규정하고 있는 각종 실시권이 존재하고 있다고 항변하거나[250], 특허권이 무효라고 항변하거나, 해당 특허의 출원일 이전에 공지된 발명을 실시하고 있다고 주장[251]하는 등 침해가 성립되지 않는다는 주장을 특허권자에게 전달할 수 있다. 이와 같은 답변서 제출에도 불구하고 특허침해소송 등 분쟁이 발생하는 경우에도 동일한 항변을 제출하여 침해 주장에서 벗어날 수 있다.

---

[247] Cross-License : 특허실시 계약 당사자들이 자기가 가진 특허권 등에 관하여 상호 간에 실시권을 상호 부여하는 일
[248] 특허권자가 그 특허발명에 대하여 기간·상소 및 내용의 세한을 기하여 다른 사람에게 독점적으로 허락한 실시권
[249] 소모이론
[250] 무효의 항변
[251] 자유기술의 항변

# 심화학습

연구기관 甲의 책임자인 연구원 乙은 지난 1년 동안 조성물 A를 이용한 의약(발명 I)에 대해 연구하여 최근 그 약리효과를 입증할 수 있는 실험 데이터를 얻었다. 그리고 이와 같은 연구 결과를 논문으로 작성하였으며, 작성된 논문의 내용을 며칠 후에 있을 학술세미나에서 발표할 예정이다.

한편 乙은 조성물 A를 단독으로 사용하는 경우보다 첨가제 a를 혼합하여 사용하는 경우 의약의 약리효과가 더 향상될 것으로 추정하고, 조성물 A+a를 이용한 의약(발명 Ⅱ)에 대한 연구도 병행하여왔다. 조성물 A+a를 이용한 의약에 대한 연구는 乙의 주도로 다른 연구원 丙과 丁이 실험 보조자로 참여하고 있다. 아직 실험 데이터는 획득하지 못하였으나, 이에 대한 실험도 몇 달 내에 완료할 계획이다.

乙은 지난 1년 동안 이루어진 연구결과가 기존의 의약과 비교하여 부작용이 적고 효과도 뛰어나 시장에서 성공할 것으로 확신하고 있으며, 우리나라 뿐 아니라 해외에서도 개발한 의약에 대하여 연구기관 甲의 독점적인 권리를 인정받고 싶다.

乙이 발명 I과 발명 Ⅱ를 보호받기 위한 가장 적절한 조치는?

발명 I과 발명 Ⅱ에 대한 연구기관 甲의 독점적인 권리를 인정받기 위해서는 국내외에서 두 발명에 대한 특허권을 모두 획득하여야 한다. 현재 발명 I만 완성된 상태에서 발명 Ⅱ의 완성 시까지 乙이 관리 감독상 주의할 점을 알아보고, 발명 I과 발명 Ⅱ을 단계적으로 출원하여 특허등록받기 위해 필요한 조치를 살펴본다.

## I. 발명 I에 대한 권리의 획득

### 1. 논문 발표와 특허출원 시점

乙은 논문의 발표 이전에 발명 I을 특허출원하는 것이 유리하다. 논문 발표 시점으로부터 12개월 내에 자신의 논문 발표 행위에 대하여 신규성 의제를 주장하면서 특허출원을 하면 자신의 논문 발표 행위에 의하여 특허출원된 발명의 신규성이 부정되지는 않으나, 그 기간 내에 타인이 발명 I을 공개하는 경우 특허등록이 거절될 수 있고, 추후 국내출원을 기초로 우선권주장을 하는 경우 신규성 의제를 받기 위해서 국내출원 후 1년 이내가 아닌 논문발표 시점에서 12개월 또는 6개월 (중국, 일본 등) 내에 외국에 출원을 해야 하는 등 외국에서 권리획득에 불리해질 수 있기 때문에, 논문 발표 이전에 특허출원을 하는 것이 바람직하다.

## 2. 출원일의 확보

다만 논문 발표 시점까지 시간이 얼마 남지 않았기 때문에 명세서를 충실히 기재하기 어렵다면 乙은 논문 내용을 발명의 설명에 기재하고 청구범위 기재를 생략하거나 간소하게 기재한 명세서를 특허출원서에 첨부하여 제출함으로써 특허출원일을 먼저 확보하는 것이 바람직하다. 이 경우, 추후 청구범위를 기재하는 보정을 할 수도 있으나 출원일로부터 1년 이내에 국내우선권주장출원을 함으로써 보다 완벽한 명세서를 바탕으로 특허 확보를 도모할 수 있다.

# Ⅱ. 발명 Ⅱ에 대한 권리의 획득

## 1. 출원 전 관리감독

발명 Ⅱ는 아직까지 실험 데이터를 획득하지 못하였기 때문에 미완성 발명으로 인정될 여지가 크고, 따라서 실험 데이터를 획득하여 발명이 완성될 때까지 발명의 내용을 비밀로 유지하여야 한다. 그러므로 乙은 丙 및 丁과 연구기관 甲 사이의 비밀유지계약을 체결하도록 하여 발명 내용이 외부로 누설되지 않도록 하는 것이 좋다.

또한 의약에 대한 연구의 진행상황을 연구노트로 기록해 미국에서 타인보다 먼저 발명한 것임을 입증하거나 특허권 이전을 추진할 때 유용한 자료로 활용할 수 있다.

## 2. 우선권 주장 출원

발명 Ⅱ는 발명 I에 대한 개량발명이므로 발명 I에 대한 특허출원을 기초로 우선권 주장 출원을 할 수 있다. 그러나 우선권 주장의 기초 출원은 취하 간주되므로 우선권 주장 출원의 명세서에 발명 I과 발명 Ⅱ에 대한 내용을 모두 기재하여 두 발명에 대한 특허권을 모두 취득할 수 있도록 하는 것이 바람직하다. 이를 위하여 발명 Ⅱ에 대한 연구를 발명 I에 대한 특허출원일로부터 1년 내에 마무리하여야 한다. 그러나 첨가제 a를 첨가함으로써 발명 I과 비교하여 발명 Ⅱ에 새롭거나 현저한 효과가 나타났다면 반드시 우선권 주장을 수반하여야 하는 것은 아니다.

## Ⅲ. 해외에서의 권리 획득

위에 설명한 바와 같이 발명 Ⅰ과 발명 Ⅱ에 대한 국내출원을 완료하면, 이를 기초로 우선권 주장하여 해외에서 특허출원할 수 있다. 乙은 발명 Ⅰ과 발명 Ⅱ에 의한 의약의 주요 시장국가와, 유사한 의약을 제조하는 제조사가 밀집한 국가 등을 조사하여, 특허권을 획득할 국가를 선택한 후, 해당국의 특허청에 직접 특허출원하는 방법과 PCT 국제출원을 통하여 특허출원하는 방법 중 적절한 방법에 따라 출원절차를 진행해야 한다. 이때 선택된 국가의 특허청에 직접 특허출원하는 경우와 PCT 국제출원을 하는 경우 모두 우선권 주장의 기초가 되는 최초의 출원일로부터 1년 내에 출원하여야 하므로, 해당 발명을 최초로 출원한 때로부터 1년 내에 출원이 이루어질 수 있도록 신경 써야 한다.

연구기관 甲의 책임자인 연구원 乙은 발명 Ⅰ과 발명 Ⅱ 모두에 대한 유효한 권리를 획득하기 위하여 출원 전에는 발명이 공개되지 않도록 하고, 연구실 내 관리·감독을 철저히 하여야 한다. 가능하다면 논문 발표 이전에 특허출원이 되도록 함으로써 논문 발표로 인한 권리확보의 불이익을 방지하는 것이 바람직하다. 또한 발명의 완성도가 높아지고 개량될 때마다 기존 출원을 기초로 우선권 주장 출원하여 특허요건 판단 시점이 최초 출원일로 소급할 수 있도록 할 수 있다. 나아가 해외에서의 권리 획득을 위한 적절한 루트를 선택하여 타국에서의 출원절차를 진행할 수 있다.

## CASE STUDY ❷

1. 甲은 2009년 8월 3일에 A발명을 특허출원하면서 심사청구 하였고, 2010년 10월 11일에 거절결정서를 받았다. 거절결정서에는 甲의 출원 이전에 공개된 인용발명 A'에 의하여 A발명의 진보성이 부정된다는 심사관의 최종적인 판단이 기재되어 있었다. 그러나 갑은 심사관의 이와 같은 판단이 잘못되었다고 판단하여 심사관의 거절결정에 불복하고자 한다. 앞으로 甲이 취할 수 있는 법적 조치는?

2. 甲은 乙이 2010년 3월 1일에 A발명을 특허출원하고 우선심사청구하여 2010년 10월 30일에 乙의 특허가 등록 결정된 사실을 알게 되었다. 乙의 특허출원이 특허법 제36조의 선출원주의와 특허법 제29조제3항의 확대된 선원주의에 위반됨에도 불구하고 등록되었을 때 甲이 乙의 특허등록에 대하여 취할 수 있는 법적 조치는?

3. 甲이 심사관의 거절결정에 불복하여, 甲의 특허출원이 최종적으로 등록되었다. 그런데 甲은 丙이 A발명을 甲의 허락 없이 실시하고 있다는 사실을 알게 되었다. 甲이 丙에게 특허권 침해의 책임을 묻자, 丙은 자신이 실시하고 있는 발명은 甲의 특허발명인 A발명이 아니고, A"발명이라고 주장하였다. 하지만 甲은 丙이 실시하는 A"발명도 자신의 특허권에 포함된다고 생각되었다. 이에 대하여 甲이 취할 수 있는 법적 조치는?

甲이 자신의 특허출원을 등록받기 위하여, 乙의 흠결 있는 특허등록을 무효화하기 위하여, 丙이 실시하는 발명이 자신의 권리범위 내에 포함되는지 여부를 확인하기 위하여 각각 이용할 수 있는 특허심판제도와 심결취소소송에 대해 알아본다.

1. 우선 甲은 자신의 특허출원에 대한 심사관의 거절결정에 불복하여 거절결정서를 송달받은 2010년 10월 11일로부터 30일이 되는 2010년 11월 10일까지 특허심판원에 거절결정불복심판을 청구할 수 있다. 다만 이 기간까지 심판을 청구할 수 없는 경우에는 30일 내의 기간 연장을 신청할 수도 있다. 또는 동일한 기간 내에 특허청에 재심사[252]를 청구할 수도 있다. 이 경우 甲은 명세서나 도면을 보정하여야 한다.

   甲이 청구한 거절결정불복심판에 대하여 특허심판원의 심판관합의체가 기각심결을 내리면 甲은 이와 같은 기각심결에 대해 다시 특허법원에 심결취소소송을 제기하여 불복할 수도 있다. 특허법원에서도 甲이 패소하면 대법원에 상고하여 심결에 대해 최종적으로 다툴 수 있다. 한편 재심사를 청구한 경우, 특허청 심사관은 보정된 명세서와 도면을 기초로 甲의 출원을 재심사하여 거절이유가 해소된 경우 특허등록결정을 하고 거절이유가 해소되지 않은 경우 다시 거절결정한다. 다시 거절결정서를 받은 경우에는 재심사를 청구하지 못하고 거절결정불복심판에 의해 불복해야 한다.

2. 한편 甲은 乙의 특허등록을 무효로 하기 위하여 특허심판원에 특허무효심판을 청구할 수 있다. 무효심판의 청구의 취지에는 '乙의 특허등록을 무효로 한다.'는 취지를 기재하고, 청구의 이유에는 '乙의 특허등록이 특허법 제36조 및 특허법 제29조제3항에 위배된다.'는 구체적인 사유를 기재한다. 甲이 청구한 특허무효심판에 대해 인용심결이 내려지는 경우 甲의 뜻에 따라 乙의 특허등록이 무효로 되나, 기각심결이 내려지는 경우 甲은 특허법원에 기각심결에 대한 심결취소소송을 제기하고, 패소하면 대법원에 상고하여 다툴 수 있다.

3. 甲은 丙이 실시하고 있는 발명 A"가 자신이 획득한 발명 A에 대한 특허권의 권리범위에 포함됨을 입증하여 丙에게 특허권 침해의 책임을 묻기 위해, 특허심판원에 적극적 권리범위확인심판을 청구할 수 있다. 발명 A"가 甲의 특허권의 권리범위에 포함된다는 심결이 내려지면, 이와 같은 심결 내용은 丙의 甲의 특허권 침해 여부 판단 시 자료로 활용된다.

---

[252] 특허법 제67조의2 '재심사의 청구' : 2009년 7월 1일 이후 출원된 특허출원에 적용되는 제도. 거절결정서를 송달받은 날부터 30일 내에 명세서 또는 도면을 보정하면서 재심사를 청구하면, 특허에 대한 거절결정이 취소되고 보정된 내용에 대해 다시 심사가 이루어진다.

A사는 전자기기용 전기 단자의 커넥터 조립체 제조회사로서, 커넥터 사이의 탈착이 용이하고 단자 간의 연결 성능이 우수한 새로운 형상의 조립체를 개발하여 특허등록 받았다. A사는 특허 받은 조립체의 우수한 성능을 인정받아 B전자회사와 납품 계약을 체결하고, D전자회사에 커넥터 조립체를 독점적으로 납품하고 있었다.

그런데 A사의 커넥터 조립체가 특허등록된 이후에, 금형제조사인 B사에서는 특허등록된 A사의 커넥터 조립체를 보고, A사의 커넥터 조립체를 생산하는데 사용되는 금형 조립체를 생산하여 A사의 경쟁사인 C사에 납품하기 시작하였다. B사에서 생산하여 C사로 납품하는 금형 조립체는, 독특한 형상을 갖는 A사의 특허등록된 커넥터 조립체를 사출 성형하기 위한 것으로서, A사의 커넥터 조립체의 생산에만 사용된다.

한편 C사는 A사가 특허등록 받은 커넥터 조립체의 새로운 형상이 커넥터 사이의 탈착을 용이하게 하지만 조립체 내부의 밀봉을 약화하여 단자에 수분이 유입될 염려가 있는 것을 발견하고, A사의 특허등록된 커넥터 조립체를 그대로 이용하되 조립체 내부를 밀폐시킬 수 있는 구조가 추가된 구성을 특허등록 받았다. 그리고 C사는 B사로부터 구입한 금형 조립체를 이용하여, C사의 특허 등록된 커넥터 조립체를 A사보다 더 저렴한 가격에 D전자회사에 납품하기 시작하였다.

그리고 이를 납품받은 D전자회사는 C사의 커넥터 조립체를 이용하여 세탁기를 생산하여 판매하고 있다.

1. A사가 취할 수 있는 조치는?

2 A사가 C사에게 특허권 침해를 주장하는 경우 C사가 취할 수 있는 조치는?

B사와 C사, D전자회사의 행위가 A사의 특허권을 침해하는지 여부를 살펴보고, 특허권의 침해가 성립한다면 A사가 자신의 특허권을 보호하기 위하여 취할 수 있는 민·형사상 조치를 살펴본다. 또한 C사가 A사에 대응하기 위한 조치들을 살펴본다.

## 1. A사의 조치

### (1) B, C, D사의 A사의 특허권 침해 여부

B사는 A사의 특허발명의 생산에만 사용되는 금형 조립체를 생산하여 C사에게 양도하였다. 따라서 이와 같은 B사의 행위는 A사의 특허권에 대한 간접침해행위에 해당한다. 간접침해는 특허법상 직접침해와 동일하게 취급되므로 B사는 A사의 특허권을 침해한다.

그리고 C사는 A사의 특허발명을 '그대로 이용'하는 새로운 발명에 대한 특허권자로서, C사가 특허 등록받은 발명을 실시하더라도 C사의 특허발명 자체가 A사의 특허권 범위 내에 포함되므로, C사가 자신의 특허발명을 실시하는 행위는 A사의 특허발명의 침해가 된다.

또한 D전자회사는 C사로부터 A사의 특허발명을 그대로 이용하는 C사의 특허발명 물품을 양도받아 세탁기 생산에 이용하였으므로, 역시 A사의 특허권을 침해한다.

### (2) 특허권 침해에 대한 조치

따라서 A사는 B, C, D사에 각각 특허권 침해에 대한 경고장을 발송하고, 침해의 금지와 예방을 청구할 수 있고, 침해행위를 조성한 물건의 폐기와 설비의 제거를 청구할 수 있다. 다만 이에 대한 민사소송절차 수행에 오랜 시간이 소요되는 경향이 있으므로 미리 침해금지 가처분신청을 할 수도 있다. 또한 A사는 손해배상청구소송을 제기하여 손해를 금전적으로 보상받을 수 있으며, 특허권자의 신용회복청구소송을 제기할 수도 있다. 나아가 B, C, D사가 고의로 A사의 특허권을 침해한 경우, 형사소송을 통해 침해죄를 물을 수도 있다.

또한 보다 우호적인 방법으로서 B, C, D사와 협상을 통해 그동안 발생한 손해를 금전적으로 보상받고, A사의 등록특허에 대한 라이센스 계약을 체결하여 장래의 금전적 이익을 추구할 수도 있다.

## 2. C사의 조치

C사는 A사의 특허권 침해 주장에 대하여, 원만한 분쟁 해결을 원하는 경우 A사의 특허권의 침해를 즉각 중단하고, 회피설계 방안을 마련하는 방법을 취할 수 있다. 또는 A사와의 라이센스 계약을 통해 A사의 특허발명을 실시할 수 있는 권리를 얻을 수도 있다. 이때 만약 C사가 A사와 라이센스 계약을 체결하고자 함에도 불구하고 A사가 정당한 이유없이 실시권을 허락하지 않는다면, C사는 C사의 특허발명의 실시에 필요한 범위 안에서 통상실시권허여심판[253]을 청구할 수 있다. 다만 통상실시권허여심판을 통해 A사의 특허발명의 실시권을 허여받은 경우, C사도 C사의 특허발명에 대한 실시권을 A사에게 허여하여야 하는 경우가 발생할 수 있다.

반면에 C사가 보유한 특허 중 A사가 침해하고 있는 특허가 있는지 여부를 검토하여 A사의 침해주장에 맞대응할 수도 있고, A사의 특허권의 흠결을 찾아내어 A사의 특허권을 무효로 하기 위한 특허무효심판을 청구할 수도 있으며, A사의 특허발명이 A사의 특허출원 이전부터 알려진 기술이었다는 등의 항변 사유가 있다면 이를 주장할 수 있다.

---

[253] 특허법 제138조

# 실력점검문제

▶ 다음의 지문 내용이 맞으면 ○, 틀리면 ×를 선택하시오. (1~15)

**01** 갑은 2015년 6월 4일에 학회에서 연구논문을 발표하였다. 논문을 발표한 이후 2015년 12월 30일에 특허권 확보를 위해 신규성 상실의 예외를 주장하며 특허출원을 하였으며, 출원한 날로부터 30일 내에 증명서류를 제출하였다. 갑의 특허출원은 다른 거절사유가 없는 한 등록받을 수 있다. (　　)

**02** 연구원 A는 X를 발명하여 2010년 12월에 논문으로 발표하였고 2011년 2월에 특허출원하였으며, 다른 연구소의 연구원 B는 X′를 스스로 발명하여 2011년 1월에 특허출원하였다. X와 X′는 실질적으로 동일하다. 이때 연구원 A는 논문을 먼저 발표하였으므로 X에 대한 특허등록을 받을 수 있다. (　　)

**03** 연구기관 A의 특허담당자인 갑은 연구기관 A의 발명에 대하여 논문 발표 이틀 전에 특허출원을 하면서 특허청구범위를 기재하지 않았다. 이와 같은 특허출원도 적법하다. (　　)

**04** 연구원 A는 연구소를 그만두고 벤처 기업을 설립한 후, 벤처 기업 육성에 관한 특별조치법에 의한 벤처 기업 확인을 받았다. 연구원 A가 자신이 설립한 기업의 이름으로 특허출원하는 경우, 전문기관에 선행기술조사를 의뢰하지 않더라도 우선심사를 청구하는 것이 가능하다. (　　)

**05** 2011년 1월 갑이 A라는 발명을 완성한 후 실용신안으로 출원하여 등록을 받았다. 등록 1개월 후 갑은 A라는 발명에 기능을 추가하여 A+B의 발명을 완성하였다. 갑은 다른 거절사유가 없는 한, 국내우선권 주장을 통해 A+B 발명을 보호받을 수 있다. (　　)

**06** 갑은 미국에서 2010년 1월에 특허를 출원하였으며, 동일한 발명에 대해 한국에서도 출원을 하려고 선행기술을 조사한 결과 2010년 4월에 을이 동일한 발명을 출원한 것을 알게 되었다. 갑은 2010년 12월에 미국출원을 기초로 조약에 의한 우선권 주장 및 증명서류를 제출하며 한국에 특허출원을 하더라도 을의 출원에 의해 갑의 특허출원이 거절된다. (　　)

**Answer**　　01. ○　　02. ×　　03. ○　　04. ○　　05. ×　　06. ×

**07** 을과 동종업계에 있는 갑은 을의 특허발명 A가 출원일 이전에 간행물 B에 게재된 제품과 동일하므로 신규성 위반으로 거절결정이 되었어야 함에도 불구하고 등록이 되었다고 판단하여 특허등록 A에 대해 등록무효심판을 청구하였다. 그러나 특허심판원에서는 을의 주장을 받아들이지 않는 기각심결을 내렸다. 을은 당해 기각심결이 확정된 후에 특허발명 A가 간행물 B와 내용이 실질적으로 동일한 간행물 C에 개재된 제품과 동일하므로 신규성 위반에 해당한다고 주장하며 다시 무효심판을 청구하였다. 이러한 을의 무효심판 청구는 부적법하다. (    )

**08** 심판청구의 취지는 요지를 변경하지 않는 범위 내에서만 보정이 가능하나 청구의 이유는 제한 없이 보정이 가능하다. (    )

**09** 특허청구범위의 청구항이 2 이상인 경우 청구항마다 특허무효심판을 청구할 수 있으나 권리범위확인심판은 청구할 수 없다. (    )

**10** 권리범위확인심판은 그 권리가 존속기간 만료로 소멸된 후에는 청구할 수 없으나, 특허무효심판은 권리가 소멸된 이후에도 청구할 수 있다. (　　)

**10.** 권리범위확인심판은 현존하는 특허권의 범위를 확정하는 것을 목적으로 하는 것이므로 특허권이 소멸된 후에는 그 확인이 이익이 없어 특허권의 존속기간 내에서만 청구가 가능하다(대법원 1970.3.10. 선고 68후12 1996.9. 10. 선고 94후2223 등). 그러나 특허무효심판의 경우에는 무효심결 또는 취소결정에 의해 소멸한 경우를 제외하고는 존속기간 후에도 청구할 수 있다(특허법 제133조제2항).

**11** 심결취소소송은 특허법원의 전속관할이다. 다만, 특허법원은 제1심으로서 특허법원의 소송절차와 특허심판원의 심판절차 사이에 심급관계가 있는 것은 아니다. (　　)

**11.** 심결취소소송은 특허법원의 전속관할에 속하는 것으로, 제1심에 해당하므로 특허법원의 소송절차와 특허심판원의 심판절차 사이에 심급관계가 있는 것은 아니다. 따라서 특허심판과 관련하여 수행한 절차가 특허법원에서 당연히 효력이 있는 것이 아니다.

**12** 특허가 출원된 때로부터 특허가 등록될 때까지의 기간 내에는 특허출원된 발명이 보호되지 않는다. (　　)

**12.** 특허출원인은 출원공개가 있은 후 그 특허출원된 발명을 업으로서 실시한 자에게 특허출원된 발명임을 서면으로 경고한 후, 발명을 실시한 자가 그 경고를 받거나 출원공개된 발명임을 안때로부터 특허권의 설정등록 시까지의 기간 동안 그 특허발명의 실시에 대하여 통상 받을 수 있는 금액에 상당하는 보상금을 청구할 수 있다.

**Answer**  07. ○  08. ○  09. ×  10. ○  11. ○  12. ×

**13** 갑은 자신의 발명에 A라는 부분이 포함되어 있었으나, 심사과정에서 A부분에 의해 의견제출통지가 내려지자, 자신의 특허출원의 특허청구범위에서는 A라는 부분이 제외된다고 주장하는 의견서를 제출하여 최종 등록결정을 받았다. 특허등록을 받은 후 갑은 을이 A부분을 실시하는 것을 알게 되었고, 이에 을에게 자신의 특허권을 침해한다는 이유로 경고를 하였다. 이 경우 A부분이 갑의 특허발명에 포함되어 있는 이상 갑의 을에 대한 경고는 적법하다. (    )

**14** 제품 A에 대해 특허등록을 받은 갑은 특허발명과 A와 유사한 제품을 무단으로 판매하는 을에게 침해금지를 청구하는 경고장을 발송하였다. 을은 갑의 특허권에 대해 검토한 결과 제품 A는 갑의 출원일 이전에 제3자에 의해 그 전부가 국내의 간행물에 공개되었고 당해 간행물은 국내 거래계에 널리 배포되었던 것을 알게 되었다. 이 경우 을은 갑의 특허에 대해 무효심판을 청구하여 무효심결이 확정되기 이전까지는 그 권리범위를 인정하여야 한다. (    )

**15** 사업가 A는 기술 I을 개발하고 그에 대한 사업을 진행하기 위해 특허출원을 하려고 하였으나, 이미 B가 기술 I에 대한 원천기술에 대한 특허권을 보유하고 있다는 사실을 알게 되었다. 기술 I를 특허등록 받더라도 기술 I를 실시하는 것은 B의 특허권 침해이므로 기술 I에 대한 특허출원은 하지 않는 것이 바람직하다. (    )

▶ 다음의 문제를 읽고 바른 답을 고르시오. (16~20)

**16** 다음 중 연구실의 특허관리 방법으로서 가장 바람직하지 않은 것은?

① 과제선정 시 관련 기술분야의 특허정보 분석 결과의 활용

② 연구실의 특허 관리자 선정 및 특허 관리매뉴얼 사용

③ 과제수행 기간 중 비밀유지

④ 과제수행 단계마다 연구노트 작성

⑤ 과제 완료 후 논문 발표하고 특허출원 진행

**17** 다음 중 연구결과의 국제적 보호를 위한 제도에 대한 설명으로 옳은 것은?

① 외국의 특허출원을 기초로 1년 내에 국내에 우선권 주장 출원을 하면, 국내출원일을 기초로 특허 등록요건의 만족 여부를 심사한다.

② 외국에서 알려진 기술이 우리나라에서는 전혀 알려지지 않은 경우, 우리나라에 먼저 출원한 자에게 특허권이 허여된다.

③ PCT 국제출원을 제출하면 모든 PCT 체약국이 지정국으로 지정된다.

④ 국어로 PCT 국제출원을 한 경우 국제공개를 위한 번역문을 제출하여야 한다.

⑤ 우리나라의 특허출원을 기초로 우선권 주장을 하여 다른 여러나라에 특허출원을 하고자 하는 경우 PCT 국제출원절차를 이용해야 한다.

**오답피하기**

16. 논문 발표 전에 특허출원을 먼저 하는 것이 바람직하다.

17. PCT 국제출원을 하면 기본적으로 모든 체약국이 지정국으로 지정되고, 추후 실제 권리를 획득하고자 하는 국가를 선택하여 국내단계에 진입하면 된다. ① 외국의 특허출원일을 기초로 특허등록요건의 만족 여부를 심사하고, ② 외국에서 이미 알려진 기술에 대해서는 우리나라에 알려지지 않았더라도 원칙적으로 누구도 특허등록을 받을 수 없으며, ④ 국어도 국제공개어로 채택되었으므로 국어로 PCT 국제출원을 한 경우, 국제공개를 위한 번역문을 제출할 필요가 없다. 또한 ⑤ 우리나라의 특허출원을 기초로 우선권 주장을 하여 다른 여러 나라에 특허출원을 하고자 하는 경우, 반드시 PCT 국제출원 절차를 이용해야 하는 것은 아니고 각국 특허청에 개별적으로 특허출원할 수도 있다.

Part 05

**Answer**    13. ✕    14. ✕    15. ✕    16. ⑤    17. ③

**18** 다음 중 특허발명을 침해하는 행위는?

① 물건의 생산에만 사용하는 물건의 수입
② 국내를 통과하는 항공기
③ 특허출원 시에 국내에 있던 물건
④ 연구 또는 시험 목적의 실시
⑤ 약사법에 의한 조제에 의한 의약

**18.** ①의 행위는 간접침해행위로서 직접침해와 같이 취급된다. 그러나 나머지 행위들은 모두 특허권 침해의 예외로 특허법에 규정된 행위이다.

**19** A는 발명 a에 대한 특허권자로서 정정심판을 청구하여 특허등록된 발명 a를 발명 a'로 정정하였다. 한편 B는 발명 a″의 특허권자로서 발명 a″를 실시하고 있는 자이다. A가 B에게 발명 a″는 자신의 특허권의 권리범위 내에 포함되므로, B가 자신의 특허권을 침해한다고 주장하고 있으며, B가 자신의 특허발명 a″를 실시하기 위한 라이센스 계약을 제안하였으나 A가 이를 거절하였다. 한편 B는 자신이 실시하고 있는 발명 a″가 발명 a'의 보호범위에 포함되는지 여부에 대해서는 불명확하지만 발명 a의 보호범위에는 포함되지 않으며, A가 발명 a를 발명 a'로 정정한 것은 부적법하다고 생각되었다. 또한 B는 A의 정정 이전에 특허발명 a는 A의 특허출원 이전부터 존재하던 선행기술과 비교하여 신규성이 없다고 주장할만한 자료를 입수하였다. B가 A를 상대로 청구할 수 있는 특허심판은?

① 특허무효심판          ② 정정무효심판
③ 통상실시권허여심판     ④ 등록취소심판
⑤ 권리범위확인심판

**19.** B는 A가 발명 a를 a'로 정정한 것이 부적법함을 이유로 정정무효심판을 청구할 수 있으며, 정정이 무효로 되면, 정정 이전의 발명 a가 신규성이 없으므로 무효사유에 해당함을 이유로 특허무효심판을 청구할 수도 있다. 또한 B는 자신의 특허발명을 실시하는 범위 내에서 A에게 통상실시권허여심판을 청구할 수도 있으며, 자신이 실시하는 특허발명 a″가 A의 정정한 발명 a' 또는 정정무효된 경우 발명 a의 권리범위에 해당하지 않는다는 심결을 구하는 권리범위확인심판의 청구도 가능하다.

**20** 특허권 침해에 대한 형사상의 구제에 관한 설명 중 옳은 것은?

① 간접침해행위에 대하여도 특허권 침해죄가 성립한다.

② 특허권 침해죄가 성립하기 위해서는 침해자의 고의 또는 과실이 있어야 한다.

③ 특허권 침해죄에 해당하는 침해행위를 조성한 물건은 이를 몰수하여야 하며 피해자의 청구가 있다고 하더라도 그 물건을 피해자에게 교부할 수는 없다.

④ 특허권 또는 전용실시권을 침해한 자는 7년 이하의 징역 또는 1억 원 이하의 벌금에 처한다.

⑤ 법인도 종업원의 위반행위에 의하여 특허권 침해죄에 해당할 수 있고, 법인이 종업원의 위반행위를 방지하기 위하여 상당한 주의를 기울인 경우 법인은 벌금형에 처한다.

Part 05

 **Answer** 18. ① 19. ①②③⑤ 20. ④

# 표 & 그림 차례 Contents

# 표&그림 차례 Contents

# 표 & 그림 차례 Contents

## 이공계를 위한
# 특허의 이해(1) 창출·보호

**초판발행**  2016년 4월 15일
**2쇄발행**  2019년 4월 30일
**편 저 자**  특허청·한국발명진흥회
**발 행 인**  박 용
**발 행 처**  (주)박문각출판
**등    록**  2015. 4. 29. 제2015-000104호
**주    소**  06654 서울시 서초구 효령로 283 서경빌딩
**교재주문**  (02)3489-9400

저자와의
협의하에
인지생략

정가 22,000원

ISBN 979-11-7023-468-5